BusinessVillage

Judith Claushues • Albert Hurtz

LEAN LEADERSHIP

AGILES LEAN GELINGT NUR MIT DEN MENSCHEN

BusinessVillage

Judith Claushues, Albert Hurtz
Lean Leadership
Agiles Lean gelingt nur mit den Menschen
3. Auflage 2020
© BusinessVillage GmbH, Göttingen

Bestellnummern
ISBN 978-3-86980-363-0 (Druckausgabe)
ISBN 978-3-86980-364-7 (E-Book, PDF)

Direktbezug www.BusinessVillage.de/bl/995

Bezugs- und Verlagsanschrift
BusinessVillage GmbH
Reinhäuser Landstraße 22
37083 Göttingen
Telefon: +49 (0)551 2099-100
Fax: +49 (0)551 2099-105
E-Mail: info@businessvillage.de
Web: www.businessvillage.de

Layout und Satz
Sabine Kempke

Abbildungen im Buch
Anuschka Hartmann, www.pta-team.com

Illustration im Buch
Beni Dammeier, www.workvisual-institute.com

Druck und Bindung
www.booksfactory.de

Inhalt

Über die Autoren 7

Vorwort – Es gibt nichts Gutes, außer man tut es 9

1. Das Lean-Leadership-Modell 15

1.1 Lean gelingt nur mit den Menschen 16
1.2 Die Anforderungen von Lean an die Führung 18
1.3 Lean Leadership: Die Balance von Wertschöpfung und Wertschätzung finden 20
1.4 Lean Leadership heißt dienende Führung 27
1.5 Der Ursprung von Lean Leadership 31
1.6 Das Grundmodell von Lean Leadership 34

2. Die Verhaltensbausteine des neuen Lean-Gedankens: Shop Floor Management und agiles Projektmanagement 49

2.1 Die Elemente von Shop Floor Management und wie sie zusammenwirken .. 50
2.2 Agiles Projektmanagement 96

3. Führungsaufgaben im Lean Leadership 117

3.1 Führungsaufgabe Coachen 120
3.2 Führungsaufgabe Managen 163
3.3 Führungsaufgabe Inspirieren 178

4. Die Kaskaden – Lean Leadership ins gesamte Unternehmen tragen 205

4.1 Einleitung: Das Ganze ist mehr als seine Einzelteile 206
4.2 Mit der Zielekaskade Ziele harmonisieren und Führungsprozesse fokussieren 212
4.3 Kontinuierlicher Informations- und Abstimmungsfluss mit der Kommunikationskaskade 219
4.4 Mit der Coachingkaskade Führungsprozesse durchgängig optimieren 231

5. Lean Leadership im Unternehmen einführen 243

6. Von der Führungskraft zum Lean Leader ... 267
6.1 Führungsaufgabe Managen realisieren ... 268
6.2 Führungsaufgabe Inspirieren realisieren ... 277
6.3 Führungsaufgabe Coachen realisieren ... 284

7. Hindernisse auf dem Weg überwinden ... 291
7.1 Zeit finden für Lean Leadership ... 292
7.2 Strategien für den Umgang mit Führungskräften, die sich schwer tun ... 293
7.3 Durchgängigkeit von Lean Leadership über alle Ebenen erreichen ... 297
7.4 Sinnvolle Routinen für Lean Leadership entwickeln ... 300
7.5 Lean Leadership auditieren ... 304

8. Ermutigung: Haben Sie keine Angst vor der Umsetzung ... 317

Literatur- und Quellenverzeichnis ... 320

Stichwortverzeichnis ... 322

Über die Autoren

Die Autoren arbeiten in der PTA Praxis für teamorientierte Arbeitsgestaltung GmbH. Das Unternehmen besteht seit 1993 und arbeitet interdisziplinär an drei Standorten in Deutschland mit rund zwanzig Beratern und Mitarbeitern. Die PTA unterstützt über zweihundert Unternehmen aus verschiedenen Branchen und hat sich im Rahmen der knapp fünfundzwanzigjährigen Beratungs- und Trainingstätigkeit als Expertin für Lean, Lean Leadership, Teamarbeit, Shop Floor Management und Führungskräfteentwicklung etabliert.

Dr. Albert Hurtz ist Gründer, Partner und Geschäftsführer der PTA. Als Projektleiter und Lean-Experte beschäftigt er sich seit über zwanzig Jahren mit dem Thema Verbesserungen. Seine Arbeitsschwerpunkte sind Lean, Shop Floor Management, Coaching und Training für Führungskräfte, Kultur- und Leitbildentwicklung und der Aufbau von Produktionssystemen.

Judith Claushues ist Diplom-Psychologin, seit 1996 bei der PTA und heute Partnerin, Geschäftsführerin und Leiterin des Standorts Köln. Sie ist Expertin für Führungskräfteentwicklung, Kompetenz- und Talentmanagement und begleitet als erfahrener Coach (DBVC) Führungskräfte in Lean-Projekten bei ihrer Führungsarbeit und der Umsetzung coachenden Führungsverhaltens.

Kontakt

PTA Praxis für teamorientierte Arbeitsgestaltung GmbH
E-Mail: koeln@pta-team.com | Internet: www.pta-team.com

Vorwort – Es gibt nichts Gutes, außer man tut es

Unternehmen, die sich schon seit einiger Zeit mit Shop Floor Management und agilem Projektmanagement beschäftigen, berichten übereinstimmend, dass in den agilen Bereichen, in denen es der Führung gelingt, den Rahmen für Selbstorganisation, Eigenverantwortung und das Erleben von Transparenz zu schaffen, die Motivation und Leistungsfähigkeit der Mitarbeiter signifikant größer ist als in Bereichen, in denen traditionell geführt wird.

Auch unsere Erfahrungen mit der konsequenten Anwendung von Shop Floor Management und agilem Projektmanagement zeigen den verblüffenden Effekt, dass mit dem konzentrierten Arbeiten an Verbesserungen und an der Beseitigung von Verschwendung eine fundamentale Veränderung der Unternehmenskultur erreicht werden kann.

Das stellt die bisher gültige Lehrmeinung, zunächst viel für eine gute Kultur tun zu müssen, bevor man beginnen kann, Prozesse zu optimieren und Verschwendung zu beseitigen, völlig auf den Kopf.

Lean-Management wurde bisher primär unter dem Aspekt betrachtet, Verschwendung aus dem Unternehmen zu beseitigen. Es zeigt sich jedoch, dass Führungskräfte, die ihre Mitarbeiter konsequent nach den Grundsätzen des Lean Leadership führen, eine Kultur schaffen, in der konstruktiv mit Fehlern, Kritik und Veränderungen umgegangen werden kann.

Darum geht es in unserem Buch: Wir wollen zeigen, wie Führung es schafft, mit Agilität, guter Kommunikation und Abstimmung und Freude an Veränderungen eine Win-win-Situation zu erreichen, in der Unternehmen gewinnen, weil sie wettbewerbs- und anpassungsfähig bleiben, und in der Mitarbeiter gewinnen, weil sie erleben, dass sie etwas bewirken können, und damit mehr Freude an ihrer Arbeit haben, motivierter und leistungsfähiger sind.

»Es gibt nichts Gutes, außer man tut es«, sagte schon Erich Kästner – deswegen haben wir unser Buch mit vielen Anregungen, Tipps, Vorgehensweisen, Beispielen und Methoden angereichert – denn durch das Tun, das Anwenden, das Vorleben werden sich neue Gewohnheiten etablieren, wird sich das Denken an Lean ausrichten und sich letztlich der Erfolg einstellen – davon sind wir überzeugt.

Wesentlich ist hierfür das Schaffen von größtmöglicher Transparenz. Haben Teams vollen Einblick in alle Informationen, die sie benötigen, um selbst Entscheidungen treffen zu können, erleben die Mitarbeiter, dass sie etwas bewegen und bewirken können und nicht von den Entscheidungen ihrer Chefs abhängig sind. Auf der anderen Seite erleben die Führungskräfte, dass sie sich nicht mehr ständig um Kleinkram kümmern müssen, sondern Zeit für die Gestaltung ihres Arbeitsbereichs und für die Entwicklung ihrer Mitarbeiter und der Prozesse in ihrem Verantwortungsbereich haben. Das macht Mitarbeiter und Führungskräfte zufriedener mit ihrer Arbeit, zugleich verbessert sich das Betriebsergebnis, da Arbeitsprozesse optimiert und Verschwendungen beseitigt werden.

Der entscheidende Faktor für diese Entwicklung ist der Lean Leader. Er schafft Transparenz, ermöglicht effektive Kommunikation und entwickelt seine Mitarbeiter. Lernt er, den Weg zu Lean konsequent zu gehen, wird er seine Mitarbeiter mitnehmen, die Kennzahlen und die Unternehmenskultur werden sich positiv verändern.

Vielleicht werden Sie sich fragen, warum wir Shop Floor Management und agiles Projektmanagement nebeneinanderstellen. Der Grund ist: Beide Ansätze haben die gleiche Zielrichtung, die gleiche Philosophie und teilen zahlreiche Methoden und Tools.

Beide Ansätze sind Umsetzungsformen von Lean-Management und basieren auf den Lean-Prinzipien. Beide erfordern dasselbe Führungsverständnis, nämlich möglichst viele Freiräume für die Mitarbeiter zu schaffen, die

Entscheidungen auf die Ebene der Mitarbeiter zu verlagern und die Teams an der Entwicklung von Zielen, Kennzahlen und Visualisierungsformen zu beteiligen.

Wir erleben zunehmend, dass Unternehmen sowohl mit Shop Floor Management als auch mit agilem Projektmanagement arbeiten und dass beide Ansätze sich hervorragend ergänzen. Wir legen den Schwerpunkt auf die dortigen Führungsaufgaben, denn wir sind sicher, dass diese der Schlüssel zum Erfolg sind.

Download zum Buch

In unserem Buch finden Sie zahlreiche Praxistipps und Tools. Damit Sie diese Formulare und auch das Audit aus Kapitel 5 für Ihre tägliche Arbeit nutzen können, haben wir Ihnen ein Downloadpaket bereitgestellt, das Ihnen auf unserer Internetseite unter *www.pta-team.com/literatur/lean-leadership* zur Verfügung steht. Alle dort enthaltenen Materialien erkennen Sie an diesem Symbol ⏻.

Vielen Dank!

Bevor es jetzt losgeht, möchten wir uns bedanken, denn zum Zustandekommen dieses Buches haben viele Menschen beigetragen. Es gab unendlich viele Anregungen und Inspirationen unserer Kunden und Kollegen, die an vielen Stellen in unser Buch eingeflossen sind.

Besonders danken wir dabei Anuschka Hartmann, die für einen reibungslosen Ablauf beim Schreiben des Buches gesorgt, stets mit großer Übersicht den roten Faden verfolgt, die Verständigung von allen Beteiligten mit Geduld und Optimismus sichergestellt und sich gemeinsam mit Beni Dammeider vom Work Visual Institut um die grafische Umsetzung der Abbildungen gekümmert hat.

Ebenso danken wir Johanna Hurtz, die unermüdlich Literatur herangeschafft, sich um die inhaltliche Konzeption der Abbildungen gekümmert und mit ihren unermüdlichen Hinweisen für einen lesbaren Text gesorgt hat.

Zudem gilt unser besonderer Dank unseren Familien – Sibille Gödde-Hurtz, die diesmal besonders viel Geduld aufgebracht hat, weil sowohl Ehemann als auch Tochter nur noch über das Buch gesprochen haben, und Ludger und Ben Kothoff, die so manches Männerwochenende unfreiwillig allein verbrachten und dabei immer ihre gute Laune behalten haben!

Jetzt wünschen wir Ihnen viel Spaß beim Lesen und Umsetzen!

Ihre Judith Claushues und Albert Hurtz

1.

Das Lean-Leadership-Modell

Was Sie in diesem Kapitel erfahren

- In diesem Kapitel erfahren Sie, was Lean und Lean-Management bedeuten, Sie erfahren die Bedeutung von Lean Leadership sowie die Unterschiede zwischen traditionellen Führungskräften und Lean Leadern.
- Wir beschreiben die vier Dimensionen von Lean Leadership sowie die Anforderungen an Lean Leader.
- Sie lernen die Ursprünge von Lean Leadership und unser Grundmodell dazu kennen.

1.1 Lean gelingt nur mit den Menschen

Produktionshalle, Mittwoch, 11 Uhr. Das wöchentliche Teamgespräch steht an. Das Team versammelt sich vor dem Teamboard. Zu Beginn werden die wesentlichen Kennzahlen durchgesprochen: Produktivität, Termintreue und Qualität. »Die Produktivität ist knapp im roten Bereich«, erklärt der Teamleiter. »Aber damit müssen wir uns nicht aufhalten. In den Verbesserungsthemen sind die Maßnahmen zur Abhilfe schon festgelegt.«

Im Weiteren geht der Teamleiter die einzelnen Verbesserungsthemen durch. Jedes einzelne Thema ist auf einer Verbesserungskarte erfasst. Zu jeder Karte gibt ein Mitarbeiter die aktuellen Infos ans Team: Stand der Bearbeitung, auftretende Probleme, gewählte Lösungsmöglichkeiten und Stand der Tests. Zu den Tests berichten mehrere Kollegen: »Sieht gut aus, der Fehler ist nicht mehr aufgetreten!« Trotzdem entscheidet das Team, die Testphase um eine Woche zu verlängern – sicher ist sicher.

»Und was gibt es Neues von euch diese Woche? Wo klemmt es?« Der Teamleiter fragt jeden persönlich. Ein Mitarbeiter berichtet von einem Problem mit einem neuen Teil, andere Kollegen steuern ihre Erfahrungen bei. Der Teamleiter fragt: »Neues Thema für unsere Tafel?« Nicken. Er nimmt eine neue Karte und formuliert das Thema. »Passt das so?« Es passt. »Josef, kümmerst du dich darum?« »Mache ich. Beim nächsten Teamgespräch habe ich den

Fehler analysiert und werde euch sagen, woran es liegt. Dann können wir gemeinsam überlegen, wie wir vorgehen.«
So geht es weiter. Weitere Themen werden genannt und aufgeschrieben. Der Teamleiter blickt noch einmal in die Runde. Es kommt kein Beitrag mehr. »War's das für heute?«
Ja. Es hat heute zwei Minuten länger gedauert als die geplanten zehn, »aber die haben sich gelohnt!«, so das Feedback der Mitarbeiter.

Was hat diese Szene mit Lean Leadership zu tun? Sehr viel. Der Teamleiter hat in diesem Teamgespräch eine Reihe von Dingen getan, die für Lean Leadership kennzeichnend sind:

- Er spricht mit seinem Team auf Augenhöhe.
- Er kennt die Themen und sorgt dafür, dass Auffälligkeiten von seinem Team wahrgenommen und angesprochen werden.
- Er kümmert sich selbst aktiv um Probleme, treibt die Bearbeitung voran und lebt damit vor, was er sich von seinem Team wünscht.
- Er bezieht sein Team voll mit ein, nimmt die Beiträge seiner Leute ernst, erfasst sie und sorgt für Abarbeitung.
- Er stellt Fragen: »Was ist passiert und wo? Was sind die Auswirkungen?« Und ziemlich oft fragt er: »Warum?« Wenn etwas nicht klar ist, fordert er genauere Beobachtungen ein, damit die Ursachen entdeckt werden. Wenn die Ursachen klar sind, fragt er: »Was können wir tun? Habt Ihr Ideen?«

Daraus entstehen Lösungen, die möglichst schnell umgesetzt werden. Es folgt immer zuerst eine Testphase, in der ausprobiert wird. Bewährt sich die Lösung, entscheidet das Team: »So machen wir es in Zukunft!« Wenn nötig, wird ein Standard formuliert. Durch den Standard wird sichergestellt, dass alle Mitarbeiter die neue Lösung in gleicher Weise umsetzen und diese so ihre volle Wirkung entfalten kann.

Die hohe Kunst ist es, immer wieder zu fragen, ob es schon die beste Lösung ist oder ob es noch eine bessere gibt. Es wird auch Momente geben, in denen ein Team nicht weiterkommt. Die Aufgabe des Lean Leaders ist es dann, die Mitarbeiter zu motivieren, dranzubleiben, sie an die Ziele zu erinnern und zu ermutigen, andere Möglichkeiten auszuprobieren.

1.2 Die Anforderungen von Lean an die Führung

Welche Anforderungen stellt Lean an die Führungskräfte? Was ist anders als beim herkömmlichen Führen? Was muss die Führung leisten, um Lean erfolgreich zu machen? Diese zentralen Fragen werden wir in unserem Buch beantworten. Zunächst aber wollen wir die Basis vorstellen und die Grundgedanken beleuchten, die hinter dem Konzept von Lean Leadership stehen.

Beginnen wir mit Lean-Management. Lean-Management bedeutet, Werte ohne Verschwendung zu schaffen. Ziel ist es, alle Aktivitäten, die für die Wertschöpfung notwendig sind, optimal aufeinander abzustimmen und überflüssige Tätigkeiten zu vermeiden, und damit jede Form der Verschwendung. Wenn Lean gelingen soll, muss es von jeder Führungskraft vorgelebt werden. Lean braucht Führungskräfte, die Begeisterung ausstrahlen, die ihre Mitarbeiter überzeugen und motivieren können. Führen im Lean-Management heißt, die eigenen Mitarbeiter konsequent zu coachen und damit ihre Kompetenzen weiterzuentwickeln.

Lean braucht Mitarbeiter, die Verantwortung übernehmen, die Spaß daran haben, immer weiterzulernen und Mitarbeiter, die Fehler und Probleme als Chance wahrnehmen, besser zu werden. Solche Mitarbeiter muss ein Unternehmen selbst entwickeln und das ist eine wesentliche Aufgabe der Führungskräfte. Lean braucht gelebte Teamarbeit. Mit Einzelkämpfern erreicht man kein lebendiges Lean. Das Team zu entwickeln, gehört ebenfalls zu den Aufgaben der Führungskraft. Ebenso wie die Arbeit an sinnvollen Standards und an der kontinuierlichen Verbesserung.

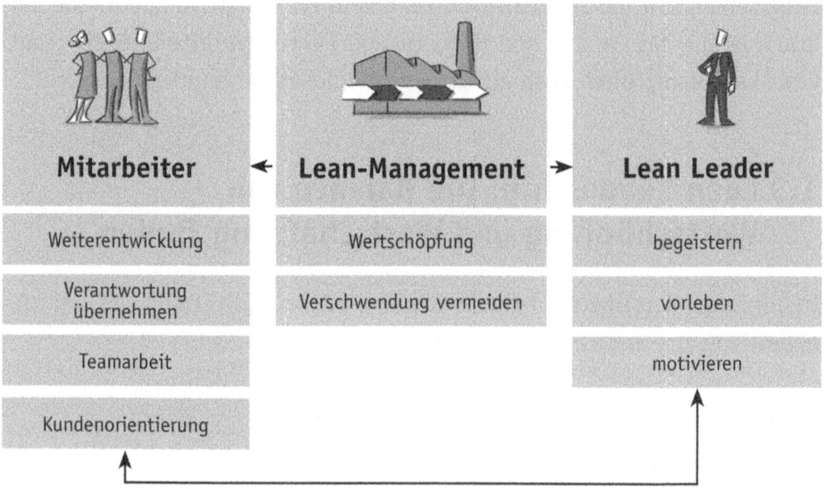

Abbildung 1: Lean-Management

Hinter Lean-Management steht eine eigene Philosophie. Diese basiert auf folgenden Grundlagen:

- Der Kunde und seine Bedürfnisse bestimmen das Handeln im Unternehmen.
- Verschwendung hat keine Chance.
- Die maximale Wertschöpfung ist das Ziel.
- Das Unternehmen verändert sich permanent und lernt schnell.
- Anstöße zur Verbesserung kommen im Unternehmen von überall her
- Mitarbeiter wirken genauso am Gelingen der Verbesserungen mit wie die Führungskräfte.
- Die Führungskräfte führen wirkungsvoll mit Lean Leadership.
- Lean gelingt nur mit den Menschen, das bedeutet: Die Menschen im Unternehmen beteiligen sich an der Entwicklung der Ziele, an der Gestaltung ihres Arbeitsbereichs, an der Verbesserung der Prozesse und daran, die Arbeit in ihrem Team mit Freude anzugehen.

Entscheidend ist die Einsicht, dass Lean kein Projekt ist, sondern eine Philosophie, die das Denken und Handeln aller Führungskräfte intensiv prägt. Lean Leadership ohne Lean als (Arbeits-)Philosophie funktioniert nicht.

1.3 Lean Leadership: Die Balance von Wertschöpfung und Wertschätzung finden

In der folgenden Übersicht finden Sie eine Gegenüberstellung von traditioneller Führung und Lean Leadership.

Traditionelle Führungskräfte	Lean Leader
Führt mit Macht und Autorität.	Führt durch Inspiration und Sinnstiftung.
Entscheidet und kontrolliert alleine.	Sorgt für genügend großen Entscheidungsspielraum der Mitarbeiter.
Setzt die eigenen Ziele durch und gibt den Mitarbeitern Zielvorgaben.	Stellt sicher, dass die Teamziele zur Unternehmensvision passen.
Misstraut den Mitarbeitern.	Vertraut den Mitarbeitern und zeigt ihnen gegenüber Wertschätzung.
Kontrolliert alle Informationen, hortet Herrschaftswissen.	Ermöglicht den unternehmensweiten Informationsfluss.
Arbeitet mit Zuckerbrot und Peitsche.	Schafft ein Klima der Leistung und steht zu eigenen Fehlern und seiner Verletzlichkeit.
Bestimmt die Regeln, setzt diese durch und kontrolliert deren Einhaltung.	Gibt Orientierung und ist Firestarter.
Löst Probleme alleine.	Schafft Möglichkeiten zur Weiterentwicklung, damit die Mitarbeiter auftretende Probleme selbst lösen.
Führt mit Druck und Einschüchterung.	Schafft optimale Arbeitsbedingungen und vermittelt ein Gefühl von Sicherheit.
Betont das Negative.	Betont das Positive

Tabelle 1: Der Unterschied zwischen traditionellen Führungskräften und Lean Leadern

Traditionelle Führung nach mitteleuropäischer Lesart bedeutet, eine Position der Macht und der Autorität zu besitzen: Der klassische Chef entscheidet und übt Kontrolle aus. Er hat immer Recht und die Mitarbeiter führen seine Anweisungen aus. Der Chef gibt den Mitarbeitern Zielvorgaben und setzt so seine eigenen Ziele durch. Im traditionellen Unternehmen gibt es oft eine Misstrauenskultur, die durch strenge und stetige Kontrolle geprägt ist und die von der Grundannahme der Führungskräfte ausgeht, dass die Mitarbeiter nicht im Sinne des Unternehmens handeln. Eine Führungskraft im traditionellen Sinne kontrolliert die Informationen, führt mit Zuckerbrot und Peitsche und staucht die Leute zusammen, wenn sie etwas falsch gemacht haben. Der Chef bestimmt die Regeln, setzt sie durch und prüft deren Einhaltung durch die Mitarbeiter. Wenn Probleme auftauchen, kümmert er sich darum und entscheidet alleine. Oft genug führt er mit Einschüchterung und erzeugt ein Klima der Angst. Der Chef im traditionellen Unternehmen neigt sehr häufig dazu, das Negative zu betonen: Fehler, Probleme, Unzulänglichkeiten, Schwachpunkte und Versäumnisse.

Im Gegensatz dazu inspiriert ein Lean Leader seine Mitarbeiter. Er kümmert sich intensiv um Sinnstiftung. Der Lean Leader sorgt für Entscheidungsspielräume der Mitarbeiter. Er erarbeitet die Ziele gemeinsam mit seinen Mitarbeitern und sorgt dafür, dass diese zu den Unternehmenszielen passen. Der Lean Leader schafft ein Klima des Vertrauens und verbindet Wertschöpfung mit Wertschätzung. Der Lean Leader gibt seinen Mitarbeitern die für ihre Arbeit erforderlichen Informationen und teilt sein Wissen mit seinen Mitarbeitern. Der Lean Leader schafft eine positive Atmosphäre, in der Leistung gerne erbracht wird. Er steht zu seinen eigenen Fehlern und zu seiner Verletzlichkeit. Im Lean-Unternehmen gibt die Führungskraft die Richtung an, sorgt für Orientierung und ist ein Firestarter oder Impulsgeber. Der Lean Leader erkennt die Potenziale seiner Mitarbeiter und bietet ihnen Möglichkeiten, diese weiterzuentwickeln. Die volle Entfaltung der Potenziale gelingt nur, wenn die Mitarbeiter erleben, dass es sich lohnt, weiterzulernen, sich auf Neues einzulassen und Veränderungen als Chance zu begreifen. Der Lean Leader sorgt für optimale Arbeitsbedingungen und vermittelt seinen Mitarbeitern ein Gefühl der Sicherheit. Er betont das Positive, er sieht die Chancen, die sich in seinem Verantwortungsbereich bieten, und nutzt diese konsequent gemeinsam mit seinen Mitarbeitern. Ihm ist ein positives Klima sehr wichtig, weil er weiß, dass das leistungs- und qualitätsfördernd ist und gleichzeitig dazu beiträgt, dass seine Mitarbeiter sich bei ihrer Arbeit wohlfühlen.

Wie die folgende Abbildung zeigt, werden bei Lean Leadership völlig andere Akzente bei der Führung gesetzt:

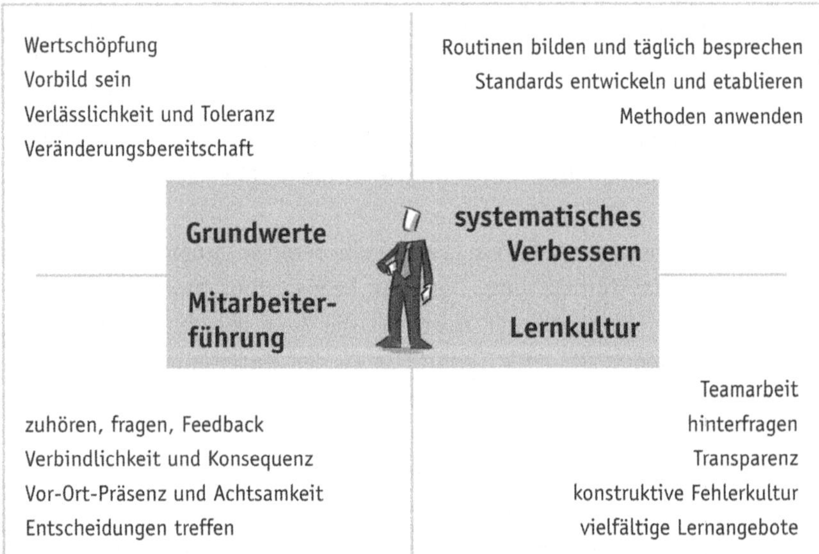

Abbildung 2: Die Dimensionen von Lean Leadership

Der Lean Leader macht all das, was ein »normaler« Leader auch tut – sein Fokus liegt aber auf den Aspekten Wertschöpfung und Wertschätzung. Das bedeutet, der Lean Leader will die Wertschöpfung im Unternehmen maximieren und gleichzeitig verknüpft er dieses Ziel mit einem Höchstmaß an Wertschätzung gegenüber den Mitarbeitern. Der Lean Leader ist Vorbild, er ist verlässlich, tolerant und veränderungsbereit. Er sorgt dafür, dass diese Grundwerte in seinem Verantwortungsbereich von allen Mitarbeitern respektiert und gelebt werden.

Der Lean Leader arbeitet selbst systematisch an Verbesserungen und sorgt dafür, dass seine Mitarbeiter dies auch tun. Er schafft dazu ein Klima des Teamgeistes und der Gemeinsamkeit. Er wendet die Methoden der systematischen Problemlösung an, entwickelt gemeinsam mit seinen Mitarbeitern sinnvolle Standards und stellt deren Durchsetzung sicher. Der Lean Leader baut sinnvolle Routinen auf und sorgt für die sinnvolle Nutzung der Tagesgespräche, für den Austausch von Informationen, die Zielverfolgung und die Arbeit an Problemlösungen und Verbesserungen.

Der Lean Leader widmet sich intensiv der Mitarbeiterführung. Aktives Zuhören, das Stellen hilfreicher Fragen und Geben von konstruktivem Feedback gehören zu seinen täglich gelebten Aufgaben. Bei Absprachen ist er verbindlich und in seinem Handeln konsequent. Er nutzt seine Arbeitszeit intensiv für Präsenz vor Ort und achtet sehr genau darauf, was in seinem Verantwortungsbereich passiert. Er trifft die notwendigen Entscheidungen so, dass seine Mitarbeiter sich gut einbezogen fühlen.

Der Lean Leader macht es sich zur Aufgabe, eine positive Lernkultur zu schaffen. Dabei ist vor allem der konstruktive Umgang mit Fehlern von entscheidender Bedeutung. Der Lean Leader fördert das Hinterfragen des aktuellen Wissensstandes, überprüft die Lernbedarfe und schafft die größtmögliche Transparenz für seine Mitarbeiter. Er sorgt für die konsequente Durchführung erforderlicher Weiterbildungsmaßnahmen und für vielfältige Lernangebote.

Darüber hinaus sind noch folgende Aspekte zu beachten, damit sich die volle Wirksamkeit des Lean-Leadership-Ansatzes entfalten kann:

- Führung im Sinne von Lean Leadership fördert die Bereitschaft der Mitarbeiter, Verantwortung zu übernehmen und im Team gemeinsam an Lösungen zu arbeiten. Die Mitarbeiter bekommen vom Lean Leader das Gefühl, etwas Positives bewirken und Erfolge erzielen zu können.
- Der Lean Leader nimmt sich viel Zeit dafür, seinen Mitarbeitern Hintergründe und Zusammenhänge zu erläutern. Nur wenn das Team versteht, welche Ziele der Kunde und welche Strategie das eigene Unternehmen hat, können sowohl die einzelnen Mitarbeiter als auch das gesamte Team in Richtung der Ziele arbeiten.
- Der Lean Leader legt großen Wert darauf, gemeinsam mit seinen Mitarbeitern die anstehenden Aufgaben anzugehen und sie zu bewältigen.

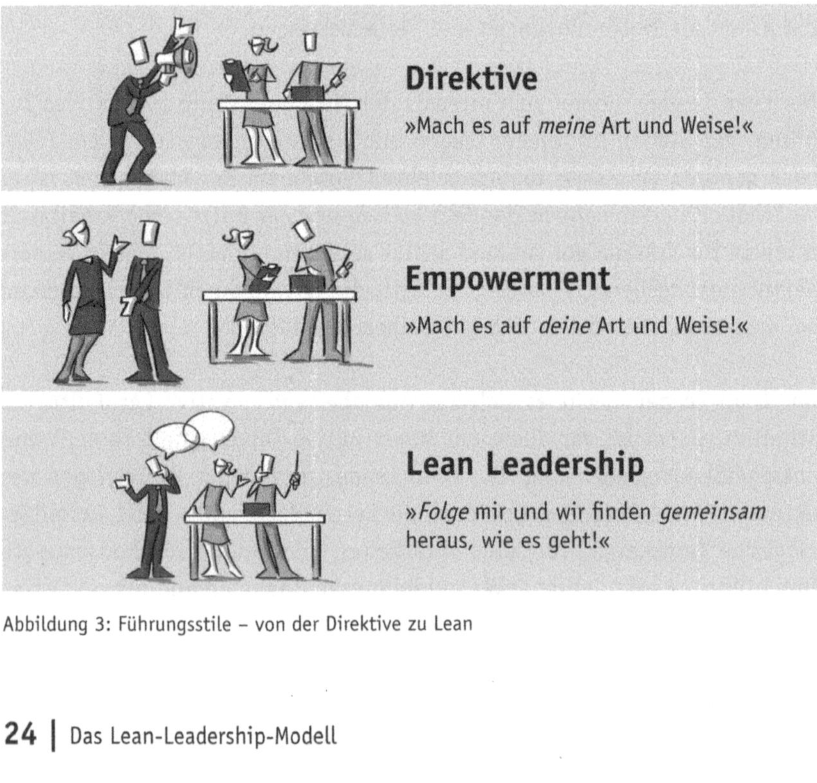

Abbildung 3: Führungsstile – von der Direktive zu Lean

Lean Leadership bedeutet somit für Führende, einen Einstellungs- und Kulturwandel in Richtung Offenheit der Kommunikation zu erreichen. Dazu braucht die Führungskraft vor allem die Fähigkeit, ihre Mitarbeiter zu begeistern und ihnen das Gefühl zu geben, dass sie etwas bewirken können. Dazu muss der Lean Leader

- selbst kreativ sein, neue Ideen entwickeln und umsetzen und zugleich seine Mitarbeiter bei der Entwicklung eigener Ideen unterstützen;
- vor Ort bei seinen Mitarbeitern sein und sehen, womit sie sich beschäftigen, wo ihre Probleme sind, aber auch prüfen, ob Maßnahmen und Vereinbarungen wirklich umgesetzt und eingehalten werden;
- klar kommunizieren, was er will, und zugleich gut zuhören;
- mit Kontinuität seine Ziele und Absichten verfolgen und dies seinen Mitarbeitern klar und deutlich vermitteln;
- konsequent sein, Versprechen halten und Ankündigungen umsetzen;
- kostenbewusst agieren und seinen Mitarbeitern Kostenbewusstsein vermitteln;
- Methoden sinnvoll nutzen und systematisch an wichtigen Themen arbeiten;
- Prioritäten setzen und diese den Mitarbeitern erklären;
- Geduld haben und sich selbst und den Mitarbeitern Zeit geben, Neues zu erproben und sich von alten Gewohnheiten zu lösen;
- Strukturen schaffen, in denen sich seine Mitarbeiter wiederfinden, und zugleich Freiräume eröffnen, die zum Experimentieren und Erproben benötigt werden.

Der Lean Leader stellt sicher, dass in der gesamten Wertschöpfungskette möglichst alle Informationen zur Verfügung stehen und alle Mitarbeiter diese optimal nutzen können.

Er stellt auch sicher, dass seine Mitarbeiter nicht überlastet und überfordert werden. Die Gesundheit seiner Mitarbeiter ist dem Lean Leader sehr wichtig. Achtsamkeit wird ein immer wichtigerer Wert. Der Lean Leader achtet auf sich selbst, auf sein Team und auf das gesamte Umfeld. Er scheut sich nicht, seinem Vorgesetzten gegenüber unangenehme Dinge anzusprechen, wenn es dem Wohl seines Teams und dem großen Ganzen dient. Denn nur in einer Umgebung, die sicher ist und Gesundheit gewährleistet, ist es Menschen möglich, auf Dauer Höchstleistung zu erbringen. Der Lean Leader erkennt daher, wenn ein Mitarbeiter oder Kollege unter Stresssymptomen leidet, und sorgt für wirksame Abhilfe.

Wir wollen an dieser Stelle noch einmal betonen, dass die wichtigste Eigenschaft des Lean Leaders seine Fähigkeit zur Inspiration ist. Ohne Inspiration gibt es keine Begeisterung und ohne Begeisterung keine nachhaltigen Erfolge. Inspiration bedeutet, eine klare Vorstellung von der Zukunft zu haben, mit denen der Lean Leader seine Mitarbeiter und sein Umfeld überzeugt. Dazu schafft er sich im Laufe der Zeit das Team, mit dem er seine Visionen umsetzen kann.

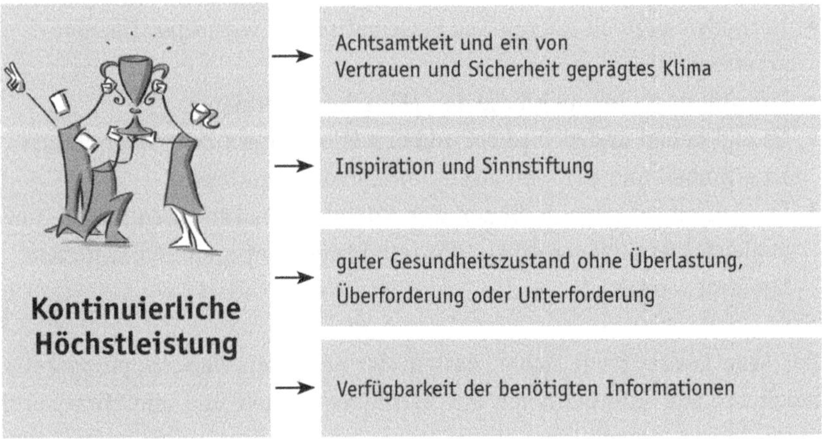

Abbildung 4: Voraussetzungen für dauerhafte Höchstleistung

1.4 Lean Leadership heißt dienende Führung

Ein guter Lean Leader nimmt sich selbst nicht so wichtig. Er ist stolz auf sein Team, ohne das er seine Ziele und Vorstellungen nicht umsetzen kann. Lean Leadership heißt dienende Führung. Während nach herkömmlichem Führungsverständnis der Mitarbeiter der »Diener« seines Chefs ist, versteht sich der Lean Leader eher als »Diener« seiner Mitarbeiter. Seine Hauptaufgabe ist es, Hindernisse bei der Ausführung der Arbeit zu beseitigen, sodass die Mitarbeiter nach dem Grundsatz »first time right« arbeiten können. Denn ihm ist bewusst, dass es seine Mitarbeiter sind, die den Wert schöpfen. Das bedeutet für die Mitarbeiter mehr Spaß an der Arbeit, sie sind schneller fertig, fühlen sich nicht jeden Tag erledigt und sind deutlich motivierter.

Der Lean Leader ist sich bewusst, dass er es ist, der letzten Endes für die Qualität der Arbeit seiner Mitarbeiter verantwortlich ist. Deswegen legt er großen Wert auf ihre Entwicklung. Je besser die Mitarbeiter die Anforderungen der Kunden verstehen, die Prozesse, Technologien und Systeme beherrschen, desto eher werden sie die Anforderungen der Arbeit erfüllen und zur permanenten Verbesserung der Prozesse beitragen.

Der Lean Leader will Mitarbeiter, die gerne Verantwortung übernehmen und selbstständig arbeiten, die Spaß daran haben, Neues auszuprobieren, die es lieben, Freiräume zu nutzen. Er möchte, dass sie aus Fehlern lernen und in Problemen Herausforderungen sehen, die es zu meistern gilt. Und er wünscht sich Mitarbeiter, die selbstbewusst auftreten und sich trauen, deutlich auszusprechen, wenn ihnen etwas nicht gefällt, auch wenn dies für ihre Führungskraft mitunter unbequem ist. Der Lean Leader schafft eine Atmosphäre von Angstfreiheit und Vertrauen.

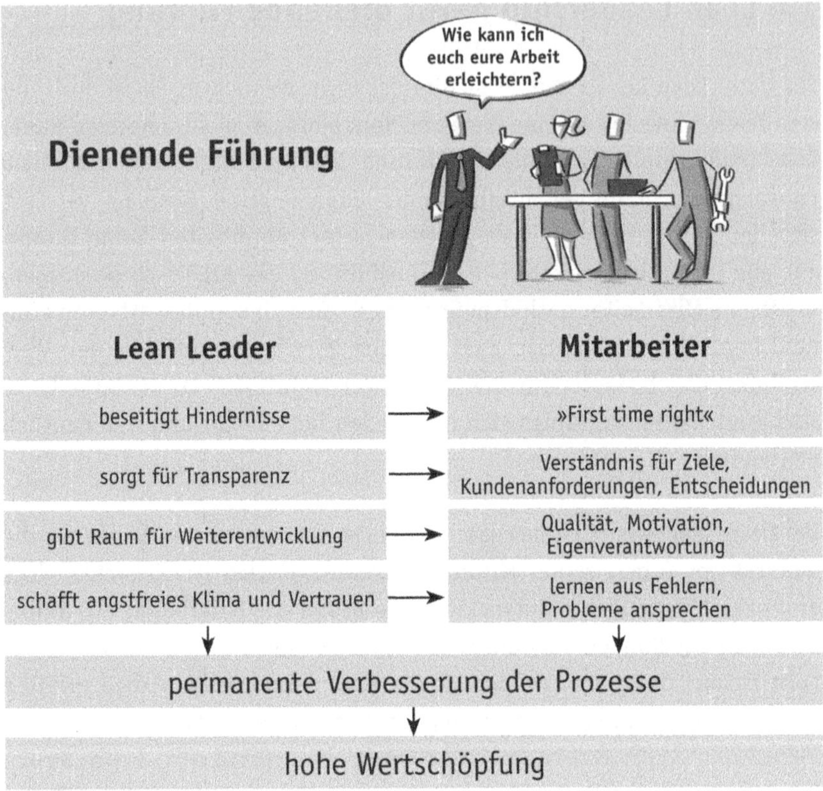

Abbildung 5: Dienende Führung

Führung im Sinne von Lean Leadership bedeutet, dass sich auch die Führungskraft selbst permanent weiterentwickelt. Der Lean Leader kennt seine Grenzen und seine Schwächen und arbeitet hart an sich. Lean Leader stellen sich den Herausforderungen – sie bereiten sich selbst nicht nur auf die bequeme Vorhersehbarkeit von gestern vor, sondern auch für die Realität von heute und alle unbekannten Möglichkeiten von morgen vor (vgl. Torres 2014).

Das Thema Weiterentwicklung steht beim Lean Leader auf mehreren Ebenen im Vordergrund. Neben der eigenen Entwicklung als Führungskraft und der der Mitarbeiter geht es auch immer darum, die Prozesse und Produkte weiterzuentwickeln. Die Kunst besteht darin, dass den Mitarbeitern das Arbeiten mit den Lean-Methoden und das Denken nach den Lean-Prinzipien zur Gewohnheit wird, ohne dass die Arbeit in stumpfe Routine abgleitet.

Es gilt eine Balance zu finden, sich durch neue Gewohnheiten Entlastung zu schaffen und gleichzeitig nicht ins Abstumpfen abzugleiten. Lean Leadership umfasst folglich immer die Aufgabe, die richtige Balance zu erreichen.

Nur wenn eine Führungskraft selbst gelernt hat, systematisch Probleme, Abweichungen, Fehler und Störungen nachhaltig zu beseitigen, und gelernt hat, wirksame Verbesserungen zu erzielen und Prozesse durch Anwendung der Lean-Prinzipien zu verschlanken, nur dann wird diese Führungskraft in der Lage sein, auch die Mitarbeiter schrittweise dazu zu befähigen, Lean erfolgreich umzusetzen. Lean Leadership bedeutet deswegen das gezielte Entwickeln der Mitarbeiter zu systematischen Problemlösern, zu erfolgreichen Verbesserern, zu eigenverantwortlich denkenden und handelnden Menschen, zum positiven Umgang mit Veränderungen, zu Spaß an der Arbeit und an der eigenen Leistung.

Die Umsetzung von Lean Leadership erfolgt durch coachendes Führen. Gemeint sind damit die Ermutigung und die Begleitung der Mitarbeiter bei der Bewältigung komplexer Arbeitssituationen. Zudem zeigt sich Lean Leadership vor allem darin, dass es der Führung gelingt, gemeinsam mit den Mitarbeitern herausfordernde Ziele zu entwickeln, ihnen den Sinn ihrer Aufgaben nahezubringen und sie stolz auf die erreichten Erfolge zu machen.

Zusammenfassend sind für Lean Leadership folgende Werte wichtig:

Qualität	Vorbild sein	Teamgeist
Vertrauen	Zuverlässigkeit	(Eigen-)Verantwortung
Lebensfreude		Achtsamkeit
Offenheit	**Lean-Werte**	Wertschätzung
Fehler als Chance	Veränderungswille	Kundenzufriedenheit
Transparenz	Fairness	Sicherheit

Abbildung 6: Die Lean-Werte

Jedes Unternehmen tut gut daran, sich der Mühe zu unterziehen, die für es wichtigen Werte gemeinsam zu erarbeiten und zu beschreiben und vor allem mit den Mitarbeitern zu diskutieren.

Im Verhalten wird sich zeigen, ob alle Führungskräfte hinter diesen Werten stehen. Für die Mitarbeiter ist es wichtig, zu wissen, welche Werte bewusst im Unternehmen gelebt werden sollen. Dies schafft ein hohes Maß an Orientierung und damit an Sicherheit.

Merke

Lean Leader wollen Mitarbeiter, mit denen sie auf Augenhöhe kommunizieren können. Diese Haltung fordern sie und diese Haltung fördern sie. Darum verstehen sie sich als dienende Kraft, die ihre Möglichkeiten ausschöpft, um Mitarbeiter wo immer möglich zu unterstützen, bestmögliche Arbeitsergebnisse abzuliefern.

1.5 Der Ursprung von Lean Leadership

Um das Konzept des Lean Leadership verstehen zu können, ist ein Blick in die asiatische Herkunftsgeschichte hilfreich. Der Lean-Gedanke ist Teil des Toyota-Produktionssystems. Demnach ist Lean »eine Strategie für das Erreichen operativer Exzellenz, basierend auf klar definierten Werten, um Mitarbeiter zu verpflichten, kontinuierlich Sicherheit, Moral, Qualität und Kosten zu verbessern« (Liker/Trachilis 2012: 37).

In bewusster Abgrenzung zur westlichen Führung bedeutet Führung im Toyota-Produktionssystem, den Idealzustand als Ziel zu definieren (Nordstern) und sehr geduldig und bescheiden auf dem Weg zum Ziel zu sein. Die Toyota-Führungskraft verdient sich ihren Weg im Management aus dem Wertschöpfungsprozess heraus und verinnerlicht dabei die Prinzipien des Toyota-Produktionssystems. Die Führungskräfte dort streben immer danach, den richtigen Ablauf zu finden, um stets die optimalen Ergebnisse zu erzielen. Prozessoptimierung bedeutet bei Toyota daher immer auch Mitarbeiterentwicklung.

Das Lean Leadership Development Model, kurz Diamond Model genannt, beschreibt die erforderliche Entwicklung der Führungskraft zum Lean Leader. Dieses Modell orientiert sich am Meister-Lehrling-Modell (vgl. Liker 2012: 166) – demnach sind die didaktischen Fähigkeiten ein wesentliches Merkmal eines guten Lean Leaders.

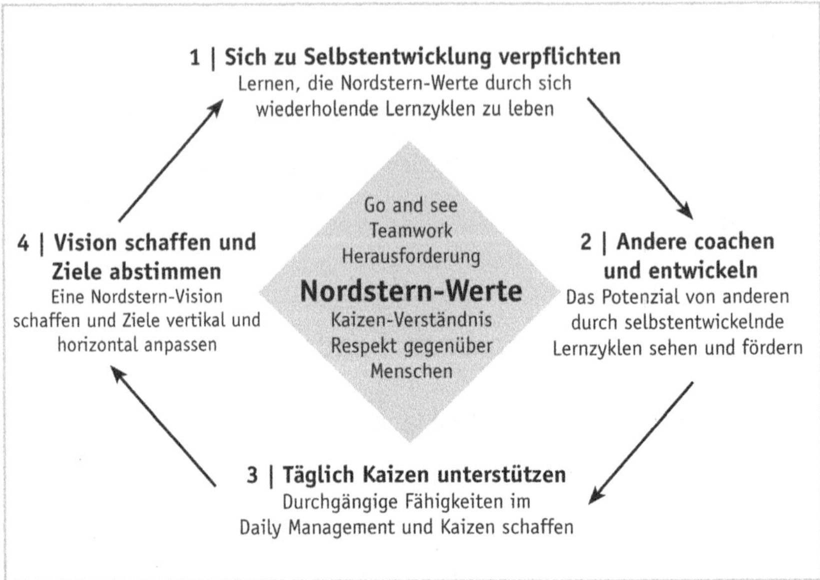

Abbildung 7: Diamond Model aus Jeffrey K. Liker »The Toyota Way«, 2009

Der Lean Leader coacht seine Mitarbeiter und entwickelt bei Ihnen Schritt für Schritt erwünschtes Denken und Handeln. Dabei spielt der PDCA-Zyklus eine entscheidende Rolle. In der Anwendung von PDCA lernt der Mitarbeiter Probleme zu erkennen, die Ursachen des Problems zu verstehen und diese nachhaltig abzustellen. Toyota nutzt den PDCA aber auch zur Weiterentwicklung der eigenen Führungskräfte. Der Lean Leader stellt so sich zunehmend schwierigeren Herausforderungen, meistert diese, lernt dazu und geht dann die nächste Herausforderung an. Den PDCA-Zyklus erläutern wir ausführlich in Kapitel 2.

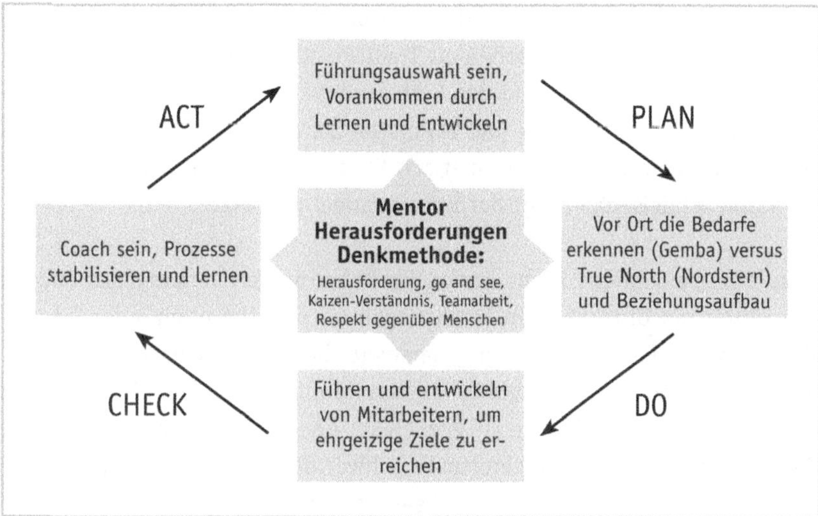

Abbildung 8: PDCA nach Jeffrey K. Liker »The Toyota Way«, 2009

Von großer Bedeutung im Toyota Lean Leadership Model sind der Nordstern und Ziele. Hoshin Kanri wird das Zielesystem bei Toyota genannt. Es bezeichnet ein System, in dem von Unternehmenszielen abwärts Teamziele abgeleitet werden, aus denen individuelle Ziele bestimmt werden. Dabei wird großer Wert auf visuelles Management gelegt. Visuelles Management bedeutet, konsequent alle Möglichkeiten der Veranschaulichung zu nutzen, zum Beispiel um mit einfachsten Mitteln zu erkennen, ob ein Zielzustand erreicht wurde oder nicht. Der Nordstern (True North) bezeichnet die Unternehmensvision, die langfristig erreicht werden soll. Der Nordstern ist nicht erreichbar, aber richtungsweisend – er gibt die Richtung an, in welche Verbesserungen führen sollen. Die Führungskraft lernt bei Toyota nach einem Rezept, das aus drei Zutaten besteht:

1. Leben nach dem Grundsatz der Toyota-Philosophie,
2. Musterbeispiel für disziplinierte Problemlösungen sein,
3. Lehrer und Coach für disziplinierte Problemlösungen werden.

Toyota geht dabei einen Weg, der sich deutlich vom traditionellen Denken in Unternehmen unterscheidet. Traditionell wird versucht, das Denken zu ändern, um anschließend das Verhalten zu ändern. Das Toyota-Modell kehrt diese Vorgehensweise um. Im ersten Schritt wird verändert, was wir tun. Dann beginnen sich automatisch Werte und Einstellungen zu verändern und schließlich erfolgt der Kulturwandel von allein.

Dazu eine persönliche Anmerkung: Wir haben in den vergangenen Jahren in zahlreichen Unternehmen Erfahrungen mit der Umsetzung des Toyota-Konzepts von Lean Leadership gesammelt. Dabei hat sich herausgestellt, dass das Konzept unabdingbare Voraussetzung ist, um im Unternehmen eine lebendige Lean-Kultur zu erreichen. Andererseits haben wir erlebt, dass sich die Führungskräfte oftmals schwer damit tun, die vorgeschlagenen Schritte zur Entwicklung von Lean Leadership zu gehen.

Wir stellen im Folgenden unser Modell von Lean Leadership vor. In diesem Modell finden sich viele Aspekte des Toyota-Modells wieder. Andererseits haben wir uns bei unserem Modell an der westeuropäischen Unternehmenskultur orientiert und unsere praktischen Erfahrungen aus unzähligen Lean-Projekten einfließen lassen. Unser Ziel ist, dass Sie mithilfe erprobter Vorgehensweisen in Ihrem Unternehmen schrittweise Lean Leadership realisieren können.

1.6 Das Grundmodell von Lean Leadership

Wenn Sie sich die Abbildung unten ansehen, werden Sie sicher denken: Das soll eine Rakete sein. Und diese Rakete fliegt auf einen Stern zu. Das haben Sie richtig beobachtet. Die Rakete symbolisiert Lean Leadership. Die Rakete fliegt in Richtung Nordstern. Der Antrieb der Rakete besteht aus der Energie der Führungskräfte und Mitarbeiter, die alles in ihrer Kraft Stehende tun, um die Rakete immer weiter in Richtung Nordstern zu treiben. Der Lean Leader steuert die Rakete, er ist der Firestarter, der seine

Mitarbeiter entzündet, damit auch diese all ihre Energie dafür aufwenden, sich in Richtung Ziel weiterzuentwickeln. Zum Antrieb tragen auch die gemeinsam verfolgten Werte, die Begeisterung der Mitarbeiter, deren Innovationskraft und ihre Kreativität bei.

Die Rakete selbst besteht aus zwei Hauptkomponenten: Shop Floor Management und agilem Projektmanagement. Zusammengehalten wird die Rakete durch drei starke Bänder: die Zielekaskade, die Kommunikationskaskade und die Coachingkaskade.

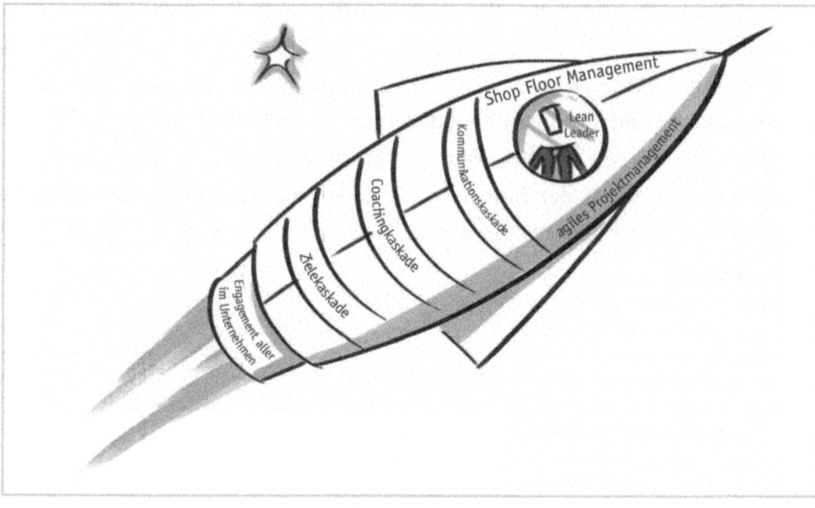

Abbildung 9: Lean Leadership als Rakete auf dem Weg zum Nordstern

Der unendliche Weg zum Nordstern

Beginnen wir zunächst mit dem Nordstern. Der Nordstern beschreibt, wie die Prozesse und das Verhalten aller Menschen im Unternehmen idealerweise sein sollen – wenn also alle Lean-Prinzipien vollständig erfüllt sind und Lean alles Denken und Handeln in allen Unternehmensbereichen bestimmt. Damit schafft der Nordstern erst einmal einen Kontrast zum heutigen Arbeitsalltag, denn er beschreibt den erstrebenswerten Idealzustand.

Der Nordstern eines Unternehmens kann beispielsweise die in der obigen Abbildung beschriebenen Eigenschaften haben. Die Vision »100 Prozent Wertschöpfung« führt dazu, dass alle Mitarbeiter jeden Tag daran arbeiten, in ihren Verantwortungsbereichen die Wertschöpfung zu erhöhen, Verschwendung zu entdecken und zu eliminieren. Der Anspruch »0 Fehler« spornt dazu an, Fehler zu vermeiden, Fehlern auf den Grund zu gehen und Prozesse so zu gestalten, dass Fehler nicht noch einmal auftreten.

»1 Stück Fluss« bedeutet in seiner Reinform, dass ein Werkstück ohne Warte- und Lagerzeiten von einer Arbeitsstation zur anderen fließt, bis es fertiggestellt ist, und dass alle Mitarbeiter in einem Produktionsprozess alle anfallenden Arbeiten beherrschen. Dieses Ziel ist ebenso wie das Ideal »0 Tage Durchlaufzeit« kaum erreichbar, spornt jedoch dazu an, Durchlaufzeiten, Lager- und Standzeiten oder unnötiges Warten immer weiter zu verringern und jeden Tag aufs Neue die Prozesse auf Verschwendung hin zu durchleuchten. So ist der Nordstern für jeden Mitarbeiter die Richtschnur seiner Arbeit und Ansporn, seine Arbeit jeden Tag ein wenig vollkommener zu machen.

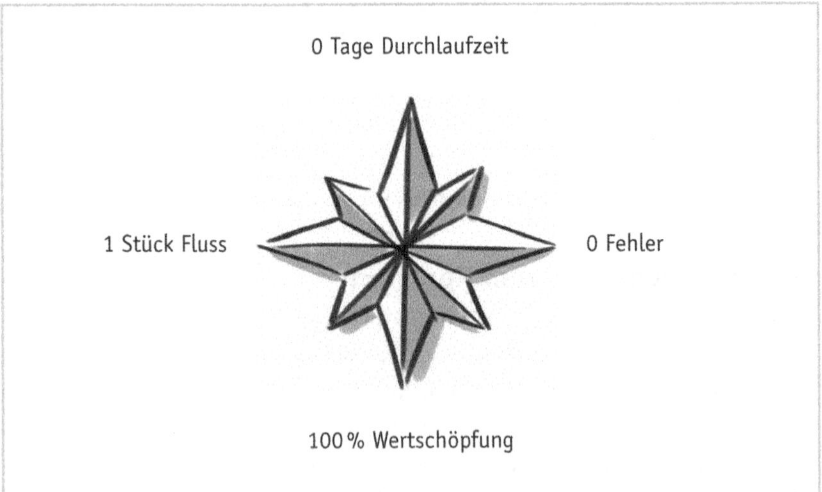

Abbildung 10: Vier Eigenschaften des Nordsterns

Der gute Lean Leader sieht nicht nur das, was mit den Augen zu sehen ist, sondern auch das, was da sein könnte. Diese Fähigkeit zum visionären Denken ist aber bei Menschen im Allgemeinen und bei Menschen, die sich selbst gerne als Realisten bezeichnen, recht selten anzutreffen. Letztere sind besonders häufig unter Führungskräften anzutreffen. Daher muss typischerweise die Fähigkeit, Visionen zu entwickeln, trainiert werden. Der Lean Leader beteiligt zudem seine Mitarbeiter an der Entwicklung des Nordsterns. Wenn die Mitarbeiter sich einbezogen fühlen und sich als Teil der Entwicklung erleben, werden sie sich aktiver an dem Weg in die gemeinsame Zukunft beteiligen.

Vorstellungskraft alleine reicht aber nicht aus. Der Lean Leader muss gleichzeitig die Zukunftsvision in packende, motivierende Bilder und Szenarien umsetzen, damit auch sein Team diese annehmen kann.

Merke

Ein guter Lean Leader besitzt die Fähigkeit, sich vom Istzustand zu lösen und »Löcher in die Zukunft zu denken«. Der Nordstern als Beschreibung des erstrebenswerten Idealzustandes gibt den Mitarbeitern Orientierung auf dem Weg zur ständigen Verbesserung.

Üblicherweise stellen wir Menschen uns die Zukunft als lineare Verlängerung der Vergangenheit vor. Wir werden im kommenden Jahr ein Stückchen besser als im letzten Jahr, aber große Sprünge machen wir so nicht. Große Sprünge erreichen wir erst, wenn wir eine überzeugende Idee von der Zukunft entwickeln und unsere Mitarbeiter davon überzeugt haben. Dann haben wir die Chance, ehrgeizige Ziele zu erreichen, die weit über das bisher übliche Maß hinausgehen. Das macht bei einer Zielformulierung nach dem Nordstern-Ansatz den entscheidenden Unterschied aus, der in der folgenden Abbildung noch einmal verdeutlicht wird.

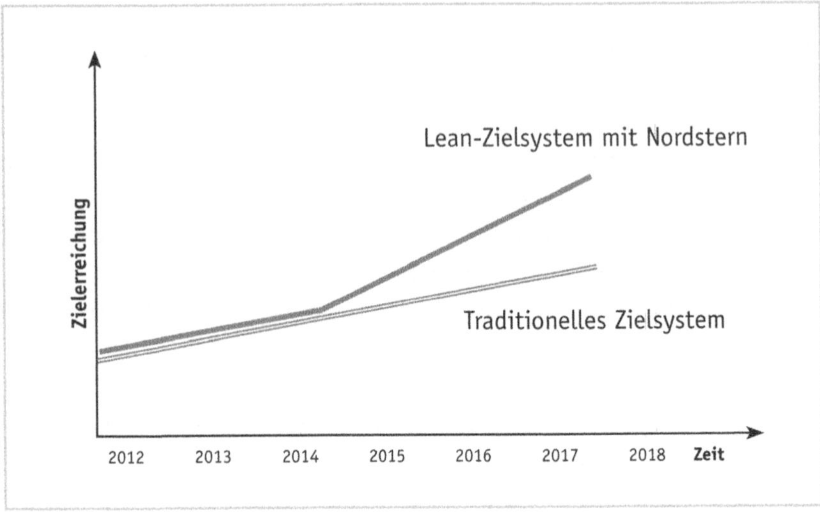

Abbildung 11: Ehrgeizige Ziele mit dem Nordstern erreichen

Erst nach der Gestaltung des Nordsterns erfolgt als zweiter Schritt die möglichst präzise Erfassung des Istzustandes. Dabei reflektiert der Lean Leader gemeinsam mit seinen Mitarbeitern den Istzustand aus dem Blickwinkel des Nordsterns. Es ist wichtig, sich dabei gemeinsam mit seinen Mitarbeitern auf den tatsächlichen Istzustand zu fokussieren, nicht auf die Wunschvorstellung, die vom Istzustand in den Köpfen existiert. Was ist gut? Was ist nicht gut und kann besser gemacht werden? Was ärgert uns? Was verursacht Mehraufwand? Womit ist unser interner Kunde (der Nächste im Prozess) zufrieden und womit nicht? Was dient der Wertschöpfung und was ist Verschwendung? Diese Fragen helfen uns dabei, ein unvoreingenommenes Bild vom aktuellen Zustand zu bekommen.

Jetzt können wir als Schritt 3 den Zielzustand beschreiben. Der Zielzustand ist von großer Bedeutung für die weitere Arbeit, denn er beschreibt die nächste Etappe auf dem Weg zum Lean-Idealzustand, dem Nordstern. Dabei dürfen sich Lean Leader und ihre Teams nicht zu viel auf einmal vornehmen. Der Zielzustand sollte in einem überschaubaren Zeitraum erreichbar sein (besser ein Tag oder eine Woche als ein Monat oder ein Jahr). Je besser sich das Team den Zielzustand vorstellen kann und je größer die Einsicht in die Notwendigkeit ist, desto größer ist die Wahrscheinlichkeit, ihn zu erreichen.

Merke

Je kleinschrittiger man die Zielbeschreibung angeht und je motivierender der Zielzustand für die Mitarbeiter ist, desto höher ist die Chance, den Zielzustand zu erreichen.

Danach werden in einem vierten Schritt die Hindernisse ins Auge gefasst, die auf dem Weg vom Istzustand zum Zielzustand auftreten können. Abweichungen, Fehler, Probleme, Störungen – das sind mögliche Hindernisse, die schließlich einzeln in den Blick genommen werden, um ihre Ursachen zu analysieren und Maßnahmen zu definieren, diese Ursachen abzustellen. Die Maßnahmen werden umgesetzt, die Lösung wird getestet und bei erfolgreichem Test zum Standard gemacht.

Bewährt sich die Lösung nicht, erfolgt ein erneuter Durchgang durch den Problemlösezyklus PDCA. Dieser ist ein fundamentales Element von Lean und wird so oft angewandt, bis die Hindernisse überwunden sind und der Zielzustand erreicht ist.

Im fünften Schritt freut sich der Lean Leader gemeinsam mit seinem Team über den Erfolg, den Zielzustand erreicht zu haben. Der Weg, der zum Zielzustand geführt hat, wird reflektiert. Alle Beteiligten stellen heraus, was sie bei dem Prozess gelernt haben und welche Erfahrungen sie für die weitere Arbeit mitnehmen können.

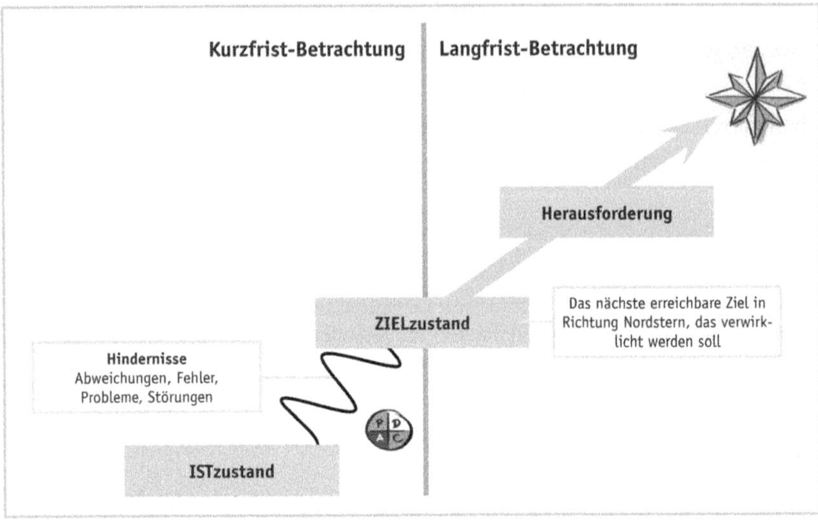

Abbildung 12: Der (unendliche) Weg zum Nordstern

Schließlich wird der neue Zielzustand definiert – Lean Leader und Team springen wieder zurück zum zweiten Schritt und definieren wieder den aktuellen Istzustand. Der Prozess startet aufs Neue. Das Besondere an Lean ist die Unaufhörlichkeit der Bemühungen, den Nordstern zu erreichen. Und der Lean Leader steuert diesen Prozess mit Beharrlichkeit und Augenmaß für das Machbare. Jeder Zielzustand stellt eine Herausforderung für alle Beteiligten dar. Während das Erreichen des Nordsterns die »unmögliche« Herausforderung darstellt (wir werden den Nordstern nie erreichen), stellt der nächste Zielzustand eine mit einem gewissen Maß an Anstrengung erreichbare Herausforderung dar. Die Kunst des Lean Leaders besteht darin, den Zielzustand so zu formulieren, dass er für die Mitarbeiter spezifisch, messbar, attraktiv, realistisch und terminiert (smart) ist.

Die Aufgabe des Lean Leaders ist eine doppelte: Er inspiriert seine Mitarbeiter, langfristig in Richtung Nordstern zu arbeiten, und macht seinen Mitarbeitern Lust darauf, sich dieser anspruchsvollen Aufgabe zu stellen.

Er stiftet Sinn für die Mitarbeiter, sie erleben das Erreichen der Schritte in Richtung Nordstern als Erfolg, als Bestätigung ihrer Arbeit und als Anreiz, die nächsten Schritte anzugehen.

Während der konkreten Arbeit am jeweils nächsten Zielzustand, ist die Hauptaufgabe des Lean Leaders seine Mitarbeiter zu coachen, sie also bei ihrer Tätigkeit zu begleiten und Hindernisse aus dem Weg zu räumen, die die Mitarbeiter an der Realisation des nächsten Zielzustands hindern. Er ermutigt, wenn es Rückschläge gibt, er entwickelt die Fähigkeit der Mitarbeiter, Hindernisse selbstständig zu erkennen und zu bewältigen, und fördert ihre Fähigkeit, gemeinsam mit Kollegen auch komplexere Hindernisse erfolgreich zu beseitigen.

Der Lean Leader wird umso erfolgreicher sein, je mehr er vorangeht auf dem Weg, Neues auszuprobieren und Hindernisse zu beseitigen. Seine Mitarbeiter werden ihm umso bereitwilliger folgen, je mehr sie erleben, dass ihr Leader mit gutem Beispiel vorangeht und auch selbst bereit ist, Rückschläge zu erdulden und hartnäckig zu überwinden.

Shop Floor Management

Shop Floor Management ist eine weitere Hauptkomponente unserer Lean-Leadership-Rakete und wurde in den letzten Jahren bereits in zahlreichen Unternehmen eingeführt. Wir selbst haben die Erfahrung gemacht, dass ein umfassendes Shop Floor Management die perfekte Basis für die unternehmensweite Umsetzung von Lean Leadership darstellt.

Merke

Shop Floor Management bedeutet, am Ort des Geschehens gemeinsam mit den Mitarbeitern Werkzeuge und Abläufe zu installieren, die es erlauben, das eigene Tun zu reflektieren, den aktuellen Zielerreichungsgrad zu erkennen, durch einfache Visualisierungsmittel auf einen Blick Abweichungen, Störungen und Fehler zu sehen und diese gemeinsam zu analysieren und dauerhaft abzustellen.

Der Teamleiter als unmittelbare Führungskraft der Mitarbeiter vor Ort wird zu einer Schlüsselfigur – nicht nur zur Umsetzung des Lean-Ansatzes – sondern auch, weil er die Mitarbeiter und die Prozesse entwickelt und die Leistungen kontinuierlich verbessert.

Bitte beachten Sie, dass der Begriff Shop Floor Management suggeriert, dass diese Form der unmittelbaren Führung vor Ort nur in der Produktion erfolgreich umsetzbar sei. Unsere Erfahrungen belegen jedoch, dass die Prinzipien, die Methoden und die Instrumente von Shop Floor Management auch in der Administration, im Vertrieb, in der Konstruktion und Entwicklung sowie im Service zum Erfolg führen. Damit stellt für uns heute das Shop Floor Management im ganzen Unternehmen eine ideale Ausgangsbasis für Lean Leadership dar.

Agiles Projektmanagement

Die zweite Hauptkomponente unserer Lean-Leadership-Rakete ist das agile Projektmanagement. Die agilen Methoden entstanden in der Softwareentwicklung und zielen darauf, Softwareentwicklung so zu gestalten, dass sich auch unter sich schnell ändernden Rahmenbedingungen erfolgreich Produkte entwickeln lassen. Vor allem Scrum ist zum Kennzeichen für agiles Projektmanagement geworden. Aber es gibt noch eine Vielzahl weiterer agiler Methoden, die dazu beitragen, dass die in einem Projekt arbeitenden Menschen sich besser einbringen können, besser informiert sind, schneller Ergebnisse erzielen und besser aus den Erfahrungen des jeweiligen Projektes lernen können. Auch der Kunde beziehungsweise der Auftraggeber wird viel intensiver als im klassischen Projektmanagement eingebunden.

Vergleicht man Shop Floor Management mit dem agilen Projektmanagement fallen die inhaltlichen Gemeinsamkeiten sofort ins Auge: Es gibt bei beiden Ansätzen tägliche kurze, häufig stehend durchgeführte Tagesgespräche, in denen sich das Team abstimmt, den Tag plant, Verbesserungsaktivitäten bespricht und plant. Auch die Visualisierung spielt in beiden Ansätzen eine große Rolle: Die einfache Veranschaulichung von Aufgaben und Zielen, Kennzahlen und Merkpunkten erleichtert den Mitarbeitern erheblich die Arbeit.

Der wesentliche Unterschied: Shop Floor Management wird eingesetzt, wenn die Alltagsaufgabe im Wesentlichen aus der Abarbeitung von Aufträgen besteht, die einen gewissen Wiederholungscharakter haben. Das agile Projektmanagement wird eingesetzt, wenn die Aufgaben der Mitarbeiter überwiegend Projektcharakter haben. Deswegen ergänzen sich beide Ansätze auch so trefflich im Unternehmen, denn die Zielsetzung ist in beiden Fällen gleich. Es geht darum, die Aufgaben möglichst gut zu erledigen, Verschwendung zu vermeiden und das Unternehmen weiterzuentwickeln.

Das Führungsverständnis im Lean Leadership

Die Führungskräfte stellen sich bei beiden Hauptkomponenten, also beim Shop Floor Management und beim agilen Projektmanagement, den gleichen Anforderungen: Die wesentliche Aufgabe besteht darin, die bestmöglichen Voraussetzungen dafür zu schaffen, dass die Mitarbeiter möglichst erfolgreich selbstständig und eigenverantwortlich arbeiten können. Deshalb ist es auch sinnvoll, in beiden Ansätzen von Lean Leadership zu sprechen, um die Aufgabe der Führung zu charakterisieren. Der Lean Leader coacht seine Mitarbeiter bei ihrer Arbeit und entwickelt sie damit permanent weiter. Er ist für seine Mitarbeiter inspirierend und schafft ein positives Umfeld, in dem sich die Potenziale der Mitarbeiter bestmöglich entfalten.

Im Lean Leadership steht der Mitarbeiter im Vordergrund, präziser: die Wertschöpfung, die der Mitarbeiter leistet. Die Führungskräfte sorgen dafür, dass die Mitarbeiter optimal arbeiten können und die Verschwendung kontinuierlich aus den Geschäftsprozessen eliminiert wird. Lean Leader zu sein, bedeutet, den Mitarbeitern möglichst viel Entscheidungsspielraum zu geben, ohne sie dabei zu überfordern. Die Abbildung zeigt die umgekehrte Pyramide, also die entgegengesetzte Darstellung der gewohnten Führungshierarchie von der Geschäftsführung hinunter bis zum Mitarbeiter. Dadurch wird der Gedanke sichtbar gemacht, dass der Lean Leader »Diener«

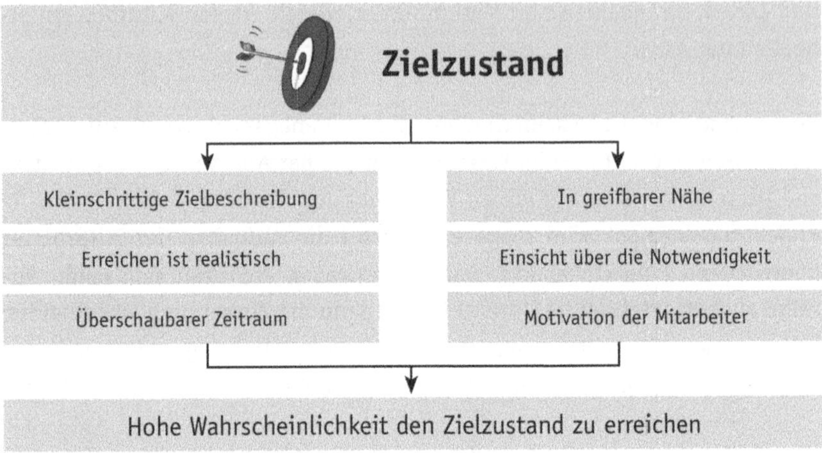

Abbildung 13: Das Führungsverständnis im Lean Leadership

seiner Mitarbeiter ist und nicht umgekehrt die Mitarbeiter »Diener« der Führungskraft sind. In diesem umgekehrten Führungsverständnis drückt sich das Besondere an Lean Leadership deutlich aus.

Lean Leadership ins gesamte Unternehmen bringen: Ziele-, Coaching- und Kommunikationskaskade

Ein umfassendes Lean Leadership entsteht im Unternehmen erst, wenn alle Führungskräfte im Unternehmen als Lean Leader agieren – also auch die Mitglieder der Unternehmensleitung, die Bereichsleiter, die Abteilungsleiter und die Teamleiter. Um dies zu ermöglichen, erfolgt die Verbindung von Shop-Floor-Teams und agilen Projektteams über die verschiedenen Führungsebenen bis zur Unternehmensleitung über eine Kaskadenstruktur.

Grundsätzlich ist der Gedanke der kaskadierten Verbindung der einzelnen Führungskräfte nicht neu. Vor allem Ziele werden heute bereits kaskadenförmig top-down von der Unternehmensführung bis hin zu den einzelnen Teams und Mitarbeitern heruntergebrochen.

Eine vernetzte Zielkaskade schafft darüber hinaus eine Verbindung zwischen dem Nordstern, den Unternehmenszielen und den Zielen des Teams beziehungsweise des einzelnen Mitarbeiters. Durch das Herunterbrechen der Unternehmensziele wird für die Mitarbeiter die Verbindung ihrer Teamziele zu den übergeordneten Unternehmenszielen deutlich. Die Mitarbeiter können so den größeren Zusammenhang nachvollziehen, in den ihre Ziele eingebettet sind. Im Raketenmodell des Lean Leadership wirkt die Kaskadierung wie Bänder, die unserer Rakete Stabilität und Funktionalität verleihen.

Die Zielkaskade im Lean Leadership ist aber keineswegs eine Einbahnstraße von oben nach unten, sondern ist auch bottom-up, was im Lean Leadership zu einer intensiven Kommunikation über die Ziele zwischen den Unternehmensebenen führt.

Die Teams bringen ihrerseits Zielvorstellungen in den Zielfindungsprozess ein. Je mehr sich die echten Vorstellungen des Teams in den Zielvereinbarungen wiederfinden, desto größer ist die Motivation der Mitarbeiter. Lean Leadership bedeutet deshalb immer auch, die Kommunikation über Zielvorstellungen und Ziele lebendig zu halten.

Über die Zielkaskade hinaus gehören noch weitere Kaskaden zum Lean Leadership: die Kommunikationskaskade und die Coachingkaskade.

Die Kommunikationskaskade verfolgt das Ziel, eine schnelle und direkte Kommunikation zu erreichen zwischen:

- Mitarbeitern und Teamleitern,
- Teamleitern und Abteilungsleitern,
- Abteilungsleitern und Bereichsleitern sowie
- Bereichsleitern und Geschäftsleitern.

Die Mitarbeiter eines Teams stellen Abweichungen fest oder haben Vorschläge. Diese teilen sie ihrem Teamleiter mit. Gemeinsam werden die Themen, die bearbeitet werden sollen, priorisiert, um ein Verzetteln zu vermeiden. Die Themen, die Teamleiter und Team nicht selbst bearbeiten können, werden an die nächste Ebene weitergegeben. Auch hier erfolgt eine Auswahl nach Priorität. Schließlich landen die nicht bearbeitbaren, aber als wichtig eingestuften Themen beim Werkleiter oder Geschäftsführer, die dann mit ihren Führungsteams eine Entscheidung treffen, welche Themen auf dieser Ebene bearbeitet werden sollen. Noch am selben Tag oder spätestens am Folgetag werden die Entscheidungen mithilfe der Kaskade wieder ans Team zurückkommuniziert, sodass alle Mitarbeiter Bescheid wissen, welche ihrer Themen bis wann bearbeitet werden und welche wichtigen Entscheidungen und andere Informationen es gibt.

Die Grundidee der Kommunikationskaskade ist es, die Zeit für Besprechungen zu reduzieren und langwierige Besprechungen mit vielen Teilnehmern durch kurze, gut vorbereitete, aussagekräftige Treffen zu ersetzen. Diese werden idealerweise im Stehen durchgeführt. Dadurch wird nicht nur die Zeit für Besprechungen deutlich reduziert, sondern auch eine sehr viel höhere Geschwindigkeit in der Übermittlung von Informationen top-down und bottom-up erreicht.

Merke

Die Kommunikationskaskade spart viel Besprechungszeit und erhöht das Tempo für Entscheidungen außerordentlich. Ein weiterer Vorteil ist, dass Verbesserungsthemen viel schneller angepackt, umgesetzt und getestet werden und keine Ideen oder Entscheidungsbedarfe mehr unbearbeitet versanden.

Hinter der Coachingkaskade steht die Idee, dass

- jeder Mitarbeiter durch seine Teamleiter,
- jeder Teamleiter durch seine Abteilungsleiter,
- jeder Abteilungsleiter durch seine Bereichsleiter und
- jeder Bereichsleiter durch seine Geschäftsleiter

kontinuierlich gecoacht wird. Aufmerksam zuhören, Fragen stellen und Feedback geben – das sind die Zutaten, aus denen ein erfolgreiches Coaching besteht, mit dem die Fähigkeiten des Coachees, des Mitarbeiters, gezielt weiterentwickelt werden, um kontinuierlich seine Leistung und seine Kompetenz zu verbessern. Durchgängige Coachingduos über das gesamte Unternehmen hinweg stellen dabei sicher, dass wirklich alle Führungskräfte einbezogen werden.

Merke

Coachendes Führen ist ein wichtiges Fundament von Lean Leadership. Coachendes Führen bedeutet nicht nur Aufmerksamkeit für den einzelnen Mitarbeiter, sondern sorgt auch für eine kontinuierliche Entwicklung der Mitarbeiter.

Take-aways

Wenn Sie sich anhand der Tabelle 1 in Abschnitt 1.3 bewerten, ordnen Sie sich eher dem traditionellen Führen zu oder mehr dem Lean Leadership – und welche ersten Handlungsbedarfe ergeben sich daraus für Sie?

Erkennen Sie sich in den Anforderungen an einen Lean Leader in Abschnitt 1.3 wieder? Wo sehen Sie Ihre Stärken, wo sehen Sie Lernfelder?

2.
Die Verhaltensbausteine des neuen Lean-Gedankens: Shop Floor Management und agiles Projektmanagement

Was Sie in diesem Kapitel erfahren

- Shop Floor Management ist einer der populärsten Wege, heute wirklich leanorientierte Unternehmen zu schaffen. Als Pioniere der Shop-Floor-Management-Methode stellen wir Ihnen die wichtigsten Aspekte vor.
- Ziel von Shop Floor Management ist es, die Wertschöpfung verschwendungsfrei und reibungslos zu gestalten und Troubleshooting zu vermeiden. Auf welchen Prinzipien beruht Shop Floor Management, was bedeutet dies für Lean-Unternehmen? Darum geht es jetzt.
- Agiles Projektmanagement ist die zweite neue wichtige Säule von Lean Leadership. Sie erfahren, mit welchen Methoden im agilen Projektmanagement gearbeitet wird und wie Sie es für ein neues Lean Leadership nutzen.

2.1 Die Elemente von Shop Floor Management und wie sie zusammenwirken

Begeben wir uns, wie bereits zu Beginn dieses Buches, nochmals gedanklich in die Produktionshalle eines Unternehmens, in dem Shop Floor Management verwirklicht worden ist:
Dienstag, kurz vor 9 Uhr. Wie an jedem Werktag versammeln sich die zwölf Mitglieder des Teams Mechanische Konstruktion vor ihrem Teamboard. Der Teamleiter beginnt sein Tagesgespräch pünktlich mit dem manuellen Eintrag der täglichen Kennzahlen auf dem Teamboard.
»Unser Rückstand ist von acht auf sechs Maschinen gesunken. Es hat sich gelohnt, dass wir uns ganz auf das Abarbeiten der Aufträge konzentriert haben. Jetzt sind wir nah dran an unserem Ziel, maximal fünf Maschinen im Rückstand zu sein. Ich bin sicher, dass wir schon morgen den Zielkorridor erreichen werden – und dann können wir uns auch wieder stärker um unsere Verbesserungsthemen kümmern. Die Qualität stimmt heute, es gibt nur eine Fehlermeldung aus der Montage.«

Er bittet den Mitarbeiter, den er bereits im Vorfeld des Tagesgesprächs am Morgen über die Fehlermeldung informiert hat, zu berichten. Der Mitarbeiter schildert den Fehler, den er bereits analysiert hat, und schlägt auch gleich eine konkrete Lösungsmöglichkeit vor. Die Maßnahme wird auf eine Verbesserungskarte geschrieben, der Mitarbeiter wird als Verantwortlicher vermerkt. »Wie lange brauchst du für die Umsetzung der Maßnahme?«, fragt der Teamleiter. »Zwei Tage«, gibt der Mitarbeiter an. Der Teamleiter trägt das Datum ein.

»Wie steht es mit den offenen Verbesserungsthemen?«, fragt der Teamleiter. Die jeweiligen Mitarbeiter kommen zur Tafel und erläutern den Stand der jeweiligen Verbesserungskarte. Einer berichtet: »Wir haben beim PDCA zum Thema Informationsfluss zur Montage gemeinsam mit den Kollegen der Montage die Analyse durchgeführt. Das war sehr aufschlussreich. Wir haben uns zwei Maßnahmen überlegt.« Dann stellt er beide Maßnahmen vor.

Die Kollegen signalisieren ihre Zustimmung. »Dann machen wir das so«, sagt der Teamleiter und geht zum Thema Kapazitäten über. »Kommen wir klar mit dem Personal? Zwei Kollegen fehlen ja wegen Krankheit. Brauchen wir Unterstützung?« Nach kurzer Diskussion steht fest, dass das Team versucht, die Arbeit mit der bestehenden Mannschaft zu stemmen. »Gibt es noch Themen für unsere Runde?«, fragt der Teamleiter. Zwei Punkte werden erörtert. Einer wird dabei auf eine Verbesserungskarte geschrieben und an die Tafel gehängt. Kurz werden noch weitere Informationen ausgetauscht. Dann ist das Treffen vorbei und alle gehen zurück an ihre Arbeit. Das Tagesgespräch hat genau zehn Minuten gedauert.

Auf die Frage an den Teamleiter, was sich seit der Einführung des Teamboards und des Tagesgesprächs geändert habe, antwortet er spontan: »Für uns ist das Tagesgespräch ein ideales Kommunikationsmittel. Wir hätten uns nie träumen lassen, dass in zehn Minuten alle wesentlichen Themen, die sich in unserem Team ergeben, hinreichend und ausführlich genug behandelt werden können. Fakt ist aber: Wir schaffen das! In diesen zehn Minuten ist jeder von uns auf dem gleichen Informationsstand. Jeder kann eigene Themen einbringen und meine Leute sind sehr auskunftswillig – wir nutzen die zehn Minuten konstruktiv und jeder sagt, was ihm auf der Seele brennt.«

Dann fährt er fort: »Früher haben wir uns stundenlang in Einzelgesprächen abgestimmt, wer welche Aufgabe übernimmt. Und obwohl wir zwölf Leute sind, schaffen wird das jetzt im Rahmen unserer zehnminütigen Tagesgespräche. Jeder hat besser als früher den Gesamtüberblick darüber, was wir zu tun haben, und so funktioniert die Zusammenarbeit bestens.

Heute ist es nicht mehr vorstellbar, dass wir früher ständig Streit mit der Montage hatten. Früher waren die Kollegen dort immer unzufrieden mit unserer Arbeit und wir haben uns regelmäßig über die ständigen Beschwerden aufgeregt. Wir konnten die Beanstandungen nie so richtig verstehen. Heute nimmt ein Mitarbeiter aus unserem Team am Tagesgespräch der Montage teil und informiert uns dann aus erster Hand darüber, wo es Probleme gibt.

Wir verstehen die Kollegen jetzt viel besser und können in der Regel in kürzester Zeit Abhilfe schaffen. Das führt natürlich dazu, dass die Montage zufriedener ist und nicht mehr ständig Stress zwischen den Kollegen und unserem Team herrscht.

Ähnlich ist es mit dem Vertrieb. Dort gab es noch größere Barrieren und es waren mehr Emotionen im Spiel. Seit wir uns zweimal in der Woche mit dem Vertrieb treffen, stimmen wir uns viel besser ab, erkennen die Probleme und schaffen es, sie schnell aus der Welt zu schaffen.

Aber noch viel besser ist, dass wir heute im Vorfeld sehen, wo Probleme auftauchen können. So entstehen diese Probleme erst gar nicht. Dadurch kommt es zu ruhigeren, besser abgestimmten Arbeitsweisen und das gefällt den Kollegen im Vertrieb und uns sehr gut.

Bei mir als Teamleiter ist es natürlich nicht mit den zehn Minuten Tagesgespräch getan. Bevor ich Teamleiter wurde, habe ich mir keine Gedanken gemacht, was es alles an Gestaltungsthemen für unser Team gibt. Als wir mit Shop Floor Management angefangen haben, hatten wir nur das Ziel, unseren Rückstand nicht größer werden zu lassen, und damit hatten wir alle Hände voll zu tun. Heute ist der Rückstand meistens kein Thema mehr, und wenn doch, bekommen wir ihn schnell in den Griff. Deswegen können wir uns heute viel mehr Gedanken darüber machen, wie wir unsere Prozesse noch besser gestalten und wie wir die Abstimmung mit anderen Bereichen verbessern können. Für all das hatten wir früher keine Zeit. Heute sprechen wir diese Themen im Team ab, definieren Ziele dazu und setzen sie um.«

Das Beispiel beschreibt, dass Shop Floor Management aus zahlreichen Elementen besteht, die für den Erfolg wesentlich sind und symbiotisch zusammenwirken. Wir wollen nun die wichtigsten dieser Elemente etwas ausführlicher darstellen.

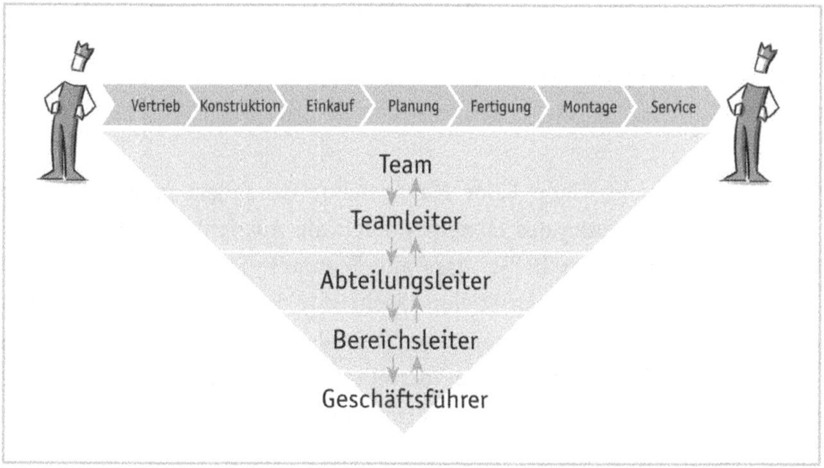

Abbildung 14: Die Elemente des Shop Floor Managements

Element 1: Ziele

Ein Ziel bietet Orientierung – wie ein Fähnchen auf dem Golfplatz. Der Spieler weiß, wohin der Ball gespielt werden muss. In Teams haben Ziele eine ähnliche Funktion. Teams brauchen eine Orientierung, in welche Richtung sie gehen und wohin sie sich weiterentwickeln können. Dabei ist es wichtig, dass jedes einzelne Teammitglied sein individuelles Zielfähnchen hat.

Abbildung 15: Die wichtigen Faktoren im Zielprozess

Für ein gelungenes Shop Floor Management ist zudem essenziell, dass neben der Orientierung des Einzelnen auch die Ausrichtung der Mitarbeiter übereinstimmt, das heißt, dass alle Teammitglieder ihr individuelles Fähnchen an dasselbe Loch stellen. Nicht nur der Einzelne, sondern das gesamte Team muss das gemeinsame Ziel, also den Zielzustand, klar vor Augen haben. Diese gemeinsame Vorstellung ist eine wesentliche Voraussetzung dafür, als Team ein Ziel zu erreichen.

Im Zielprozess ist es zudem notwendig, dass jedes Teammitglied das Ziel als sinnvoll erlebt und seine Energie auf die Erreichung richtet. Für diesen – nach der Orientierung des Einzelnen und der Ausrichtung des Teams in dieselbe Richtung – dritten wichtigen Faktor im Zielprozess ist der Spaß auf dem Weg Richtung Zielzustand und die erlebte Sinnhaftigkeit Voraussetzung für das erfolgreiche Erreichen des Ziels.

Merke

- Jedes einzelne Teammitglied hat ein individuelles Zielfähnchen.
- Das gesamte Team verständigt sich auf ein gemeinsames Zielfähnchen.
- Der Zielprozess ist von Spaß und Sinnhaftigkeit gekennzeichnet – das gemeinsame Zielfähnchen wird von allen Teammitgliedern mit großer Motivation verfolgt.

Unserer Erfahrung nach erlebt ein Team ein Ziel dann als sinnvoll, wenn

- es selbst an der Formulierung des Ziels beteiligt ist,
- der angestrebte Zielzustand als wünschenswert erlebt wird,
- die Arbeit am Ziel Spaß macht und
- die Arbeit am Ziel und das Erreichen des Ziels Anerkennung finden.

Durch einen gemeinsamen Diskussionsprozess nehmen die Mitarbeiter die vereinbarten Ziele als Herausforderung an und arbeiten mit vollem Engagement daran, sie zu erreichen. Wenn die Ziele als aufgezwungen wahrgenommen werden, sind die Mitarbeiter nicht motiviert, den Zielprozess erfolgreich zu gestalten. Im Gegenteil – es kann dann sogar zu Demotivationseffekten kommen. Gemeinsam diskutierte und abgestimmte Ziele hingegen setzen Kreativität frei und sorgen dafür, dass die Mitarbeiter über ihre bisherigen Grenzen hinaus denken und handeln.

Gleichzeitig führt das richtige Ausformulieren von nicht zu vielen Zielen dazu, dass Prioritäten eindeutig und angemessen gesetzt werden können und sich die Mitarbeiter und Führungskräfte nicht verzetteln. Die Kunst besteht darin, die Ziele so zu formulieren, dass einzelne wesentliche Faktoren der Arbeit in den Vordergrund gerückt werden, ohne dass dies zur Vernachlässigung anderer Aspekte führt.

Merke

Das Arbeiten mit Zielen verfehlt seinen Zweck, wenn es zu einer einseitigen Ausrichtung und damit zur Vernachlässigung anderer wesentlicher Faktoren führt. Es ist besser, mit einigen wenigen intensiven und sorgsam überdachten Zielen zu arbeiten als mit (zu) vielen Zielen. Je konkreter die Ziele ausformuliert werden, desto größer ist ihre Orientierungsfunktion für die Teammitglieder.

Gut formulierte Ziele dienen gleichzeitig als ein guter Erfolgsmaßstab. Ziele sollten darum eindeutig und klar formuliert, in Teilziele untergliedert und mit überprüfbaren Erfolgsparametern, Kennzahlen oder Indikatoren verknüpft werden, um ein Zielecontrolling zu gewährleisten.

Wir möchten in diesem Zusammenhang nochmals auf den Begriff »SMARTe Ziele« zurückkommen – gute Ziele sind SMART:

- Sie sind spezifisch statt allgemein.
- Sie sind messbar.
- Sie werden sowohl von den Führungskräften als auch von den Mitarbeitern akzeptiert und sind gleichzeitig attraktiv.
- Sie sind realistisch, erreichbar und beeinflussbar.
- Sie sind zeitlich klar terminiert.

Gelungenes Shop Floor Management zeichnet sich dadurch aus, dass Zielprozesse aus den Unternehmenszielen abgeleitet sind. Für den einzelnen Mitarbeiter und das Team wird so eine klar erkennbare Verbindung zwischen dem konkreten Ziel, an dem sie arbeiten, und dem übergeordneten Unternehmensziel geschaffen.

Ziele ohne faule Kompromisse vereinbaren

Der Teamleiter übernimmt beim Thema Ziele eine Schlüsselrolle. Darum muss er selbst sich darüber im Klaren sein, welche Ziele für ihn wichtig sind. Zunächst braucht er ein klares Bild vom Zielzustand. Er muss selbst überzeugt und begeistert sein von den Zielen und gleichzeitig über die Kompetenz verfügen, seine Mitarbeiter mitzunehmen und auch sie davon zu überzeugen, dass es sich lohnt, sich für die Zielerreichung zu engagieren. Nur begeisterte Führungskräfte sind in der Lage, Mitarbeiter zu begeistern und mitzureißen. Das am Ende gemeinsam erarbeitete Ergebnis muss von allen begeistert getragen werden. Es darf keinen faulen Kompromiss geben. Denn faule Kompromisse sind meistens dadurch gekennzeichnet, dass alle Beteiligten in Bereichen nachgeben mussten, die für sie von großer Bedeutung sind. Man hat sich auf den kleinsten gemeinsamen Nenner geeinigt, ohne dass die Beteiligten so einen Vorteil daraus ziehen konnten. Faule Kompromisse begeistern also nicht. Begeisterung ist aber für das Erreichen der Ziele von großer Wichtigkeit. Darum ist es richtig, wenn um die Zielformulierungen so lange gerungen wird, bis sich die Beteiligten mit ihnen einverstanden erklären können.

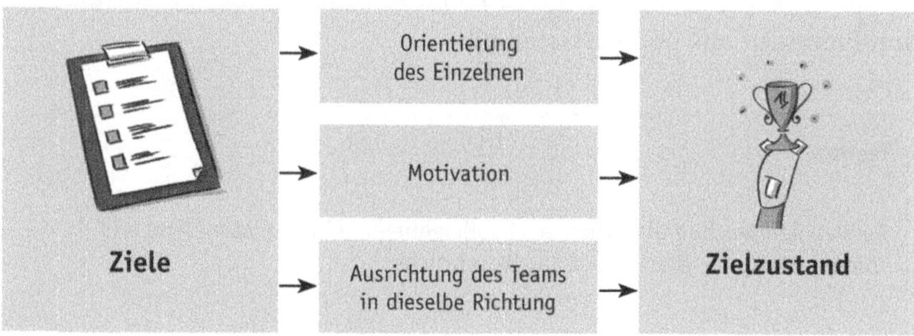

Abbildung 16: Erfolgsfaktoren für den Zielprozess

Element 2: Kennzahlen und Visualisierung

Sind die Ziele einmal formuliert, hat der Teamleiter die Aufgabe, die Arbeit an ihnen konsequent zu verfolgen. Das wichtigste Hilfsmittel dafür sind Kennzahlen.

Allein das öffentliche Aushängen von Kennzahlen wirkt motivierend auf die Mitarbeiter und macht ihre Arbeit nachvollziehbarer. Da es die meisten Mitarbeiter nicht mögen, sich mit ihren Kennzahlen im roten Bereich zu befinden, entwickeln sie eine große Motivation, sie in den grünen Bereich zu bringen und dort zu halten.

Dies gelingt aber nur dann, wenn das Ziel erreichbar ist. In den meisten Unternehmen hat sich in diesem Zusammenhang der Begriff KPI (Key Performance Indicator) etabliert. Dahinter wird die Qualität der Kennzahl deutlich, denn es ist wichtig, nicht alles Mögliche zu messen, sondern sich nur auf die Schlüsselindikatoren zu konzentrieren. Es ist eine große Kunst, die richtigen Kenngrößen herauszuarbeiten. In der Produktion ist es dabei etwas einfacher als in den administrativen Bereichen oder zum Beispiel im Vertrieb. In der Produktion werden in der Regel Produktivität, Qualität und Termintreue gemessen. Im Vertrieb sind es dagegen eher Durchlaufzeiten von Prozessen, die es zu erfassen gilt.

Merke

Kennzahlen machen die Arbeit nachvollziehbarer, wirken motivierend und fördern die Konzentration auf das Wesentliche.

Aussagekräftige Kennzahlen verfügen über die folgenden Eigenschaften:

- Kennzahlen sind Zahlen, die in präziser und konzentrierter Form über wichtige, zahlenmäßig erfassbare Tatbestände und Entwicklungen einer Organisation berichten.
- Kennzahlen müssen eindeutig bezeichnet sein.

- Für jede Kennzahl wird eine geeignete Messmethode benötigt; die Messpunkte müssen nachvollziehbar sein.
- Es muss geklärt sein, wer für die Erfassung und das Aushängen der Kennzahlen verantwortlich ist.
- Die Ermittlung beziehungsweise Berechnung der Kennzahlen muss einfach und nachvollziehbar sein.
- Die Kennzahl muss aussagekräftig sein und das Ziel eindeutig kennzeichnen.
- Aus der Kennzahl heraus müssen Ansatzpunkte zum Erreichen des Ziels abgeleitet werden können.

Das Äpfel- und Birnen-Problem muss gelöst werden, das heißt, es muss eine Vergleichbarkeit der Kennzahlen gewährleistet sein.

Ziele und Kennzahlen ergeben gemeinsam ein Bewertungssystem für den Erfolg. Entscheidend für den Erfolg der Arbeit mit Zielen und Kennzahlen ist die möglichst schnelle Rückkopplung der Ergebnisse an den Mitarbeiter. Nehmen wir ein Beispiel aus der Produktion: Im Idealfall wissen die Mitarbeiter in einer Produktion jederzeit Bescheid darüber, ob sie im Soll liegen oder nicht. Deswegen gibt es in vielen Unternehmen Monitore, Ampeln oder ähnliche Visualisierungen, die eine sofortige Rückkopplung ermöglichen:

- Ist die Ampel grün, wissen alle Mitarbeiter, dass die Prozesse gut ablaufen.
- Zeigt die Ampel rot an, wissen die Mitarbeiter, dass sie zurückliegen und eine Abweichung vorliegt. Sie werden in dieser Situation einen genaueren Blick auf die Kennzahlen werfen und sich mit dieser Abweichung gründlich beschäftigen, um entsprechende Maßnahmen abzuleiten. Das Erkennen von Abweichungen ist fundamental für Shop Floor Management.

Merke

Die Befähigung der Mitarbeiter, Abweichungen zu erkennen und systematisch und nachhaltig zu beseitigen, gehört zu den wesentlichen Kompetenzen im Shop Floor Management.

Das Ampelprinzip macht sich Shop Floor Management nicht nur in der Produktion zunutze, sondern in allen Bereichen eines Unternehmens. Unabhängig vom Bereich gilt immer: Je schneller die Rückmeldung, desto schneller können Mitarbeiter ihr Verhalten anpassen und daran arbeiten, das Ziel zu erreichen. Monatliche oder wöchentliche Kennzahlen helfen dabei nur bedingt, weil sich die Mitarbeiter rückblickend nur schwer daran erinnern können, warum die Abweichungen entstanden sind. Deswegen sind tägliche Kennzahlen Standard im Shop Floor Management. Für die Arbeit eines Teams sind tagesaktuelle Kennzahlen unabdingbar.

Merke

Es ist wichtig, dass die Mitarbeiter die Kennzahlen verstanden haben und sie nachvollziehen können. Sie sollten wissen, an welchen Stellschrauben sie drehen müssen, um die Kennzahlen positiv beeinflussen zu können. Dann entfalten die Kennzahlen eine motivierende Wirkung.

Zur Visualisierung der Kennzahlen dient ein Teamboard. Es wird eingerichtet, um bei Besprechungen einen direkten Überblick über die aktuellen Kennzahlen zu erhalten. Die Treffen finden idealerweise stehend vor dem Board statt. Durch die Farben Rot und Grün werden Abweichungen sofort sichtbar. Zudem können über das Teamboard weitere Informationen kommuniziert werden, die für das Team von Bedeutung sind.

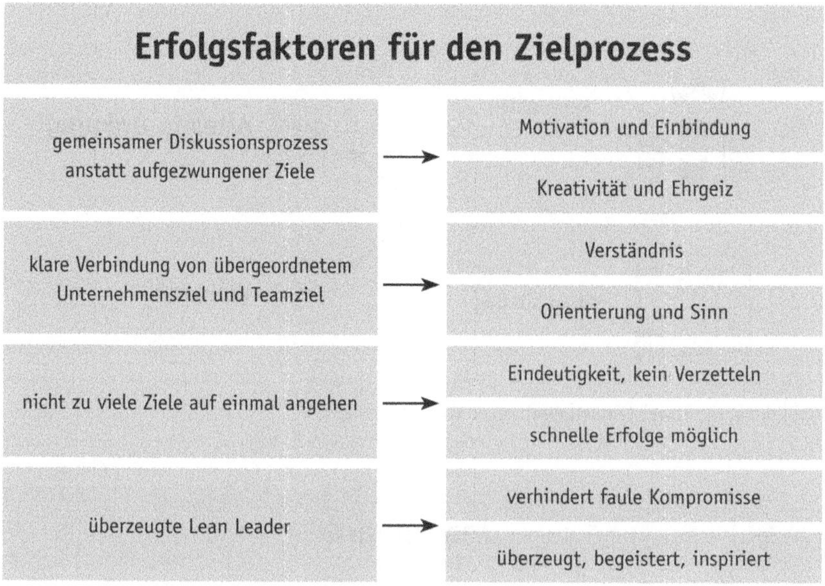

Abbildung 17: Erfolgsfaktoren für den Zielprozess

In der Produktion sind Themen wie Sicherheit, Ordnung und Sauberkeit sowie das Kapazitätsmanagement des Teams von besonderer Bedeutung. In Bürobereichen sind beispielsweise Informationen über Auftragseingang, Lieferterminverzögerungen oder Reklamationen der Kunden visualisiert. Aktuelle Verschwendungsthemen sowie allgemeine Informationen finden sich ebenfalls am Board.

In der Praxis haben sich Whiteboards mit Magnetfeld bewährt, um die Tagesaktualität der Informationen durch einfaches Hinzufügen und Entfernen neuer Mitteilungen, Berichte und Hinweise zu gewährleisten. Doppelseitig verwendbare Magnete mit einer roten und einer grünen Seite ermöglichen eine einfache und schnelle Anpassung der Ampel.

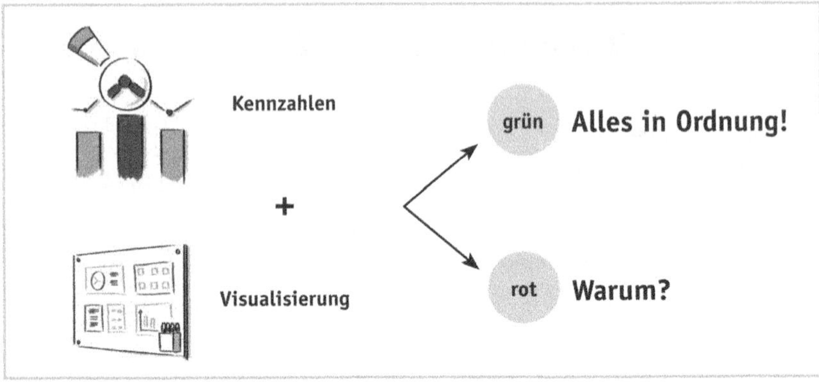

Abbildung 18: Abweichungen rasch erkennbar visualisieren

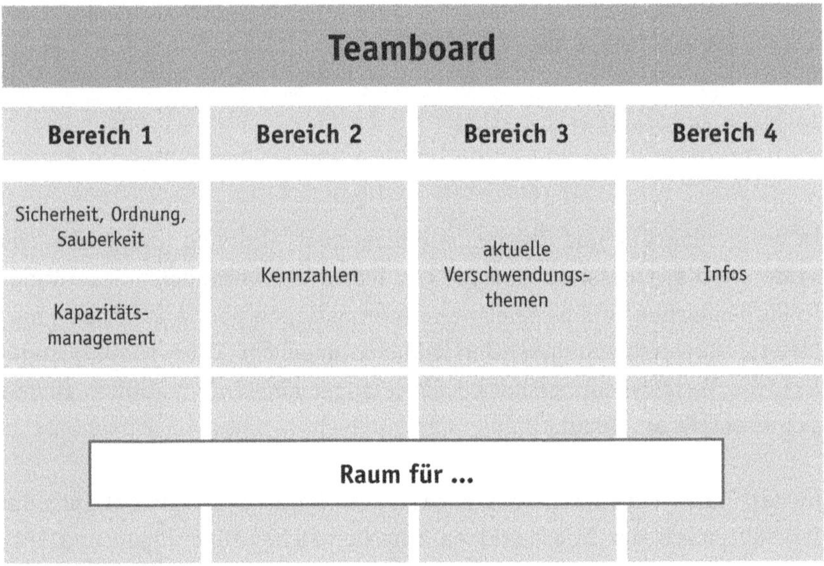

Abbildung 19: Beispielhafte Aufteilung eines Teambords

Das Teamboard sollte für alle Teammitglieder gut sichtbar sein und so viel Platz bieten, dass sich auch eine größere Gruppe von Mitarbeitern um das Board versammeln kann. Um die Lärmbelästigung während den Besprechungen einzuschränken, sollte das Teamboard an einem möglichst ruhigen Ort aufgestellt sein.

Element 3: Mit PDCA Probleme systematisch lösen

Im vorherigen Abschnitt wurden Teamboards als wichtige Methode zur Visualisierung und zur Organisation der Arbeitsprozesse vorgestellt. Doch die Möglichkeiten des Shop Floor Managements sind weitaus umfangreicher. Ein weiterer wichtiger Bestandteil effektiven Shop Floor Managements ist der Problemlösungsprozess, mit dem es zum Beispiel gelingt, Abweichungen mithilfe eines sogenannten PDCA zu eliminieren.

Der PDCA hat sich weltweit als Problemlöseinstrument etabliert und ist eine Standardmethode im Shop Floor Management. Ein entscheidendes Merkmal von PDCA ist die Einfachheit in der Nutzung. Dies führt dazu, dass die Methode von den Mitarbeitern schnell erlernt und eingesetzt werden kann. PDCA hat sich so rasch als Standard zur systematischen Problemlösung in der täglichen Arbeit von vielen Mitarbeitern etabliert.

In der Montage eines Produktionsunternehmens tauchen zum zweiten Mal Teile auf, auf denen Kleberrückstände zu sehen sind. Diese Kleberrückstände beeinträchtigen die Qualität der Baugruppe und müssen entfernt werden. Das verursacht pro Teil einen Mehraufwand von fünfzehn Minuten. Ein Mitarbeiter trägt das Problem am Teamboard vor. Einige Kollegen bestätigen die Abweichung und das Team beschließt, das Problem anzugehen. Der Teamleiter fragt, ob jemand die Ursache kennt oder einen Lösungsvorschlag hat. Doch niemand im Team weiß, woher die Rückstände stammen und wie man das Problem abstellen könnte. Der Teamleiter beschließt daher, das Problem mit einem PDCA zu bearbeiten.

Ein weiteres Beispiel: In der Konstruktion bemerkt ein Teammitglied, dass es in der Auftragsbearbeitung wichtige Informationen aus dem Vertrieb immer nur sukzessive statt an einem Stück und auf einmal erhält. Es regt an, PDCA zu nutzen, um mit dem Vertrieb gemeinsam eine prozessoptimierte Lösung zu finden.

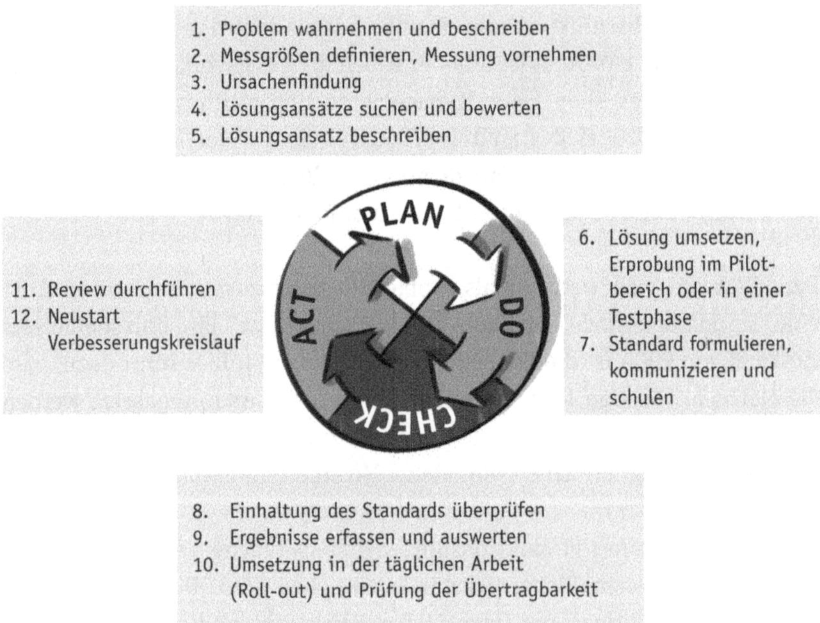

Abbildung 20: Die vier Phasen des PDCA-Zyklus

Die Plan-Phase: Von der Problembeschreibung zum Lösungsansatz

Der PDCA-Zyklus mit seinen vier Phasen bildet die Grundlage für die Problemlösung mit PDCA. Der Zyklus beginnt mit der Plan-Phase, in deren Mittelpunkt die folgenden Aktivitäten stehen:

Probleme definieren und abgrenzen

Entscheidend ist, das Problem so exakt wie möglich zu beschreiben. Ist ein Problem gut beschrieben, ist ein großer Schritt in Richtung Problemlösung getan. Dabei werden Fragen diskutiert und beantwortet wie:

- Wie stellt sich die Ausgangslage dar?
- Warum wird das Thema bearbeitet? Und warum gerade jetzt?
- Was genau ist das Problem, wie lässt es sich abgrenzen?
- Was sind das Ziel und der Nutzen, die mit der Problemlösung erreicht werden sollen?
- Wer muss im Team sein, welche Teammitglieder werden benötigt, um zu einer optimalen Problemlösung zu gelangen?
- Was soll betrachtet, was soll ausgeschlossen werden?

Kundenanforderungen definieren und messen

Oberstes Ziel von Lean-Management und Lean Leadership, und damit auch von Shop Floor Management, ist die Kundenzufriedenheit. Darum ist es bei vielen Problemlösungen sinnvoll, sich an den Kundenerwartungen zu orientieren und die Kundenanforderungen zu ermitteln.

- Wer ist der Kunde? Dabei geht es nicht nur um die externen, sondern auch um die internen Kunden, also die Mitarbeiter, die als unternehmensinterne Kunden zum Beispiel von der Zuarbeit anderer Mitarbeiter abhängig sind.
- Was will der Kunde? Wie lassen sich die Erwartungen und Wünsche der Kunden spezifizieren und in messbare Parameter kleiden?

- Welche Daten zur Bewertung der Prozessleistung müssen erhoben werden, auch um zu prüfen, wie gut der Prozess die Kundenanforderungen erfüllt?

Messgrößen bestimmen
An dieser Stelle des PDCA-Zyklus wird bestimmt, welche Messgrößen notwendig sind, wie gemessen werden kann und wie sich die Datenqualität sicherstellen lässt.

Ursachen für das Problem ermitteln und priorisieren
In der Praxis leiden viele Versuche, Produktionsprobleme und andere Herausforderungen zu lösen, daran, dass letztendlich nur an den Symptomen herumgedoktert wird. Beim vorgestellten PDCA-Kreislauf wird daher viel Hirnschmalz auf die Ursachenfindung und die Analyse der wahren und wirklichen Ursachen verwendet.

Der Ist-Prozess wird hierzu meist gründlich auf den Prüfstand gestellt. Doch nicht immer gelingt es, Probleme wirklich grundlegend zu erfassen. Es geht darum, zu untersuchen, welchen Einfluss und welche konkreten Folgen die Ursachen haben. Danach wird eine Priorisierung vorgenommen, um die logischste und Erfolg versprechendste Ursache zu beseitigen.

Lösungen für die Ursachen definieren und bewerten
Jetzt geht es an die Erarbeitung von Lösungen und deren Bewertung: Welche Lösungen sind die besten? Wiederum geht es um die Frage der Priorisierung, dieses Mal der Lösungsvorschläge.

Die Maßnahmen zur Behebung der Ursachen definieren
Die Plan-Phase endet mit der Erarbeitung von Maßnahmen, mit denen die Ursachen des Problems abgestellt werden sollen. Um sicherzustellen, dass die Maßnahmen fristgerecht in die Umsetzung gelangen, kann der klassische Maßnahmenplan genutzt werden, also ein Formblatt, in dem alle Verbesserungsmaßnahmen und Aufgaben dokumentiert werden.

Umsetzung in der Do-Phase

In der Do-Phase des PDCA-Zyklus werden die Maßnahmen umgesetzt, die Testbereiche ausgewählt und vorbereitet sowie die eventuell erforderlichen Schulungsmaßnahmen durchgeführt, die die Mitarbeiter in die Lage versetzen, Probleme frühzeitig zu erkennen, Maßnahmen problemlösungsorientiert umzusetzen und neue Standards zu formulieren. Ein entscheidender Punkt ist in nicht wenigen Fällen, vorhandene Widerstände aufzuspüren und mit den Mitarbeitern, von denen diese Widerstände ausgehen, Gespräche zu führen, um sie von der Notwendigkeit und Sinnhaftigkeit der Umsetzung und der damit verknüpften Veränderungsprozesse zu überzeugen.

Auswertungsarbeit in der Check-Phase

Kommen wir zur Check-Phase, in der die Auswertung der Testergebnisse im Mittelpunkt steht. Neben der Festlegung des Soll-Prozesses kommt es eventuell zur Einführung eines neuen Standards, also zum Beispiel eines Arbeitsschrittes oder Prozesses, der den alten Standard ablöst, weil dieser der Verursacher des Problems ist. Auch die Überwachung der Standards mithilfe der Kennzahlen gehört hierher, wobei aus dieser Überprüfung vielleicht die Konsequenz gezogen werden muss, dass eine weitere Optimierung des Standards notwendig ist.

Die Act-Phase

Die Act-Phase des PDCA-Zyklus gestaltet sich wie folgt:

- Falls sich die Maßnahmen in der Check-Phase bewährt haben, wird die gefundene Lösung nun endgültig zum Standard gemacht. Alle Beteiligten werden darüber informiert.
- Haben sich die eingeleiteten Maßnahmen nicht bewährt, erfolgt ein erneuter Durchgang des PDCA mit der Frage, warum die Maßnahmen nicht zu dem gewünschten Erfolg geführt haben.

Zur Durchführung eines PDCA gehört immer auch eine Dokumentation. Das unterscheidet PDCA von anderen Methoden. Die Dokumentation macht die Problemlösung auch für andere nachvollziehbar und die Ergebnisse machen auch bisher unbeteiligten Mitarbeitern Mut, ebenfalls den anstrengenden Weg der systematischen Problemlösung einzuschlagen. Für die Dokumentation hat sich das sogenannte PDCA-A3-Formular bewährt.

Beispiel einer PDCA-Dokumentation in der Produktion

Verschwendungsbeschreibung	**PLAN**
	1. Was genau ist die Verschwendung?
	Qualitätseinbußen durch Kratzer auf Oberfläche, Nacharbeit pro Teil erforderlich.
	2. Wo ist es aufgetreten?
	In der Endbearbeitung.
	3. Wie häufig tritt die Verschwendung auf, mit welchem Zeitverlust?
	Zweimal innerhalb eines Tages à Zeitverlust 30 Minuten pro Tag an 5 von 14 Tagen.
	4. Welche Auswirkung hat die Verschwendung? (auch auf nachfolgende Abteilungen)
	Verzögerungen der Endmontage und dadurch Verlängerung der Gesamtmontagezeit.
	5. Was ist der Zielzustand?
	Einwandfreie Teile ohne notwendige Nacharbeit.

Ursachenfindung	**PLAN**
	1. Was brauchen wir, um die wirklichen Ursachen zu finden?
	Prozessbeobachtung zur Identifizierung der Kratzerursache.
	2. Was sind die Ursachen für die Verschwendung?
	Teile zerkratzen durch Verrutschen bei innerbetrieblichem Staplertransport.

Umsetzung der Maßnahmen			
DO			
1. Was sind mögliche Lösungsansätze?			
Transportoptimierung.			
2. Welche Maßnahmen zur Umsetzung werden ergriffen?			
Einlegen einer Schutzfolie zwischen die einzelnen Teile.			
Maßnahme	**Wer?**	**Termin**	**Status**
Schutzfolie beschaffen und alle Mitarbeiter einweisen.	Kollege Mayer.	Beschaffung KW 21 Probephase KW 22 und 23.	Maßnahme wird getestet.

Testen der Maßnahmen
CHECK
1. Welche Maßnahmen wurden in der Check-Phase ergriffen?
Teile werden zu 100 Prozent auf Kratzer untersucht.
2. Lösung testen: Ist die Verschwendung abgestellt?
Nur teilweise: Zusätzliche Bearbeitungszeit in der Endbearbeitung durch Entfernen von Kleberesten der nicht wärmebeständigen Schutzfolie erforderlich. Neue Maßnahme: Verwendung alternativer Folie wird getestet mit gutem Ergebnis.

Lösungsüberprüfung
ACT
1. Lösungsüberprüfung: Ist die Verschwendung dauerhaft abgestellt?
Jetzt ja! Wir feiern den Erfolg.
2. Ist es notwendig, die Lösung als Standard zu beschreiben?
Ja. Vorgehen wird in Prozessbeschreibung und Mitarbeitereinweisung aufgenommen.

Beispiel einer PDCA-Dokumentation im administrativen Bereich

Verschwendungsbeschreibung	PLAN
	1. Was genau ist die Verschwendung?
	Die Auftragskalkulation muss im Auftragszentrum (AZ) mehrfach neu angegangen werden.
	2. Was genau ist die Verschwendung?
	Nach der Übergabe vom Vertrieb in das AZ.
	3. Wie häufig tritt die Verschwendung auf, mit welchem Zeitverlust?
	Zunehmend in den letzten 4 Wochen, etwa jeder dritte Auftrag; insgesamt ein Zeitaufwand nach Strichliste von 8 Stunden pro Woche.
	4. Welche Auswirkung hat die Verschwendung? (auch auf nachfolgende Abteilungen)
	Arbeit muss unterbrochen werden, dadurch Verzögerung und erhöhte Möglichkeit von Fehlern.
	5. Was ist der Zielzustand?
	Vorgang wird komplett und termingerecht aus dem Vertrieb in das AZ übergeben.

Ursachenfindung	PLAN
	1. Was brauchen wir, um die wirklichen Ursachen zu finden?
	Austausch zwischen Vertrieb und AZ über die Abläufe im jeweils anderen Bereich, Team aus zwei Mitarbeitern aus dem Vertrieb und zweien aus dem AZ wurde zusammengestellt.
	2. Was sind die Ursachen für die Verschwendung?
	Verzögerter Infofluss mit den Kunden. Vertriebler dachte, dass es sinnvoller sei, die Mitarbeiter aus dem AZ frühzeitig mit Teilinformationen zu versorgen, damit diese schon beginnen können, anstatt zwar alle Infos zu geben, aber viel später. Mitarbeiter des AZ erklärten, dass frühe Teilinformationen keinen Bearbeitungsvorteil bedeuten.

Umsetzung der Maßnahmen	DO			
	1. Was sind mögliche Lösungsansätze?			
	Die Übergabe der Unterlagen aus dem Vertrieb erfolgt so, dass das Auftragszentrum damit gut weiterarbeiten kann und der Kalkulationsprozess insgesamt verkürzt wird. Hierzu werden Übergaberegeln zwischen Vertrieb und AZ vereinbart.			
	2. Welche Maßnahmen zur Umsetzung werden ergriffen?			
	Workshop mit Abteilungsleiter und beteiligten Mitarbeitern zur Erarbeitung der internen Kundenanforderungen und Vereinbarung von Übergaberegeln (nur vollständige Daten vom Vertrieb; sofortiger Check und Rückmeldung vom AZ).			
	Maßnahme	**Wer?**	**Termin**	**Status**
	Workshop	Abteilungsleiter, MA Vertrieb, MA AZ	KW 12	Erledigt

Testen der Maßnahmen	CHECK
	1. Welche Maßnahmen wurden in der Check-Phase ergriffen?
	Es wurde eine einmonatige Testphase vereinbart, in der überprüft wird, ob Vereinbarungen konsequent eingehalten werden; Erfassung der Zeitspanne der Auftragskalkulation.
	2. Lösung testen: Ist die Verschwendung abgestellt?
	Im Testmonat teilweise Beschleunigung erreicht, bei bestimmtem Kunden weiterhin Abstimmungsschleifen mit erhöhtem Zeitbedarf aufgetreten.

	ACT
Lösungsüberprüfung	**1. Ist die Verschwendung dauerhaft abgestellt?**
	Wir gehen zurück zum zweiten Punkt *Was sind die Ursachen für die Verschwendung?* Warum hat die Maßnahme bei diesem Kunden keinen Erfolg gehabt? Nach erneuter Ursachenanalyse zusätzliche Lösungsmaßnahme: Key Account Manager stimmt mit dem betreffenden Kunden einen neuen Angebotsprozess ab.
	2. Ist es notwendig, die Lösung als Standard zu beschreiben?
	Übergabestandard wurde bestätigt und wird so fortgeführt, ergänzt um Info- und Überzeugungsgespräch für bestimmte Kunden

Die Beispiele zeigen die wesentlichen Aspekte bei der Arbeit mit PDCA:

- Es ist wichtig, dranzubleiben und in die Tiefe zu bohren; man darf sich nie mit kurzfristigen Lösungen zufriedengeben, sondern muss alle verfügbare Energie daran setzen, nachhaltige Lösungen zu finden.
- Die konsequente Umsetzung und Erprobung führt letztendlich dazu, die optimale Problemlösung zu finden.

Nach unserer Erfahrung ist vor allem die Check-Phase von großer Bedeutung, weil die Mitarbeiter hier die Möglichkeit haben, verschiedene Lösungen zu erproben. Und wenn sich Lösungen nicht bewähren, können sie so lange weitersuchen, bis es für alle Beteiligten eine zufriedenstellende Lösung gibt. Wir stellen oft fest, dass die Mitarbeiter beim richtigen Einsatz der Problemlösungsmethode einen geradezu detektivischen Spürsinn entwickeln und es ihnen Spaß macht, so lange mit den Lösungsalternativen zu arbeiten, bis sie die wirklich optimale Lösung gefunden haben.

Der PDCA stellt hohe Anforderungen an die Führungskräfte. Lean Leader müssen PDCA in ihre tägliche Arbeit aufnehmen, damit sie in der Lage sind, ihre Mitarbeiter dabei zu unterstützen, die Methode engagiert und eigeninitiativ zu erlernen und durch die Anwendung Erfolge zu erreichen. Denn nur wenn die Mitarbeiter erleben, dass sich der Zeitaufwand für einen PDCA-Zyklus lohnt, weil sie dadurch in der Folge deutlich weniger Arbeit mit Störungen und Abweichungen haben, werden sie auch in Zukunft eigenständig PDCA-Zyklen in Gang setzen und durchführen wollen.

Merke

Hinter der PDCA-Methodik steht eine besondere Grundhaltung, nämlich systematisch mit Problemen umzugehen und nach immer weiteren Verbesserungen zu streben, anstatt aufzuhören, sobald ein Problem gelöst erscheint. Führungskräfte und Mitarbeiter, die mit PDCA arbeiten, bauen Schritt für Schritt die Haltung auf, dass es sich lohnt, mit einer systematischen Vorgehensweise einen kontinuierlichen und nie abgeschlossenen Verbesserungsprozess zu etablieren, der zu dauerhaften und nachhaltigen Erfolgen führt.

PDCA ist das methodische Grundprinzip der systematischen Problemlösung und stellt keine Einzelmethode dar. Es können viele verschiedene Methoden genutzt werden, um PDCA durchzuführen, beispielsweise die 5×-Warum-Methode oder das Ishikawa-Fischgrät-Diagramm nach Karuo Ishikawa.

In dem Buch *Shop-Floor-Management: Wirksam führen vor Ort* (Stolz/Hurtz 2013) werden die zwei genannten Methoden ausführlich dargestellt. Bei dem Ishikawa-Fischgrät-Diagramm handelt es sich um ein Ursache-Wirkungs-Diagramm, mit dem systematisch die Ursachen erkannt werden können, die zu einem Problem führen. Bei der 5×-Warum-Methode werden konsequent Warum-Fragen an das Problem gestellt, um den Problemursachen Schritt für Schritt auf die Spur zu kommen.

Um Probleme systematisch mit PDCA zu lösen, müssen die Mitarbeiter ausreichend Zeit haben, um an den Verbesserungen arbeiten zu können. Das ist eine zentrale Voraussetzung für den Erfolg von PDCA, denn die Durchführung eines Zyklus kostet Zeit. Viele Mitarbeiter bevorzugen jedoch leider einfaches und schnelles Troubleshooting, bei dem sie nach der

Konfrontation mit einem Problem schnell wieder ihre gewohnten Arbeitsabläufe aufnehmen können. Während man PDCA durchführt, kann man aber nicht seinen gewohnten Abläufen nachgehen. Ohne die sorgfältige Problemlösung mit PDCA können allerdings die Ursachen von Störungen und Abweichungen nicht nachhaltig beseitigt werden, sodass Probleme immer wieder auftauchen. Es liegt daher in der Verantwortung der Führungskräfte und derjenigen, die den PDCA-Kreislauf betreuen, dass in allen Phasen genügend Zeit zur Verfügung steht.

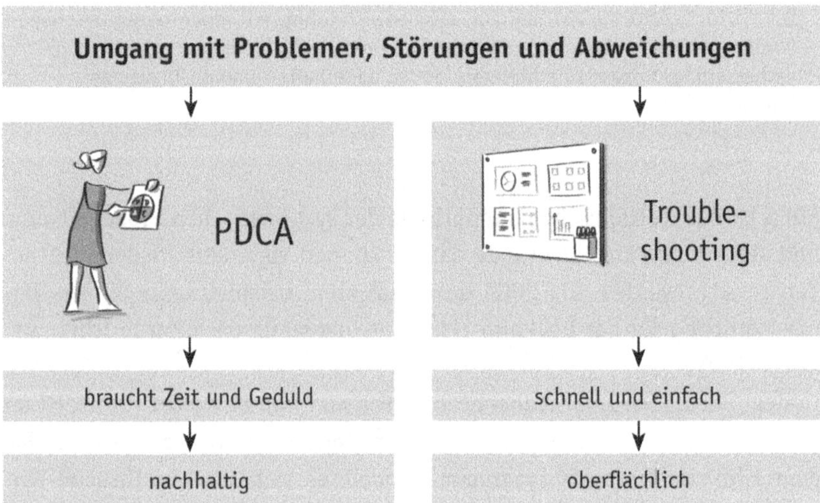

Abbildung 21: PDCA versus Troubleshooting

Merke

Im Shop Floor Management muss die Führungskraft verstanden haben, dass Probleme nur dann nachhaltig beseitigt werden können, wenn man sich systematisch mit ihnen auseinandersetzt. Weil erst nach der erfolgreichen Durchführung Probleme abgestellt und Zeit und Qualität gewonnen werden können, führt der Einsatz von PDCA zunächst einmal zu mehr Arbeit für die Mitarbeiter und Führungskräfte. Es ist daher zielführend, PDCA anfangs als Investition zu betrachten, die sich später durch das Einsparen von Zeit und Geld bezahlt macht.

Die erfolgreiche Einführung der PDCA-Methodik bedeutet, systematische Problemlösung zur Gewohnheit zu machen und Troubleshooting nachhaltig abzustellen. PDCA ist ein endloser Kreislauf, der aus dem Streben nach ständiger Verbesserung resultiert. Durch PDCA werden die verschiedenen Arten von Verschwendung systematisch eliminiert. Aus den dokumentierten PDCAs werden Standards abgeleitet und eingeführt, um die kontinuierliche Verbesserung aller Prozesse voranzutreiben.

Element 4: Verschwendung eliminieren

Eines der wichtigsten Ziele von Shop Floor Management ist, die Wertschöpfungskette kontinuierlich zu optimieren. Darum arbeiten die Mitarbeiter täglich daran, Verschwendung in ihrem Aufgabenbereich zu erkennen und zu benennen und damit der Bearbeitung zugänglich zu machen.

Der Teamleiter entscheidet gemeinsam mit seinem Team über die Prioritäten der Bearbeitung, wobei der Grundsatz gilt, mit minimalem Aufwand einen maximalen Effekt bei der Eliminierung von Verschwendung zu erreichen. Dabei werden die bearbeiteten Verschwendungsthemen eines Teams an seinem Teamboard visualisiert. Die Teammitglieder überprüfen den Status jedes einzelnen Themas systematisch. Es empfiehlt sich, dabei ein Thema nach dem anderen abzuarbeiten und nicht allzu viele Themen parallel anzugehen. Die Führungskräfte unterstützen die Arbeit an der Verschwendungsvermeidung dadurch, dass sie täglich an den Ort des Geschehens gehen (»go to gemba«) und ihrerseits Verschwendung erkennen und die Mitarbeiter darauf aufmerksam machen.

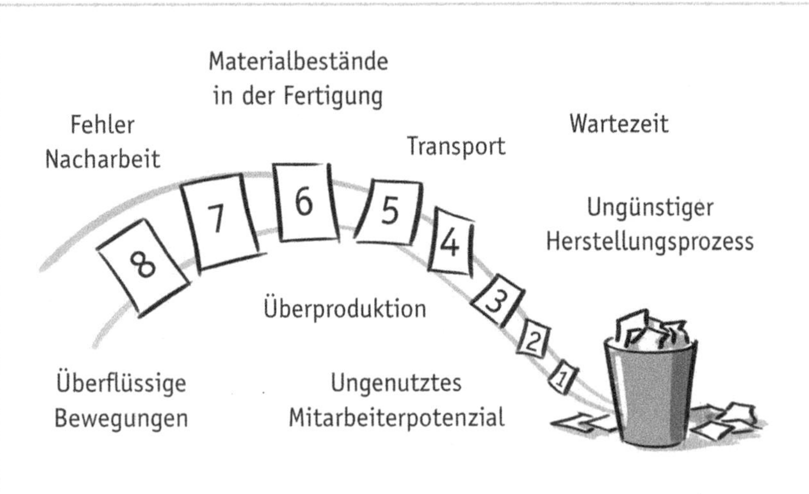

Abbildung 22: Die acht Verschwendungsarten: Muda

Zusätzlich zu den oft zu beobachtenden Verschwendungsarten wie etwa ungünstige Herstellprozesse, ineffektive Transportwege, Nacharbeit, Wartezeiten und Überproduktion, die unter dem japanischen Begriff »Muda« resümiert werden, werden weitere Typen von Verschwendung unterschieden:

- Muri (Überlastung): Wo kommt es zu einer Überbeanspruchung von Mensch, Maschine, Hilfsmittel, der Infrastruktur oder etwa des Materials?
- Mura (Unausgeglichenheit): Wo gibt es eine hohe Unausgeglichenheit zum Beispiel im Arbeits- und Produktionsablauf, in der Bestellung und Lagerung und in der Auslastung von Mensch und Maschine?

Es hat sich als Erfolg versprechend herausgestellt, sich zunächst auf Muda (Verschwendung) zu konzentrieren und im Laufe des Reifeprozesses eines Teams das Augenmerk auf Muri (Überbelastung) und Mura (Unausgeglichenheit) zu lenken.

Merke

Die Verbesserungsmöglichkeiten zur Verschwendungsvermeidung werden nicht im stillen Kämmerlein erdacht, sondern im Team direkt am Ort der Wertschöpfung.

Je mehr es der Führungskraft gelingt, in den Köpfen ihrer Mitarbeiter das Bewusstsein für die kundenfeindliche Bedeutung von Verschwendung zu verankern und sie anzuregen, zu jedem Zeitpunkt die Quellen für Verschwendungen zu beseitigen, desto mehr wird sich in diesem Bereich der Geist von Lean ausbreiten. Und das gilt sowohl für die Produktions- als auch für die Administrationsbereiche – also für das gesamte Unternehmen.

Das Idealbild von Lean ist dann verwirklicht, wenn neben jedem Mitarbeiter und jeder Führungskraft im Unternehmen permanent ein Scanner mitläuft, der alle Formen von Verschwendung während der Arbeitsausführung erfasst. Ein Beispiel dient der Verdeutlichung:

- Ein Mitarbeiter aus der Planungsabteilung muss im Vertrieb dreimal nachfragen, bis ihm die benötigten Informationen für seine Planungsarbeit vollständig vorliegen.
- Darum leuchtet bei ihm das Warnsignal »Verschwendung« auf.
- Er beginnt sich zu fragen, wie sich der Prozess so gestalten lässt, dass er in Zukunft die benötigten Informationen erhält, ohne dass auf mehreren Ebenen und bei mehreren Personen Zeit, Kraft und Energie verschwendet werden.

- Gemeinsam mit den Kollegen im Vertrieb wird über das Thema gesprochen, sie analysieren die Ursachen und erörtern Lösungsmöglichkeiten. Eine mögliche Lösung wird getestet. Wenn sie sich bewährt, wird sie als Standard definiert.
- Das Ergebnis ist ein Prozess, in dem Nachfragen ein Fremdwort ist. Der Mitarbeiter in der Planung ist zufrieden, weil er den Vorgang schneller bearbeiten kann. Und die Mitarbeiter im Vertrieb sind zufrieden, weil sie keine lästigen Nachfragen mehr beantworten müssen.

Das Motivierende dabei: Die Beteiligten erleben die Verschwendungsbeseitigung als ihren persönlichen Erfolg, ihre Arbeit wird leichter, es geht schneller voran. Und auch das Unternehmen profitiert, weil diese rationellere Arbeitsweise Geld spart. Gleichzeitig lernen und erfahren die Mitarbeiter, dass sie selbst aktiv dazu beitragen können, ihre Arbeit zu erleichtern, Prozesse im Unternehmen zu optimieren und Ergebnisse zu verbessern. Sie lernen auf eine sehr motivierende Weise, nämlich durch eigenes Handeln,

- Prozesse besser zu verstehen,
- immer präziser an der Zielerreichung zu arbeiten und
- Probleme systematisch zu lösen.
- Sie sammeln dadurch immer mehr Erfahrung und Wissen, wie sie Prozesse im Unternehmen selbst optimieren können.

So entsteht eine Kultur des Verbesserns. Denn es wird nicht mehr nur defizitorientiert gearbeitet, nach dem Motto: »Ich beseitige Fehler, Probleme, Abweichungen und Störungen und werde dadurch besser.« Mit zunehmender Erfahrung lernen die Beteiligten vielmehr, selbst neue Ideen zu entwickeln und sich von dem Bestehenden zu lösen, sobald eine bessere Lösung gefunden werden konnte. In einem Unternehmen, in dem Lean lebt, haben die Mitarbeiter Freude daran, Neues auszuprobieren. Sie erleben dabei sicher auch Misserfolge, aber es überwiegen die Erfolge – und das macht stolz! Und es entsteht auf diese Weise eine Optimierungsspirale: Ein Erfolg zieht die nächste Idee und Verbesserung nach sich, und der erneute Erfolg motiviert für weitere Anstrengungen. Mitarbeiter und Führungskräfte bekommen Spaß daran, Grenzen zu überwinden und immer weiterzumachen. So gelangt das Team in eine Optimierungsspirale, die immer näher an den idealen Prozess und den Zustand verschwendungsfreier Arbeit heranführt. Ein wichtiger Punkt ist hier immer wieder in der Praxis zu beobachten: Mitarbeiter können nur dann in eine erwünschte Optimierungsspirale gelangen, wenn sie von ihren Führungskräften zum selbstverantwortlichen Handeln und Denken ermutigt und entsprechend trainiert werden. Hier wird die Bedeutung eines dienenden und coachenden Führungsverständnis besonders gut sichtbar.

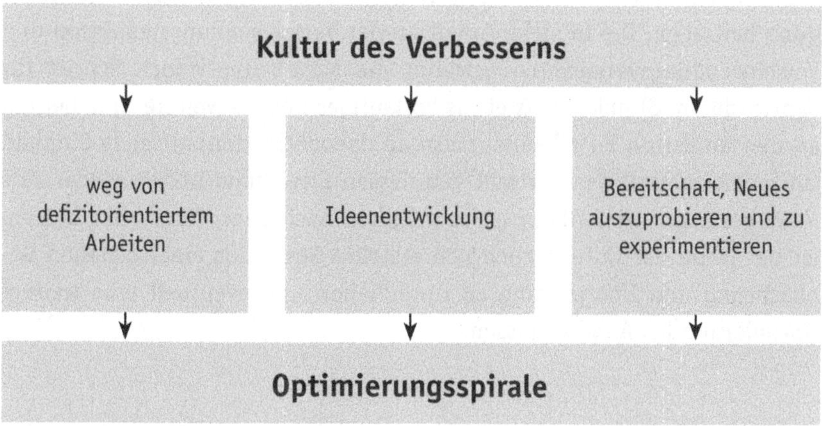

Abbildung 23: Die Kultur des Verbesserns

Element 5: Bewährte Problemlösungen zu Standards entwickeln

Bei der intensiven Arbeit mit PDCA entstehen oft neue Standards. Standards sind die Beschreibung einer guten Lösung, die von allen Personen genutzt werden soll, die sich mit dieser Aufgabe befassen. Die saubere Beschreibung eines Standards ermöglicht sowohl eine Selbstüberprüfung durch den Mitarbeiter als auch die Überprüfung durch die Führungskraft.

Merke

Entscheidend für den nachhaltigen Erfolg von Standards ist, dass die Mitarbeiter den Sinn des Standards verstehen, ihn akzeptieren, über die Hintergründe des Standards gut informiert sind und in der fachgerechten Umsetzung des Standards gut trainiert sind.

In vielen Teams fällt es den Teammitgliedern schwer, Standards als Ausgangspunkt für weitere Verbesserungsaktivitäten zu erkennen. Oft sind die Mitarbeiter der Überzeugung, ein neu formulierter Standard sei »für die Ewigkeit gesetzt« – der Begriff »Standard« mag zu dieser Überzeugung beitragen. Die tägliche Arbeit an der Verschwendungsreduktion und Verschwendungsvermeidung gewöhnt die Mitarbeiter jedoch Schritt für Schritt daran, Standards als etwas Vorläufiges und als weitere Annäherung an den Nordstern zu erkennen, also an das motivationsstiftende Sinnbild für einen zukünftigen Zustand, um dessen Erreichung immer wieder aufs Neue gerungen wird. Dann ist es möglich, nach dem Motto »Das Bessere ist der Feind des Guten« auch neu erstellte Standards einer genauen Beobachtung und Überprüfung zu unterziehen und eventuell eine weitere Optimierung ins Auge zu fassen.

Abbildung 24: Eigenschaften von Standards

Es dient der Akzeptanz von Standards in hohem Maß, wenn diese nicht kleinteilig und umfangreich formuliert sind, sondern leicht verständlich visualisiert und mit knappen Texten versehen werden. Letztlich dient ein Standard dazu, allen Mitarbeitern die beste bekannte Lösung zugänglich zu machen und zur Performance-Verbesserung aller Beteiligten beizutragen.

Element 6: Stabile Prozesse schaffen

Standards sind ein wesentliches Element, um stabile Prozesse zu erreichen. Letztlich dient das gesamte Shop Floor Management dazu, stabile Prozesse zu erreichen. Ein stabiler Prozess zeichnet sich dadurch aus, dass die einzelnen Prozessschritte und Tätigkeiten ohne Störungen und Abweichung und ohne Fehler bereits beim ersten Durchlauf funktionieren.

Die Kennzahl »first pass yield« beschreibt diesen gewünschten Zustand. Ist die Kennzahl die »1«, dann bedeutet dies eine absolut störungs- und abweichungsfreie und fehlerfreie Produktion. In Büroprozessen wird sehr oft die Kennzahl »first time right« verwendet. Auch hier geht es darum, die Prozesse so zu gestalten, dass das Arbeitsergebnis bereits nach der ersten Bearbeitung abweichungsfrei ist.

Braucht ein Mitarbeiter beispielsweise drei Telefonate zur Beschaffung zusätzlicher Informationen, um einen Vorgang zu beenden, so verstößt das gegen das Prinzip »first time right«. Gelingt es ihm, durch Hinterfragen der Abweichungen den Prozess so zu gestalten, dass die Bearbeitung ungestört und ohne Nachfragen durchgeführt werden kann, dann hat er das Ziel »first time right« erfüllt.

In vielen Unternehmen sind Mitarbeiter und Führungskräfte sehr zeitintensiv damit beschäftigt, die Folgen von Abweichungen und Störungen zu beseitigen. Für diese Art Tätigkeiten hat sich der Begriff »Troubleshooting« etabliert. Er ist – leider – für viele Mitarbeiter zur Normalität in ihrem Arbeitsalltag geworden.

Unternehmen, die sich intensiv mit Shop Floor Management beschäftigen, sind gut daran zu erkennen, dass bei allen Führungskräften und Mitarbeitern ein ausgeprägtes Bewusstsein dafür besteht, jede Form von Troubleshooting als Verschwendung zu interpretieren, die beseitigt werden muss. Der Weg zu Lean Leadership führt für die Führungskräfte deshalb häufig vom Troubleshooting zum bewussten systematischen Führen und zu einer schrittweisen Reduktion aller Arbeitsanteile, die nicht wertschöpfend sind. Deswegen wird die Rolle des Troubleshooters ersetzt durch Führungskräfte im Unternehmen, die

- die Rolle eines Beobachters von Arbeitsprozessen vor Ort übernehmen,
- die Mitarbeiter trainieren und coachen und
- Arbeitsbedingungen gestalten, die es den Mitarbeitern ermöglichen, selbst Entscheidungen zu treffen und ihre Prozesse zu gestalten und zu optimieren.

Der Lean Leader wird auf diese Weise zunehmend zum Inspirator neuer Ideen und Anregungen, die es ermöglichen, stabile Prozesse zu schaffen.

Abbildung 25: Inspiration entfachen – der Weg vom Troubleshooter zum Firestarter

Element 7: Die Tagesgespräche als Steuerungsinstrument

Ein zentrales Instrument von Shop Floor Management ist das Tagesgespräch, bei dem sich die Mitarbeiter eines Teams täglich – meist zu Arbeitsbeginn – zu einer kurzen Stehung treffen. Manchmal ist es auch sinnvoll, dass sich die Mitarbeiter kurz vor Arbeitsende zusammenstellen, um die geleistete Arbeit zu reflektieren.

Die Kunst besteht darin, in kurzer und knapper Form alle für die Mitarbeiter wesentlichen Informationen zu bündeln, sodass alle einen bestmöglichen Gesamtüberblick bekommen. Der Teamleiter ist sich bewusst, dass Meetings Verschwendung sind. Daher nutzt er eine Standardagenda (Beispiel in Kapitel 4.3). Sie führt dazu, dass alle Teilnehmer gut vorbereitet sind. Es gibt keine langen Diskussionen, sondern klare Informationen und kurze Abstimmungen. Die Mitarbeiter stehen während des Tagesgesprächs, sie brauchen nichts mitzuschreiben, da alle wesentlichen Informationen vom Teamleiter am Teamboard aufgezeichnet werden.

Merke

Wenn ein Mitarbeiter gut informiert ist, kann er motiviert(er) arbeiten, weil er weiß, worauf es ankommt. Zudem kann er die richtigen Prioritäten setzen.

Im Mittelpunkt steht die Überprüfung der Zielerreichung anhand tagesaktueller Kennzahlen. Dazu dient das allgemein bekannte Ampelprinzip:

- Ist die Kennzahl grün, gibt es Anerkennung für die gute Leistung.
- Ist sie rot, erfolgt eine kurze Erläuterung der Abweichung und, wenn möglich, bereits eine erste Einschätzung, wie die Abweichung beseitigt werden kann.

Ist auf Anhieb keine gute Lösung im Sinne einer nachhaltigen Ursachenabstellung verfügbar, wird ein PDCA eingeleitet. Den Abschluss bildet ein kurzer Ausblick auf den kommenden Tag. Die Teammitglieder haben dabei die Gelegenheit, Engpässe und bereits absehbare Probleme zu benennen, sodass alle im Team Bescheid wissen und die Tagessituation möglichst optimal gestalten können.

Um das Tagesgespräch kurz und knapp zu halten, empfiehlt es sich für den Teamleiter, sich bereits vor dem Tagesgespräch bei den Teammitgliedern zu informieren, welche Abweichungen und Probleme sie erkannt haben. So kann er sich schon im Vorfeld Gedanken über eine Priorisierung machen.

Erfahrungsgemäß fällt es anfangs vielen Teamleitern mit ihren Teams schwer, in nur fünf oder maximal zehn Minuten alle erforderlichen Informationen auszutauschen, Maßnahmen einzuleiten und sich abzustimmen. Aber schon nach wenigen Tagen lernt das Team, sich zu disziplinieren und nicht zu diskutieren, sondern straff zu kommunizieren. In der Regel schaffen es die Teammitglieder dann, im vorgegebenen zeitlichen Rahmen die Themen zu bearbeiten.

Eine solch disziplinierte Gesprächsführung ist nur möglich, wenn alle Teammitglieder mit den benannten Abweichungen, Störungen und Fehlern sachlich umgehen. Kommt es zu emotionalen Debatten über Fehler und die Suche nach Schuldigen, ist ein konstruktives Gespräch nicht mehr möglich. Deswegen gehört ein konstruktiver Umgang mit Fehlern zu den zwingenden Voraussetzungen für effektive Tagesgespräche.

Merke

Tagesgespräche sorgen für straffe Kommunikation und Reflexion, Priorisierung aufgrund zeitlicher Begrenzung, schnelle Abstimmung im Team und zügige Informationsweitergabe sowie für eine optimale Gestaltung des Arbeitstages.

Element 8: Positive Lern- und Fehlerkultur

In den meisten Unternehmen in Mitteleuropa ist der Fehlerbegriff negativ besetzt. Ein Fehler ist demnach etwas Schlechtes, für Fehler bekommt man Ärger, Fehler macht man nicht, Fehler versteckt man und Fehler schiebt man am besten anderen in die Schuhe. Wenn ein Fehler auftritt, ist es in dieser negativ besetzten Fehlerkultur am wichtigsten, einen Schuldigen zu finden und haftbar zu machen, um sich selbst möglichst von aller Schuld freizusprechen.

Eine solche über viele Generationen gewachsene Fehlerkultur ist das Gegenteil von dem, was Shop Floor Management möchte und braucht. Die Visualisierung im Shop Floor Management soll aufzeigen, wo Fehler entstehen oder Fehler entstehen können, sodass eine maximal mögliche Transparenz über Abweichungen, Störungen und Fehler entsteht. In der Lean-Kultur ist der Fehler eine Chance, besser zu werden.

Merke

Das gesamte Streben im Shop Floor Management ist darauf ausgerichtet, Fehlerursachen ausfindig zu machen und nachhaltig abzustellen, weil sich nur so stabile Prozesse erreichen lassen. In Lean-Unternehmen ist es gelungen, eine Lernkultur zu etablieren. Fehler werden als Lernchancen interpretiert.

Der Übergang von der Schuldzuweisungskultur zu einer Kultur, in der Fehler als Möglichkeit zur Weiterentwicklung gesehen werden, ist schwierig und dauert seine Zeit. Er wird nur gelingen, wenn alle Mitarbeiter und Führungskräfte erleben, dass die Fehler tatsächlich als Basis grundlegender Lernprozesse gesehen und nicht doch hinter vorgehaltener Hand Schuldige gesucht werden.

Fehlerkultur	Lernkultur
Schuldzuweisungen und Ärger	Fehler als Lernchance (Growth Mind Set)
keine Offenheit, Fehler werden vertuscht	Transparenz
Troubleshooting	nachhaltiges und zügiges Abstellen von Fehlerursachen
mangelndes Vertrauen und Angst	Experimentierfreude
Fehler werden beim Menschen, nicht im Prozess gesucht	Ziel: Fehler sind nicht möglich (Pokayoke)

Tabelle 2: Fehlerkultur versus Lernkultur

Das gesamte Streben im Shop Floor Management ist darauf ausgerichtet, Fehlerursachen ausfindig zu machen und nachhaltig abzustellen, weil sich nur so stabile Prozesse erreichen lassen. In Lean-Unternehmen ist es gelungen, eine Lernkultur zu etablieren. Fehler werden als Lernchancen interpretiert. Der Ansatz des PDCA beispielsweise sucht die Fehlerursache im Prozess. Ziel ist es immer, Prozesse so zu gestalten, dass Abweichungen und Fehler erst gar nicht möglich sind. So ist das Prinzip des Pokayoke aus dem Toyota-Produktionssystem prototypisch für den Ansatz im Lean-Management: Teile so gestalten, dass sie nicht falsch benutzt werden können. Pokayoke bedeutet dabei so viel wie unglückliche Fehler vermeiden.

Ein weiterer Grundansatz ist, dass derselbe Fehler nur einmal gemacht werden sollte, und zwar mit der Intention, aus ihm zu lernen. Es handelt sich um eine wachstums- und entwicklungsorientierte Einstellung zu Fehlern (Growth Mind Set). Ein Mitarbeiter, der in seinem bisherigen Arbeitsleben immer nur die Erfahrung gemacht hat, für Fehler bestraft zu werden, wird aber stets das Ziel verfolgen, Fehler zu vermeiden. Auf diese Weise entsteht nichts Besseres und nichts Neues. Wenn ein Unternehmen mit Lean und

Shop Floor Management arbeitet, hat es sich jedoch Weiterentwicklung und gemeinsames Lernen auf die Fahnen geschrieben. Die wachstums- und entwicklungsorientierte Einstellung zu Fehlern führt zu einer neuen Sichtweise, die wir in der folgenden Tabelle zusammengefasst haben.

Klassische Sichtweise auf Fehler	Lean-Sichtweise auf Fehler
Menschen machen Fehler.	Prozesse provozieren Fehler.
Einzelne Mitarbeiter sind für Fehler verantwortlich.	Alle Mitarbeiter sind für Fehler verantwortlich.
Null Fehler ist nicht realisierbar.	Null Fehler ist das Ziel.

Tabelle 3: Fehler gehören dazu

Mitarbeiter, die erfahren haben, dass Fehler sachlich analysiert, die Fehlerursachen herausgearbeitet und die Ursachen dauerhaft und nachhaltig abgestellt werden, trauen sich viel eher, Neues auszuprobieren. Offen für Neues und experimentierfreudig zu sein, ist eine Grundvoraussetzung dafür, dass eine Weiterentwicklung von Produkten, Prozessen und Menschen überhaupt erfolgen kann. Zu einer positiven Fehlerkultur gehören folgende Grundsätze:

- Fehler sind normal und gehören zum Leben dazu. Das setzt Vertrauen voraus.
- Offener Umgang mit Fehlern und Transparenz sind wichtig. Das setzt Offenheit voraus.
- Wir wollen aus Fehlern lernen und besser werden. Das setzt Glaubwürdigkeit voraus.

Der übliche Umgang mit Fehlern			
Mitarbeiter nimmt Fehler wahr, ärgert sich, überlegt die Schuldfrage.	Mitarbeiter meldet Fehler der Führungskraft oder unternimmt nichts, in der Hoffnung, dass der Fehler unbemerkt bleibt.	Führungskraft sammelt Fehler und bearbeitet einzelne unsystematisch und sporadisch.	Fehlerbearbeitung dauert lange, ist arbeitsintensiv, demotivierend und löst kein Erfolgserlebnis aus.
Der positive Umgang mit Fehlern			
Mitarbeiter nimmt Fehler als Chance wahr, besser zu werden.	Mitarbeiter meldet Fehler und erste Lösungsideen an Führungskraft.	Führungskraft und Mitarbeiter überlegen gemeinsam geeigneten Weg zur Problemlösung (zum Beispiel PDCA).	Mitarbeiter und Führungskraft entwickeln Lösung und testen sie; Führungskraft entscheidet über neuen Standard.

Abbildung 26: Negative und positive Fehlerkultur

In einer positiven Fehlerkultur ist es möglich, dass Mitarbeiter Fehlerkompetenz aufbauen und nutzen, um systematische Verbesserungsprozesse in Gang zu setzen. Die entscheidenden Aspekte dieser Fehlerkompetenz sind:

- Fehler erkennen und benennen,
- zum Fehler stehen und ihn transparent machen,
- Fehler genau beschreiben,
- Fehler systematisch analysieren,
- tief gehende Suche nach der Fehlerursache,
- nachhaltiges Abstellen erkannter Fehlerursachen und
- ein sachlicher Umgang ohne Schuldzuweisungen.

Fehlerkompetenz setzt Mitarbeiter voraus, die sowohl können, wollen und dürfen. Denn diese Mitarbeiter

- übernehmen Verantwortung, indem sie auf Fehler und Probleme hinweisen, sie nicht auf andere schieben, auch über die Bereichsgrenzen hinausschauen und ihren Arbeitsplatz sauber und in Ordnung halten;

- organisieren sich selbst, indem sie ihre Arbeitszeit effizient nutzen, Verschwendung vermeiden und sich mit ihren Kollegen absprechen.
- lösen Probleme und Konflikte selbstständig, indem sie Probleme und Konflikte erkennen, sie bei ihren Kollegen und Führungskräften ansprechen, deren Ursachen erkennen und sie dauerhaft abstellen.
- arbeiten aktiv an Verbesserungen, indem sie Verbesserungspotenziale erkennen, Ideen finden, um Verbesserungen in die Praxis umzusetzen und an deren Umsetzung arbeiten.
- handeln unternehmerisch, indem sie Möglichkeiten erkennen, Kosten in ihrem Arbeitsbereich zu sparen, und diese Möglichkeiten dann auch konsequent nutzen.

Vor allem der Aspekt des Dürfens zeigt, dass die Führungskraft in dem Prozess eine wichtige Rolle übernimmt. Darum lohnt es sich, einen Blick auf den Ansatz der wertschätzenden Führung zu werfen.

Abbildung 27: Können × Wollen × Dürfen

Element 9: Mit Wertschätzung führen: Die Rolle des Teamleiters

In den bisherigen Ausführungen zu Shop Floor Management ist schon mehrfach deutlich geworden, dass der Teamleiter ein wichtiger Schlüssel zum Erfolg ist. Nachweislich erreichen Teamleiter, die nach den Prinzipien des Lean Leadership führen, ihre Ziele sehr viel effektiver als Führungskräfte, die den traditionell-klassischen Führungsprinzipien verpflichtet sind. Zudem schaffen sie es, mit wertschätzender Führung ein motiviertes Team zu einer Einheit zusammenzuschweißen, in der die Teammitglieder auf der Basis eines engen Vertrauensverhältnisses zusammenhalten und an einem Strang ziehen.

Merke

Eine Vertrauenskultur ist die Voraussetzung für einen Verbesserungswillen aufseiten der Mitarbeiter, die sich eigeninitiativ für die Verwirklichung der Prinzipien von Shop Floor Management und Lean-Management engagieren.

Wie sich die innere Haltung des Teamleiters im Umgang mit seinen Mitarbeitern niederschlägt, ist der folgenden Tabelle zu entnehmen.

Innere Haltung	Umgang mit Mitarbeitern
tiefe Lean-Überzeugung	schafft Klima des Weiterlernens durch Lessons learned
Vorbild für systematische Problemlösung	entwickelt Mitarbeiterpotenziale weiter
Nachhaltigkeitsgedanke	motiviert durch hilfreiche Fragen
konstruktive Haltung zu Fehlern	gibt Anerkennung und konstruktives Feedback
echtes Interesse an Mitarbeitern	findet Zeit für seine Mitarbeiter und ist vor Ort

Innere Haltung	Umgang mit Mitarbeitern
Begeisterung und Leidenschaft	sorgt für positive Stimmung
Akzeptanz	vermittelt Gefühl der Sicherheit und schenkt Vertrauen

Tabelle 4: Der wertschätzende Teamleiter: Haltung und Umgang mit seinen Mitarbeitern

Für jeden Lean Leader und erst recht für den Teamleiter ist eine konstruktive Haltung zu Fehlern unerlässlich, wenn er in seinem Bereich dauerhafte und nachhaltige Verbesserungen erzielen möchte. Wir Menschen haben alle das Grundbedürfnis nach Sicherheit und Vertrauen. Gelingt es einem Teamleiter, seinen Mitarbeitern das Gefühl von Sicherheit und Vertrauen zu vermitteln, ist das eine wesentliche Grundvoraussetzung dafür, dass Mitarbeiter Freude an ihrer Arbeit haben und mit Spaß an die Weiterentwicklung ihrer eigenen Kompetenzen und Fähigkeiten sowie der Arbeitsprozesse, für die sie verantwortlich sind, herangehen.

Durch jenes Sicherheit und Vertrauen auslösende Gefühl ist es möglich, dass auch bei auftretenden Fehlern das Vertrauen nicht verloren geht und die Gewissheit erhalten bleibt, dass Teamleiter und Team gemeinsam nach konstruktiven Lösungen suchen werden, um Fehler zukünftig zu vermeiden.

Der Teamleiter ist somit verantwortlich dafür, dass in seinem Arbeitsbereich ein Klima konsequenten Weiterlernens entsteht und erhalten bleibt. Dies gelingt ihm mit Lessons learned. Gemeint ist, dass durch das systematische Sammeln, Bewerten und Verdichten von Erfahrungen im Umgang mit Fehlern diese Erfahrungen auch anderen Mitarbeitern zugänglich gemacht werden. Hilfreich ist darum die schriftliche Fixierung jener Erfahrungen.

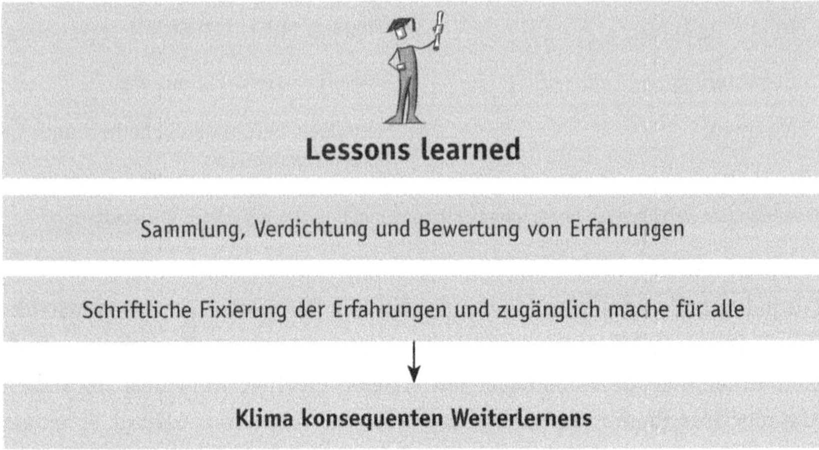

Abbildung 28: Lessons learned

Die intensive sachliche Beschäftigung mit Fehlern, Abweichungen, Störungen und Problemen schafft die Voraussetzung dafür, dass Mitarbeiter zunehmend Selbstsicherheit und Vertrauen aufbauen und die richtige Balance aus Experimentierfreudigkeit und Bewahrungswillen entwickeln.

Teamleiter, die hingegen allzu sehr an den traditionell-klassischen Verhaltensweisen und Führungsprinzipien festhalten, schaffen es meist nicht, positive Ergebnisse und eine positive Stimmung im Team zu erzeugen. Es fällt ihnen schwer, sich von Troubleshooting zu lösen. Die Konsequenz ist, dass sie kaum Zeit finden für die Arbeit mit ihren Mitarbeitern und für das systematische Lösen von Problemen.

Teamleitern hingegen, die Lean Leadership betreiben und wertschätzend führen, gelingt es, sich Zeit freizuschaufeln, um ihre Mitarbeiter zu entwickeln, eine positive Fehlerkultur aufzubauen und deutliche Verbesserungen zu erzielen, die sich in guten Zielerreichungsgraden und stabileren Prozessen niederschlagen.

Die Grundvoraussetzung für den Erfolg als Teamleiter im Shop Floor Management besteht in der wertschätzenden Führung. Was konkret ist mit wertschätzender Führung gemeint? Es bedeutet vor allem, dass die Führungskraft jedes Teammitglied so annimmt und akzeptiert, wie es ist, und seine Persönlichkeit und Mentalität nicht verändern und verbiegen will. Eine wertschätzende Anerkennungskultur bedeutet zudem, dass sich die Führungskraft für den einzelnen Mitarbeiter als Menschen interessiert, der nicht ein funktionierendes Rädchen im Unternehmensgetriebe ist, sondern darüber hinaus ein Individuum mit einem Privatleben und persönlichen Interessen, die es nicht ablegt, sobald es das Büro oder die Produktionshalle betreten hat. Wertschätzende Teamleiter wissen, wenn es einem Mitarbeiter nicht gut geht. Sie nehmen im Rahmen des Möglichen Rücksicht darauf. Wertschätzende Führung bedeutet überdies, dass der Mitarbeiter Anerkennung für gute Leistung erhält, aber auch ein klares und ehrliches Feedback, wenn Dinge nicht nach der Zufriedenheit der Führungskraft erledigt worden sind. Entscheidend dabei ist, dass die Führungskraft wirksame Hilfe anbietet, um den Mitarbeiter zu dem erwünschten Verhalten und der angestrebten Leistung zu führen.

Merke

Das Feedback des wertschätzenden Teamleiters ist stets konstruktiv, produktiv, hilfreich, zielführend und auf positive Veränderungen bedacht, die in die Zukunft wirken.

Der erfolgreiche Teamleiter bezieht seine Mitarbeiter bei der Entwicklung der Ziele mit ein und schafft es, seine Begeisterung und Leidenschaft spürbar werden zu lassen, sodass die Mitarbeiter ihrerseits ebenfalls die Chance haben, mit Engagement und Freude an den gemeinsam entwickelten Zielen zu arbeiten. Er hält seinen Mitarbeitern den Rücken frei und sorgt für gute Rahmenbedingungen, die ein erfolgreiches Arbeiten möglich machen.

Die im Shop Floor Management erfolgreichsten Teamleiter sind so oft wie möglich bei ihren Mitarbeitern vor Ort, um hautnah zu erleben, mit welchen Problemen sich die Mitarbeiter rumplagen. Sie sind ganz nah dran an den Mitarbeitern und können sich auf eine ungefilterte und spontane Art mit denjenigen austauschen, die einen entscheidenden Anteil am Unternehmenserfolg haben.

Ein wertschätzender Teamleiter unterstützt die Mitarbeiter dabei, ihre Arbeit möglichst gut in den Griff zu bekommen. Er gibt seinen Mitarbeitern nicht vor, wie sie es besser machen können, sondern motiviert sie durch hilfreiche Fragen, eigenständig und eigeninitiativ die bestmöglichen Ergebnisse zu erzielen. Er lernt auf diese Weise, die Mitarbeiter kontinuierlich weiterzuentwickeln und ihre Potenziale im Sinne des Unternehmens zu nutzen. Der Teamleiter ist Vorbild in der systematischen Problemlösung und unterstützt seine Leute dabei, vor allem mit PDCA Erfahrungen zu sammeln, die unvermeidlich zu Verbesserungen führen.

Das Zusammenspiel der Elemente

In den letzten Jahren hat sich Shop Floor Management vor allem in produzierenden Unternehmen sehr schnell durchgesetzt. Der Grund dafür ist sicherlich, dass mit relativ einfachen Elementen viel Transparenz in die Unternehmen gebracht werden kann. Soll Shop Floor Management jedoch dauerhaft einen wirksamen Beitrag zur Weiterentwicklung der Unternehmen leisten, ist ein umfassendes Verständnis von Shop Floor Management erforderlich. Alle beschriebenen Elemente müssen reibungslos zusammenspielen, wenn Shop Floor Management seine volle Wirkung erzeugen soll. Unsere bisherigen Ausführungen haben gezeigt, dass auf Teamebene bereits viele Aspekte Berücksichtigung finden müssen, damit Shop Floor Management zu einem durchschlagenden Erfolg werden kann.

Umso mehr gilt dies für die teamübergreifende Betrachtung von Shop Floor Management im Unternehmen. Es müssen eine Menge Voraussetzungen erfüllt sein, damit im gesamten Unternehmen die Prinzipien von Lean-Management wirklich greifen können.

Merke

Das Potenzial von Shop Floor Management kann sich dann voll entfalten, wenn die Shop-Floor-Management-Prinzipien im gesamten Unternehmen und allen Geschäftsprozessen, vom Vertrieb bis zum Service, umgesetzt werden.

Das größte Potenzial von Shop Floor Management liegt an den Schnittstellen zwischen Vertrieb und Konstruktion, zwischen Einkauf und Fertigung und zwischen Planung und Montage. Es ist heute noch etwas ungewohnt, Shop Floor Management auch in Bürobereichen zu erleben, aber dies wird in wenigen Jahren zur selbstverständlichen Realität der meisten Unternehmen gehören.

Einen wichtigen Beitrag dazu liefert eine Ziele- und Kommunikationskultur, die wir mit dem Begriff der Kaskade umschreiben und in Kapitel 4 ausführlich beschreiben. Doch nun geht es erst einmal um das agile Projektmanagement.

Abbildung 29: Die Erfolgskriterien für das Gelingen von Shop Floor Management

2.2 Agiles Projektmanagement

Wie in Kapitel 1.6 bereits beschrieben, haben agiles Projektmanagement und Shop Floor Management viel gemeinsam. In beiden Ansätzen geht es darum, Aufgaben möglichst gut zu erledigen, Verschwendung zu vermeiden und das Unternehmen weiterzuentwickeln. Das erforderte Führungsverständnis ist gleich, es geht darum, Mitarbeitern Entscheidungs- und Freiräume zu erschließen und die Teams an der Entwicklung von Zielen, Kennzahlen und Visualisierungsformen zu beteiligen.

Dort, wo die Aufgaben der Mitarbeiter überwiegend Projektcharakter haben, wird statt Shop Floor Management mit agilem Projektmanagement gearbeitet. Wie auch bei Shop Floor Management erfordert agiles Projektmanagement eine besondere Haltung der Führungskraft. Neben der bereits beschriebenen wertschätzenden Führung und dem konstruktiven Umgang mit Fehlern kommt beim agilen Projektmanagement das Führen selbstorganisierter Teams als weitere Anforderung hinzu. Im agilen Projektmanagement kommt es besonders darauf an, die passenden Rahmenbedingungen zu schaffen, damit die agilen Teams ungestört arbeiten können. Agile Teams brauchen Freiräume zum Gestalten und Entscheiden. Sie brauchen einen klar vorgegebenen Rahmen, in dem sie sich bewegen können, und sie brauchen besonders dann Unterstützung, wenn es negative Einflüsse von außen gibt, wie beispielsweise das Übersteuern eines Projektteams durch eine Führungskraft in der Unternehmenshierarchie oder das Missachten von Regeln durch das Umfeld. Ein häufiger Konfliktpunkt beim agilen Projektmanagement ist die Konfrontation der agilen Teams mit klassisch arbeitenden Projektmanagern und Teams.

Der Lean Leader erkennt mögliche Konflikte und räumt sie im Vorfeld aus. Entstehen trotzdem Konflikte während der Projektbearbeitung, stellt sich der Lean Leader vor sein Team und versucht herauszuarbeiten, wie ein möglicher sinnvoller Kompromiss aussehen kann.

Darüber hinaus gelten für die Führungskräfte agiler Teams dieselben Voraussetzungen wie beim Führen in der Produktion oder anderen Bereichen. Das coachende Führen ist auch beim agilen Projektmanagement die adäquate Führungshaltung. Agile Projektteams müssen intensiv gecoacht werden. Bei diesem Coachen geht es nicht darum, Lösungen vorzudenken, sondern durch gezielte Fragen das Team beziehungsweise einzelne Teammitglieder in eine konstruktive Richtung zu bringen. Dabei gilt der Grundsatz der Lösungsorientierung. Im Unterschied zum Shop Floor Management, bei dem sehr häufig aus der Analyse der Abweichungen heraus Verbesserungen entstehen, empfiehlt es sich im agilen Projektmanagement, neue Sichtweisen auf mögliche Lösungen zu ermöglichen, anstatt sich zu stark auf die Vergangenheit zu fixieren. In Kapitel 3.1 zur Führungsaufgabe Coachen werden diese Aspekte vertieft dargestellt.

Im Folgenden stellen wir Ihnen das agile Projektmanagement vor, beschreiben die Unterschiede zur klassischen Vorgehensweise und stellen Techniken und Methoden vor.

Was ist agiles Projektmanagement?

Wieder starten wir mit einem Beispiel, das den Charakter von agilem Projektmanagement verdeutlicht.

Das Ersatzteilwesen im Unternehmen soll verbessert werden. Dazu wird ein Projektteam zusammengestellt und ein Projektleiter bestimmt. Im ersten Treffen wird eine SWOT-Analyse erstellt, das heißt, die Teilnehmer äußern ihre Gedanken zu Stärken und Schwächen im heutigen Zustand und machen sich Gedanken um Chancen und Risiken für die Zukunft. Als ein zentraler Schwachpunkt wird herausgearbeitet, dass der Bereich Ersatzteile den heutigen Kundenanforderungen nicht mehr genügt. »Wir sind viel zu langsam. Der Kunde will die Teile innerhalb von vierundzwanzig Stunden haben. Bei uns dauert es oft eine Woche, bis ein Angebot rausgeht. Wenn wir also die Kunden zufriedenstellen wollen, dann müssen wir schneller und flexibler arbeiten.« Der Projektleiter greift diesen Punkt auf und schlägt vor, das Pro-

jekt zur Optimierung des Bereichs Ersatzteile nach den Prinzipien des agilen Projektmanagements zu gestalten. Das Team ist zunächst skeptisch, lässt sich aber vom Projektleiter überzeugen, als er von erfolgreicher Projektarbeit mit den Methoden des agilen Projektmanagements berichtet. Das Team nutzt die agilen Methoden und Techniken, wo immer es möglich und sinnvoll ist. Als sich das Team nach vier Wochen trifft, um ein Review zu machen, stellen viele Mitarbeiter Vergleiche zwischen dem klassischen Projektmanagement und dem agilen Projektmanagement an. Einer sagt: »Ich hätte nie gedacht, dass wir es schaffen, innerhalb von vier Wochen so weit zu kommen. Wir haben eine klare Zielsetzung, wir haben den Prozess definiert, wir haben die Voraussetzungen geschaffen, um schnell und flexibel zu organisieren, und es sogar geschafft, die Kollegen zu gewinnen, die nicht in unserem Projektteam mitarbeiten. Das hätten wir alles nie geschafft, wenn wir so vorgegangen wären wie üblich.«

Eine zweite Aussage: »Ich hätte mir nicht vorstellen können, dass wir mit dreitägigen Sprints wirklich weiterkommen. Aber es hat sich gezeigt, dass wir, wenn wir wirklich Gas geben, unsere Aufgaben in dieser kurzen Zeit hinbekommen.«

Ein weiteres Statement lautete: »Die Vorgabe, dass wir einen Termin auf gar keinen Fall verschieben, war völlig ungewohnt für mich. Ich habe schon jede Menge Projekte in diesem Unternehmen mitgemacht, aber es ist uns bisher noch nie gelungen, die Termine einzuhalten. Das ist ein super Gefühl.«

Ein weiteres Teammitglied bemerkt: »Meines Wissens hat es das noch nie gegeben, dass wir uns hier in unserem Team mit vier Leuten tatsächlich mal auf eine einzige Aufgabe konzentrieren konnten.« »Wir haben aber auch noch nie so viel im Projekt miteinander geredet. Ich muss gestehen, dass ich anfangs keine Lust hatte, von meinem Arbeitsplatz in das Projektbüro zu gehen für die vier Wochen, aber ich erkenne jetzt, dass es eine wesentliche Voraussetzung dafür war, dass wir unsere Ziele tatsächlich alle geschafft haben und jeden Termin eingehalten haben.«

Das agile Projektmanagement hat seinen Ursprung im Jahre 2001. In diesem Jahr formulierten Softwareentwickler das *Manifest für agile Softwareentwicklung* mit dem Ziel, ein besseres Vorgehen bei der Entwicklung von Software zu erreichen. Das besondere an diesem Manifest war das Formulieren von Wertepaaren. Die Idee dahinter: Jeder Wert entfaltet nur dann seine volle Wirkung, wenn er in einem dynamischen Verhältnis zu seinem Gegenwert gesehen wird. Das wiederum ermöglicht, die Werte auszutarieren. Die Wertepaare lauten:

- Menschen und deren Zusammenarbeit (»das Menschliche«) sind wichtiger als Prozesse und Werkzeuge/Technik.
- Ein funktionierendes Produkt ist wichtiger als eine umfassende Dokumentation.
- Die Zusammenarbeit mit dem Kunden ist wichtiger als Vertragsverhandlungen.
- Die Reaktion auf Veränderung ist wichtiger als das Befolgen eines Plans.

Bei diesen Aussagen ist auffallend, dass der Mensch in den Mittelpunkt gestellt wird und das Geschehen in einem Entwicklungsprozess als dynamisch angesehen wird. Den Autoren des agilen Manifests war besonders wichtig, den Respekt vor der Meinung anderer zu zeigen und den Mut zu haben, auf Missstände und Fehler hinzuweisen und eigene Fehler einzugestehen. Statt abweichende Meinungen als Bedrohung zu betrachten, forderten die Autoren Neugier auf Andersartigkeit und gleichzeitig forderten sie, Kritik wertschätzend und konstruktiv zu äußern.

Besonders wichtig im agilen Projektmanagement ist die Zusammenarbeit mit dem Kunden. Der Kunde definiert die Anforderungen an das Produkt und nur wenn am Ende des Produktentwicklungsprozesses der Kunde seine Zufriedenheit äußert, ist das Projekt ein Erfolg. Diese schnelle Reaktion auf veränderte Wünsche des Kunden ist ein zentrales Merkmal des agilen Projektmanagements und macht im Wesentlichen die Agilität aus.

Zusammengefasst zeichnet sich agiles Projektmanagement durch folgende Merkmale aus:

- der Mensch steht im Mittelpunkt
- ausgiebige Kommunikation
- enge Zusammenarbeit mit dem Kunden
- strikte Termineinhaltung
- dynamischer Entwicklungsprozess
- Konzentration auf eine einzige Aufgabe
- Respekt, Mut, Andersartigkeit und Neugier

Der Unterschied zum klassischen Projektmanagement

Der Prozess im klassischen Projektmanagement ist eher starr, es gibt klare Terminvorgaben (Meilensteine), die einzuhalten sind und somit dem Projektverlauf einen linearen Charakter verleihen. Der Kunde sieht nur das Endergebnis. Ein klassisches Projekt ist von vorneherein auf das Gesamtprodukt ausgerichtet.

Im Unterschied zum klassischen Projektmanagement wird der Kunde im agilen Projektmanagement von Beginn an in den Produktentwicklungsprozess miteingebunden und kann somit rechtzeitig eingreifen, bevor es zu Fehlentwicklungen kommt. Der Kunde bewertet bereits die Zwischenergebnisse und beeinflusst somit im hohen Maße den weiteren Fortgang des Projektes.

Charakteristisch für agiles Projektmanagement sind Veränderungen während des Projektes. Agile Projekte werden in Teilprodukte zerlegt (Iteration) und es wird von Anfang an angenommen, dass sich die Anforderungen im Laufe eines Projektes ändern. Deshalb gibt es ein hohes Maß an Flexibilität bei der Berücksichtigung von Veränderungen, auch wenn diese spät in den Entwicklungsprozess eingebunden werden müssen. Das Projektteam lernt, zunehmend besser die Projektanforderung zu erfüllen, und setzt die Erkenntnisse unmittelbar in optimierte Vorgehensweisen um.

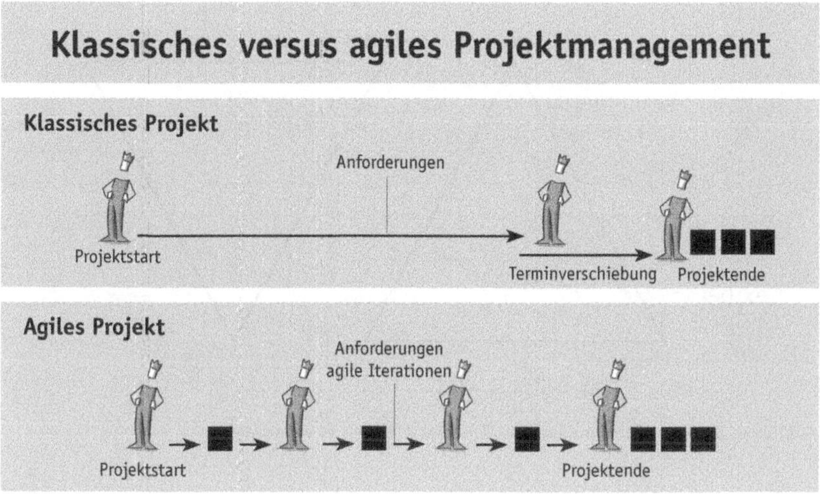

Abbildung 30: Der Unterschied im Projektverlauf zwischen klassischem und agilem Projektmanagement

Ein weiterer Unterschied zwischen dem klassischen und dem agilen Projektmanagement ist, dass bei klassischen Projekten der Umfang eines Projektes in der Regel gleich bleibt und dafür normalerweise mehr Zeit als vorgesehen benötigt wird. Terminverschiebungen sind sehr typisch für klassisch organisierte Projekte.

Im agilen Projektmanagement werden zugesagte Termine grundsätzlich eingehalten. Dafür wird in Kauf genommen, dass der geplante Umfang des Teilprojektes nicht vollständig erreicht wird. Häufig ist es so, dass im Laufe der gesamten Projektdauer durch die Prozessoptimierungen einige Zeit wieder aufgeholt werden kann, sodass am Ende die Gesamtleistung im agilen Projektmanagement deutlich höher ist.

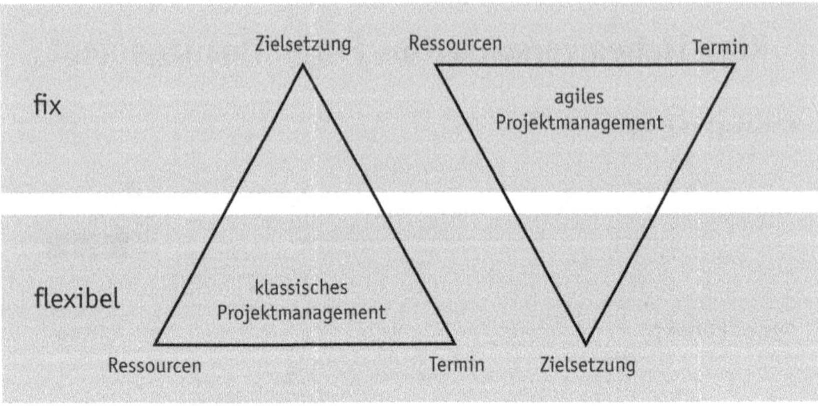

Abbildung 31: Die Stellschrauben im Zieldreieck: klassisch versus agil

Im klassischen Projektmanagement liegt der Fokus auf Spezialisten, die jeweils eine Teilaufgabe alleine bearbeiten. Im agilen Projektmanagement gibt es eine gemeinsame Verantwortung für das Gesamtprodukt. Zwar gibt es auch hier Spezialisten, diese aber arbeiten in kleinen Teams sehr intensiv und gut abgestimmt zusammen.

Die Kommunikation im klassischen Projektmanagement verläuft üblicherweise über groß angelegte Dokumentationen und lange Besprechungen mit vielen Beteiligten. Im agilen Projektmanagement wird die Kommunikation viel direkter im Team transportiert. Dadurch, dass die Teammitglieder in der Regel in einem Raum sind, entfällt die Notwendigkeit langer Besprechungen und trotzdem sind die Teammitglieder in der Regel sehr viel besser informiert und abgestimmt. Es vergeht nämlich nicht eine längere Zeit zwischen zwei Meetings, in denen die Entscheidungen getroffen werden, sondern die Entscheidungen werden unmittelbar bei der Entstehung des Entscheidungsbedarfs getroffen.

Im klassischen Projektmanagement gibt es in der Regel eine ausgeprägte Hierarchie. Es gibt einen Auftraggeber, einen Projektleiter und es gibt das Projektteam, das vom Projektleiter geführt wird. Deshalb werden die Entscheidungen zumeist top-down getroffen. Im Unterschied dazu setzt das agile Projektmanagement sehr viel stärker auf die Fähigkeit eines Teams, sich selbst zu organisieren. Deswegen gibt es seitens der Führung viel weniger Anordnung und klare Zuweisung von Aufgaben, sondern ein Gewähren von Entscheidungsspielräumen, die das Team selbstständig nutzen kann.

Merkmale	Klassisches Projektmanagement	Agiles Projektmanagement
Projekt	starr, linear, auf Gesamtprodukt ausgerichtet	dynamisch, flexibel, Zerlegung in Teilprodukte, fortlaufende Projektoptimierung
Kunden-einbindung	Kunde sieht das Endergebnis	Kundeneinbindung ab Projektstart, Bewertung der Zwischenergebnisse
Umfang/Zeit	gleichbleibender Umfang, Terminverschiebungen	dynamischer Umfang, strikte Termineinhaltung
Akteure	Spezialisten	gemeinsame Verantwortung, getragen von kleinen Teams
Kommunikation	Dokumentation, lange Besprechungen	direkte Kommunikation im Team, Projekträume
Organisation	hierarchisch, top-down	selbstorganisierte Teams

Tabelle 5: Klassisches versus agiles Projektmanagement

Selbstorganisation als Voraussetzung für agiles Projektmanagement

Ein Grundprinzip bei agilen Projekten ist die Iteration, das heißt, Produkte werden in kleine Teile zerlegt und schrittweise entwickelt. Nach jedem Teilschritt erfolgt die Rückmeldung durch den Kunden zu einem funktionierenden Teilprodukt. In agilen Projekten arbeiten Fachexperten und Entwickler sehr eng zusammen, wodurch Missverständnisse vermindert werden. Deshalb ist das Prinzip der Selbstorganisation in agilen Projektteams von größter Bedeutung. Selbstorganisation bedeutet, dass die einzelnen Projektteilnehmer Verantwortung übernehmen, gemeinsam zu Entscheidungen kommen und sehr genau Bescheid wissen, an welchen Themen und Problemen Kollegen arbeiten. Selbstorganisation erfordert eine enge Abstimmung der Teammitglieder untereinander. Deswegen gibt es in agilen Projekten regelmäßige Reviews, um Projektanforderungen zu überprüfen und gegebenenfalls Änderungen zu erkennen und nachzusteuern. Am Ende entscheidet der Kunde, ob er mit dem Teilprodukt zufrieden ist oder ob er Änderungswünsche hat. Genauso wichtig sind Retrospektiven, das heißt der Rückblick des Teams auf die geleistete Arbeit. Während der Retrospektiven treffen sich die Mitglieder eines Teams, um auf die durchgeführten Aufgaben zurückzuschauen. Hierbei wird erkannt, wo es Probleme gab, Unstimmigkeiten und Ineffizienzen. Die Erkenntnisse der Retrospektive fließen in Verbesserungen für die kommende Projektphase ein. Retrospektiven

- sichern das Know-how des Teams über die einzelnen Phasen des Projektes hinweg:
- verbessern den Arbeitsprozess durch konkrete Maßnahmen;
- verbessern das Arbeitsklima durch eine intensive, offene Kommunikation;
- stabilisieren die Teambeziehungen und fördern die Entwicklung des Teams.

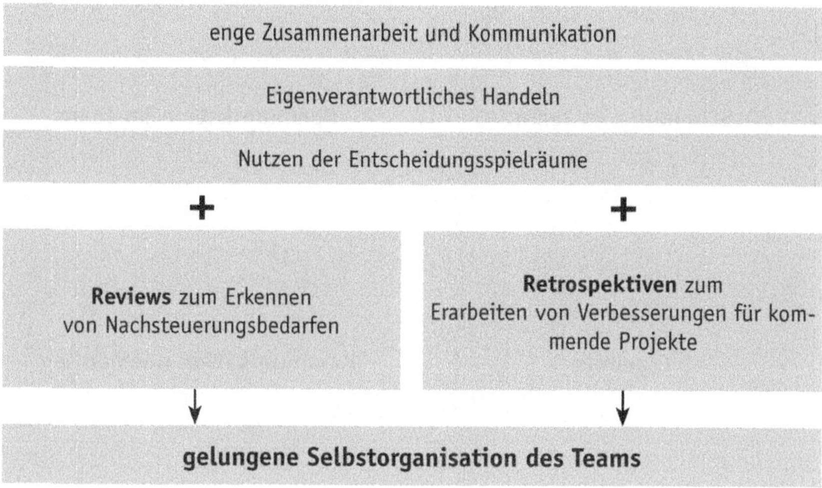

Abbildung 32: Kennzeichen selbstorganisierter Teams

Eine einfache Methode zur Gestaltung einer Retrospektive ist die Vier-Felder-Retrospektive. Während mit der Vier-Felder-Retrospektive der Arbeitsprozess im Team reflektiert wird, hilft der VUCA-Ansatz (Volatility/Unbeständigkeit, Uncertainty/Unsicherheit, Complexity/Komplexität und Ambiguity/Mehrdeutigkeit) dabei, die Risiken, Fallen, verborgenen Klippen und Bedrohungen in einem Projekt zu erkennen und in den Griff zu bekommen. Das Team stellt sich die Fragen:

- Gibt es in unserem Projekt Anzeichen für Veränderungen und Unbeständigkeiten?
- Wo erleben wir in unserem Projekt Unsicherheit?
- Wo bereitet uns die Komplexität in unserem Projekt Schwierigkeiten?
- Gibt es Mehrdeutigkeit bei einzelnen Aspekten unseres Projektes?
- Wo liegen die Risiken in unserem Projekt?

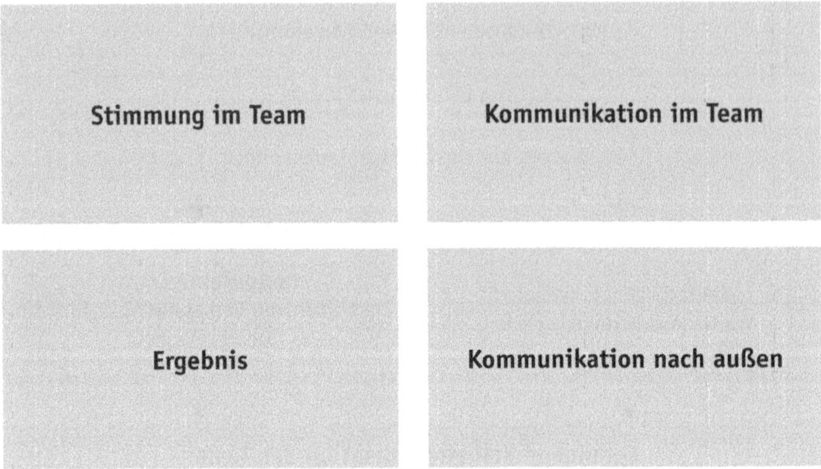

Abbildung 33: Vier-Felder-Retrospektive

Diese Fragen helfen dem Projektteam zu erkennen, wo die Herausforderungen im Projekt liegen und wie es dieser Herausforderungen Herr werden könnte. Mit dieser einfachen Methode gibt jedes Teammitglied seine Einschätzung zu den vier Themen in den vier Feldern ab. Jeder schreibt seine für ihn wichtigsten Punkte auf Kärtchen und pinnt das Kärtchen in das jeweilige Feld. Anschließend diskutiert das Team gemeinsam Feld für Feld die auf dem Kärtchen verzeichneten Themen. Dadurch bekommt die Diskussion während der Retrospektive eine klare Struktur und Richtung. Selbstorganisierte Teams stellen große Anforderungen an die Teammitglieder und die Führungskraft. Die Teammitglieder brauchen für erfolgreiche Teamarbeit:

- ein hohes Maß an persönlicher Selbstorganisation
- die gelebte Übernahme von Verantwortung für das Team
- die Bereitschaft, sich Konflikten zu stellen
- Disziplin

- Wertschätzung und Respekt gegenüber den anderen Mitgliedern des Teams
- offene Kommunikation
- Lernfähigkeit und Lernbereitschaft
- einen konstruktiven Umgang mit Fehlern
- Offenheit für Neues und für Veränderung
- Loyalität zum Team.

Wer ein Team im agilen Projektmanagement erfolgreich machen will, der muss seine Führungsaufgabe bewusst wahrnehmen. Es ist ein Irrtum zu glauben, selbstorganisierte Teams bräuchten weniger Führung. Im Gegenteil: Nur dann, wenn bestimmte Voraussetzungen geschaffen werden, kann ein selbstorganisiertes Team erfolgreich Projekte bearbeiten:

- Das Team hat ein klares gemeinsames Ziel und die Überzeugung, dass dieses Ziel zwar herausfordernd, aber erreichbar ist.
- Die Aufgaben des Teams mit festen Terminen sind klar definiert.
- Die Rollen im Team sind geklärt.
- Das Team hat die erforderlichen Freiräume, um seine Aufgaben im festgelegten Zeitraum zu erfüllen.
- Die Teammitglieder haben Vertrauen zu ihrer Führungskraft.
- Es gibt Transparenz in allen wesentlichen Belangen.
- Das Team wird in seiner Verbundenheit zueinander gefördert.

Diese Voraussetzungen für ein selbstorganisiertes Team zu schaffen, erfordert von der Führung ein hohes Maß an Klarheit, Einfühlungsvermögen und Konsequenz. Damit das Team eine hohe Leistung erbringen kann, brauchen die Teammitglieder das Gefühl von Sicherheit. Dann riskieren sie etwas, dann gehen sie an ihre Grenzen, dann sind sie bereit, Neues zu erproben. Fehlt das Gefühl von Sicherheit, sind sie ängstlich und trauen sich nicht, über den Rahmen hinauszugehen, in dem sie sich sicher fühlen – und können dann ihr Potenzial nicht voll abrufen. Ebenso wichtig wie das Gefühl der Sicherheit ist das Gefühl, eine klare Orientierung zu haben.

Je klarer das Ziel ist und je sinnhafter das Ziel erlebt wird, desto größer ist das Gefühl, eine klare Orientierung zu haben.

Es ist kein Zufall, wenn hier die Gefühle so deutlich angesprochen werden. Emotionen spielen für den Erfolg selbstorganisierter Teams eine große Rolle. Positive Emotionen beflügeln und helfen über Schwierigkeiten hinweg; negative Emotionen lähmen und gefährden den Erfolg. Ein Lean Leader erkennt, wenn es Konfliktpotenziale gibt, und sorgt gemeinsam mit dem Team dafür, dass die Ursachen der Konflikte aus der Welt geräumt werden. Und er fördert positive Emotionen, indem er den Zusammenhalt im Team und das Gefühl der Verbundenheit fördert. Und er findet die richtige Balance zwischen Freiräumen und Unterstützung, wenn das Team nicht vorankommt. Dann erlebt das Team seine Führung als hilfreich. Schafft es die Führungskraft hingegen nicht loszulassen, dann wird dies als hinderlich erlebt und gefährdet den Erfolg des Teams.

Techniken und Methoden im agilen Projektmanagement

Im agilen Projektmanagement werden eine Reihe von Techniken eingesetzt, die auch im Shop Floor Management genutzt werden. In allen agilen Projekten gibt es Taskboards zur Visualisierung der aktuellen Aufgaben eines Teams. Das Team behält somit den Überblick über die anstehenden

Abbildung 34: Selbstorganisation braucht Führung

Aufgaben und den Abarbeitungsgrad der in Angriff genommenen Aufgaben. Die Projektteilnehmer treffen sich täglich zu einem Tagesgespräch am Taskboard, um sich über den Stand der Arbeiten, über Probleme und Hindernisse auszutauschen.

Wie unschwer zu erkennen ist, werden im agilen Projektmanagement Boards und Tagesgespräch gleichermaßen wie im Shop Floor Management genutzt, womit deutlich wird, dass beide Vorgehensweisen die gleiche Zielsetzung haben, nämlich eine möglichst einfache und gute Visualisierung der Themen und eine intensive Kommunikation und Abstimmung zwischen allen Beteiligten. Hier zeigt sich die enge Verwandtschaft zwischen Shop Floor Management und agilem Projektmanagement. Von außen betrachtet wird der Beobachter kaum Unterschiede feststellen zwischen Shop Floor Management und agilem Projektmanagement. Die Boards und Tagesgespräch dienen in beiden Settings dazu, schnelle Ergebnisse zu erzielen. Der Unterschied besteht lediglich darin, dass im agilen Projektmanagement Projektaufgaben im Mittelpunkt der Betrachtung stehen und im Shop Floor Management Ziele und Abweichungen von Zielen von Bedeutung sind. Liegt der Fokus mehr auf dem Projektgeschäft, ist agiles Projektmanagement ideal, beim Tagesgeschäft ist Shop Floor Management die richtige Vorgehensweise, beides hat jedoch die gleiche Basis.

Als richtig gute Idee hat sich das Timeboxing im agilen Projektmanagement erwiesen: Termine halten um jeden Preis! Lieber wird der Umfang eines Arbeitspakets reduziert als ein Termin verschoben. Das erhöht die Effizienz und Zuverlässigkeit. In einigen Unternehmen wird das Timeboxing auch im Shop Floor Management konsequent genutzt, um die Terminqualität bei der Umsetzung der definierten Maßnahmen zu erhöhen.

Ein Merkmal von agilem Projektmanagement ist ebenfalls, dass die Projektteilnehmer bevorzugt in einem gemeinsamen Raum arbeiten. Es verbessert die Kommunikation, weil jeder im Raum nebenbei mitbekommt, an welchen Themen der andere arbeitet und wo er seine Probleme hat. Das verringert den formalen Aufwand an Kommunikation erheblich. Weiterhin hat sich als hilfreich erwiesen, Definition of Done (Frist) sorgfältig zu erstellen, das heißt eine sehr präzise Festlegung, wann eine Aufgabe wirklich fertiggestellt ist. Das erspart hinterher viele unerfreuliche Diskussionen. Use Cases (Anwendungsfälle) beschreiben die Anforderungen aus Kundensicht und helfen dabei, im Projektteam eine klare gemeinsame Sicht auf das Ergebnis der Produktentwicklung zu bekommen.

Die wichtigste Methode, die im Rahmen des agilen Projektmanagements entwickelt worden ist, ist Scrum. Der Begriff »Scrum« stammt aus der Rugby-Sprache und bezeichnet das angeordnete Gedränge, dass im Rugby die Standardsituation beschreibt, um das Spiel nach kleineren Regelverstößen oder nach einem Aus neu zu starten. Scrum stammt aus der Softwareentwicklung und wurde in den 1990er-Jahren von Jeff Sutherland und Ken Schwaber entwickelt, um als Rahmenkonzept für die Entwicklung und Erhaltung komplexer Produkte zu dienen. Nach Ansicht der beiden ist Scrum »lightweight« (leicht), »simple to understand« (einfach zu verstehen) und »difficult to master« (schwer zu beherrschen) (Quelle: *scrumguides.org*). Scrum schreibt nicht viel vor, aber was vorgeschrieben wird, muss strikt eingehalten werden – in einem Scrum Team gibt es:

- drei verschiedene Rollen: Scrum Master, Product Owner und Development-Team
- Ereignisse: Sprint, Sprint Planning, Daily Scrum, Sprint Review und Sprint Retrospective
- Artefakte: Product Backlog, Sprint Backlog und Increment, Burn-Down-Chart

Sprints bezeichnen den Zeitraum, in dem ein Team ein Teilprodukt entwickelt. Dieser Zeitraum darf höchstens einen Monat dauern. Während des Sprints dürfen keine neuen Anforderungen von außen in das Scrum Team gegeben werden. Sprint Planning bedeutet die Planung, welche Anforderungen während der aktuellen Sprints durch das gesamte Scrum Team umgesetzt werden sollen. Daily Scrum entspricht dem bereits beschriebenen Tagesgespräch. Jedes Teilprodukt der Entwicklung wird als Increment bezeichnet, das in einer Iteration (Sprint) entsteht. Der Product Backlog umfasst die insgesamt umzusetzenden Aufgaben und Anforderungen, der Sprint Backlog die Aufgaben für den nächsten Sprint.

Burn-Down-Charts visualisieren den täglichen Fortschritt in der Abarbeitung der selbst gestellten Aufgaben, das heißt Tag für Tag verzeichnet das Team im Burn-Down-Chart welche Aufgaben bereits erledigt worden sind. Das führt zu einer guten Übersicht über das bereits geleistete und über die unmittelbar nächsten Aufgaben um im Zeitplan zu bleiben. Die Teammitglieder erkennen sofort ob der Zeitplan in Gefahr ist und können unmittelbar entgegensteuern.

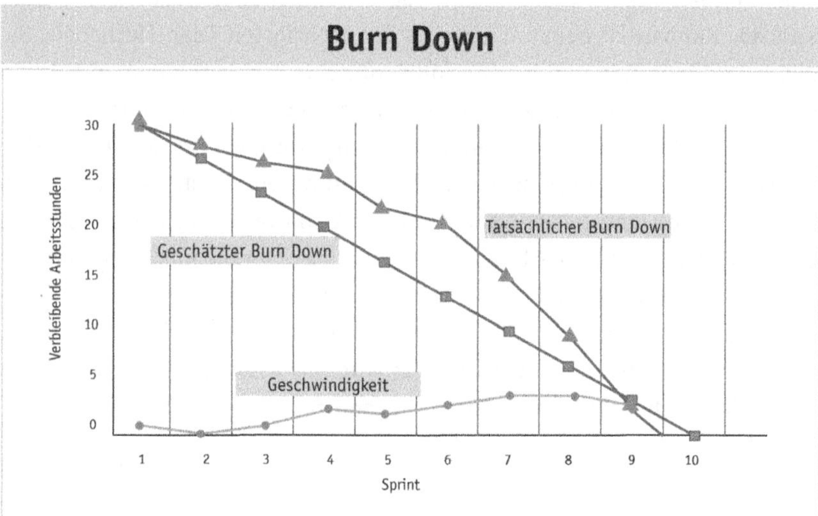

Abbildung 35: Beispiel für einen Burn-Down-Chart

Für die Softwareentwicklung sind die strengen Vorgaben von Scrum durchaus umsetzbar, aber bei der Übertragung auf andere Produkte lassen sich die Vorgaben von Scrum oft nicht durchhalten. Deswegen hat sich der Begriff »Scrum But« (Wir machen Scrum, aber ...) durchgesetzt, um deutlich zu machen, dass man sich im agilen Projektmanagement an Scrum orientiert, aber bewusst Abweichungen vom originalen Scrum in Kauf nimmt.

Weiterhin ist Scrum dermaßen eng umschrieben, dass man es kaum in Unternehmen umgesetzt bekommt. Viele Unternehmen orientieren sich aber an Scrum, weil es dennoch viele sinnvolle Aspekte beinhaltet. Unser Appell ist daher, im Rahmen von Projektmanagement möglichst viele agile Elemente zu nutzen, weil Produkte durch gesteigerte Agilität besser und effizienter werden und Kunden wie auch Mitarbeiter zufriedener sind.

Eine weitere, sehr hilfreiche Methode im agilen Projektmanagement ist Kanban. Kanban ist bekannt als eine der wichtigsten Lean-Methoden. Sie dient der Steuerung von Produktionsprozessen. Das besondere an Kanban ist das ausschließliche Beziehen auf den tatsächlichen Verbrauch von Materialien am Ort der Bereitstellung beziehungsweise am Ort des Verbrauchs. Kanban führt zu einer deutlichen Reduzierung von Beständen innerhalb der Produktion und in der Nähe des Produktionsorts. Ziel von Kanban ist es, die Wertschöpfungskette auf jeder Stufe der Produktion kostenoptimal zu steuern. Diesen Grundgedanken nutzt man in den letzten Jahren auch verstärkt als sogenanntes Kanban-Board im agilen Projektmanagement. Mit Kärtchen beziehungsweise Post-its wird auf dem Kanban-Board visualisiert, in welcher Stufe des Abarbeitungsprozesses ein Auftrag sich gerade befindet.

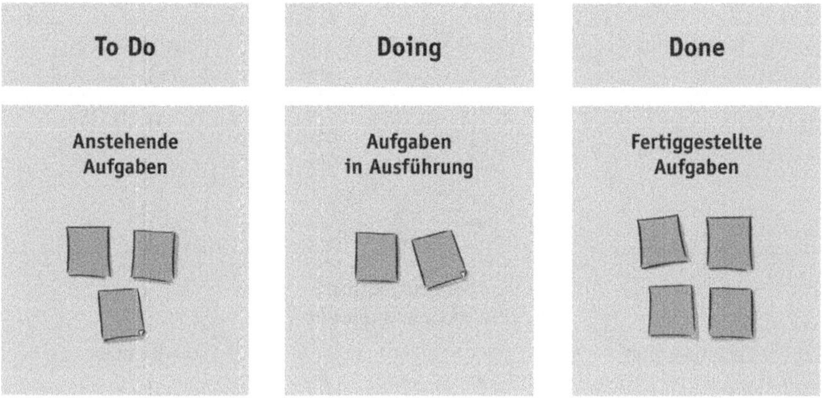

Abbildung 36: Kanban-Board

Die sechs wesentlichen Merkmale von Kanban im agilen Projektmanagement sind:

1. Die anstehenden Aufgaben (To-dos) werden für alle sichtbar dargestellt.
2. Die sich in Ausführung befindenden Aufgaben werden visualisiert.
3. Alle fertiggestellten Aufgaben werden gekennzeichnet.
4. Die Teammitglieder steuern gemeinsam das Abarbeiten der Aufgaben.
5. Alle Teammitglieder überprüfen die Terminqualität der durchgeführten Aufgaben.
6. Aus den Erkenntnissen erfolgt ein Lernprozess; das gesamte Team lernt gemeinsam aus den Erfahrungen.

Das Kanban-Prinzip funktioniert umso besser, je mehr folgende Regeln eingehalten werden:

- Möglichst wenig parallele Tätigkeiten, sondern Konzentration auf eine einzige Tätigkeit.
- Das jeweilige Team macht die Regeln für die Steuerung der Aufgaben für alle deutlich.
- Das Team entwickelt gemeinsam Verbesserungen.

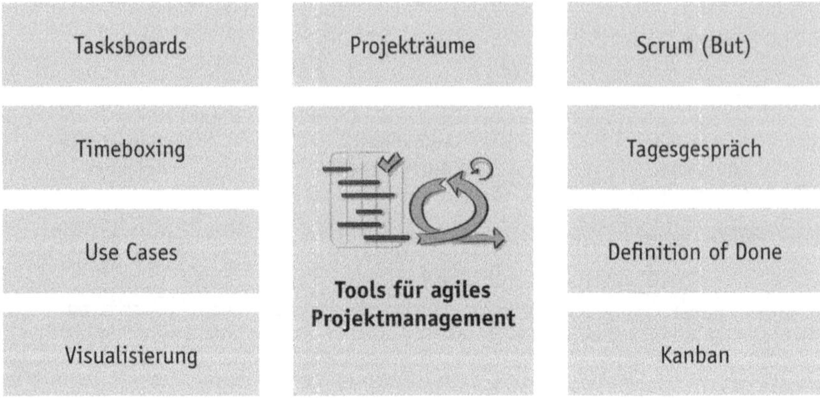

Abbildung 37: Tools für agiles Projektmanagement

Take-aways

Haben Sie bereits Erfahrungen mit Shop Floor Management gesammelt? Wenn ja, finden Sie sich in den Ausführungen dieses Kapitels wieder? Wenn nein, erkennen Sie in dem Ansatz Nutzen für Ihre (Führungs-)Arbeit?

Gehen Sie die Elemente des Shop Floor Managements durch und überprüfen Sie, wie viele dieser Elemente Sie bereits umgesetzt haben. Überlegen Sie sich, welche dieser Elemente für Sie hilfreich und sinnvoll sein können.

Haben Sie bereits Erfahrungen mit dem agilen Projektmanagement gesammelt? Was finden Sie daran positiv? Wie können Sie diese Erfahrung in Zukunft weiter nutzen und ausbauen? Was gefällt Ihnen daran nicht? Wie können Sie diese negativen Aspekte in Zukunft verringern?

Sofern Sie noch keine Erfahrungen mit dem agilen Projektmanagement haben: können Sie sich vorstellen, mit dieser Methode Ihre Projekte zu bearbeiten? Probieren Sie es aus! Welches bei Ihnen anstehende Projekt bietet sich zur Übung von Agilität an? Was nehmen Sie sich dabei vor?

Wenn Sie bereits Shop Floor Management praktizieren: Wie können Sie den Ansatz und die Methoden des agilen Projektmanagements zur Optimierung Ihres Shop Floor Managements einsetzen?

Wie können Sie Ihre Führungsarbeit agil machen? Überlegen Sie, wie Sie Ihre Projektteams schrittweise zur Selbstorganisation führen und selbst immer weniger dominant eingreifen können.

3.
Führungsaufgaben im Lean Leadership

Was Sie in diesem Kapitel erfahren

- Wir erläutern die drei für Lean Leadership elementaren Führungsaufgaben Coachen, Managen und Inspirieren und zeigen jeweils den Zusammenhang mit Lean Leadership auf.
- Sie erfahren, wie coachendes Führen gelingt, welche Vorgehensweise geeignet ist, um coachendes Führen im Lean-Kontext erfolgreich aufzubauen, und warum eine Kommunikation und Zusammenarbeit auf Augenhöhe dabei unerlässlich ist.
- Mit dem Vier-Stufen-Modell des coachenden Führens gelingt es Ihnen, Ihre Mitarbeiter weiterzuentwickeln und Prozesse vom Tagesgeschäft bis über die Schnittstellen hinaus zu optimieren und dabei selbst das notwendige Wissen und die benötigten Kompetenzen aufzubauen.
- Sie setzen sich damit auseinander, dass ein Lean Leader die Kompetenz haben muss, die Führungsaufgabe Managen zu bewältigen, also Prozesse zu organisieren, den eigenen Verantwortungsbereich zu planen und für durchsichtige und nachvollziehbare Strukturen zu sorgen. In der Regel aber steht der Mensch im Fokus seiner Aktivitäten.
- Wir zeigen Ihnen, dass inspirierende Lean Leader ihre Mitarbeiter mitzureißen verstehen und ihnen den Sinn und Zweck ihrer Arbeit vor Augen stellen können.

Für uns besteht Führen im Lean Leadership aus drei unterschiedlichen Aufgaben – Managen, Coachen und Inspirieren.

Beim *Managen* im Sinne einer Führungsaufgabe geht es darum, möglichst gute Ergebnisse zu erzielen, die Aufgaben termingerecht zu erfüllen und den eigenen Verantwortungsbereich möglichst gut zu organisieren. Dieses ist das klassische Führungsverständnis. Für Lean Leadership und moderne Anforderungen reicht diese Sichtweise aber nicht mehr aus. Im Mittelpunkt steht nunmehr der Mensch oder genauer die Fähigkeiten aller Teammitglieder. Als neues Zentrum der Führungsaufgabe ist daher das *Coachen* zu sehen. Beim Coachen geht es darum, die Kompetenzen der Mitarbeiter konsequent und permanent weiterzuentwickeln. Die Aufgabe des Lean Leaders besteht also nicht darin, selbst Probleme zu lösen, sein Job ist es, die Mitarbeiter zum selbstständigen Problemlösen und zum eigenständigen Entwickeln von Ideen zu befähigen. Damit einher geht die ebenfalls neue Führungsaufgabe *Inspirieren*. Sie hat viel mit der Vorbildfunktion zu tun. Durch sein Handeln lässt der Führende seine Mitarbeiter den Sinn für ihre Arbeit spüren und schafft ein leistungsförderndes Klima. Das coachende Führen stellt die Klammer dar zwischen Managen und Inspirieren. Der Lean Leader sorgt für gute Arbeitsbedingungen und Arbeitsvoraussetzungen. Durch coachendes Führen fühlen sich seine Mitarbeiter wertgeschätzt und gut aufgehoben. Alle drei Arten des Führens finden sich gleichermaßen im Shop Floor Management wie auch im agilen Projektmanagement. Das gewünschte Führungsverhalten im Sinne von Lean Leadership erfordert gute Führungsfähigkeiten in allen drei Bereichen.

Im Folgenden erläutern wir zunächst ausführlich die Führungsausgabe coachen und beschreiben dann die Führungsaufgabe Managen und Inspirieren.

Führungsaufgabe Managen	**Führungsaufgabe coachendes Führen**	**Führungsaufgabe Inspirieren**
Fokus auf Ergebnissen, Aufgaben und Terminen	Fokus auf Kompetenzentwicklung der Mitarbeiter	Fokus auf Sinnstiftung, Vision, Nordstern
entscheiden, bei Bedarf anweisen	Mitarbeiter bei selbstständiger Problemlösung unterstützen	Mitarbeiter zu unerwartet hoher Leistung bewegen
Koordination von Mitarbeitern und Ressourcen zur Zielerreichung	Unterstützung der Mitarbeiter bei der Entfaltung ihrer Potenziale, Erreichen von Leistungsverbesserungen	Vorbild sein bei der Auseinandersetzung mit Neuem, Lean-Werte vorleben

Abbildung 38: Die Führungsaufgaben im Lean Leadership

3.1 Führungsaufgabe Coachen

Ohne Coaching geht es nicht

Anforderungen, Taktzeiten, Entwicklungszyklen – fast jeder Bereich wird komplexer und schneller. Da wird es zunehmend unverzichtbar, dass wirklich jede Person im Unternehmen ihre gesamten Fähigkeiten und Potenziale voll einbringt. Nur wenn jeder Beteiligte in Entscheidungssituationen die Orientierung des Unternehmens kennt und sich zutraut und kompetent ist, eigenständig im Sinne der Organisation zu handeln, wird sich die Gesamtleistung spürbar erhöhen.

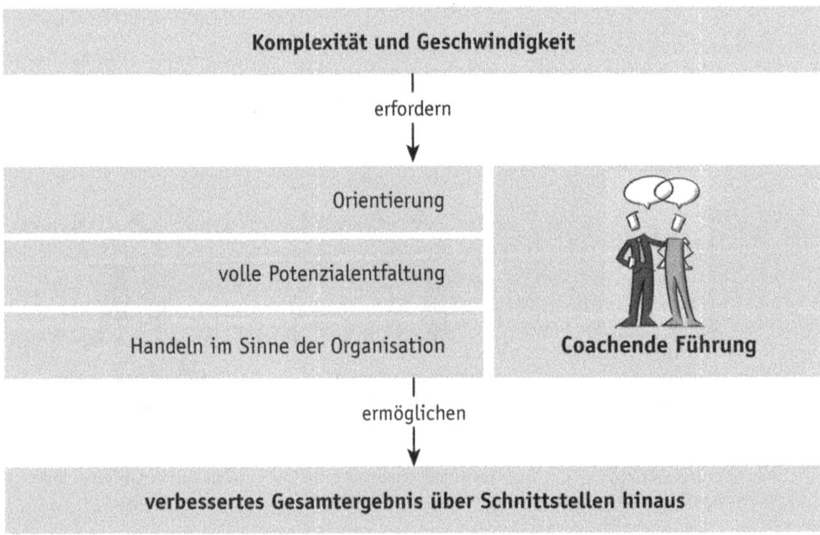

Abbildung 39: Führungsaufgabe Coachen

Es reicht nicht mehr aus, zu kontrollieren, ob einzelne ihre Leistungen erbringen. Will eine Organisation erfolgreich sein, muss dies von allen Menschen im Unternehmen vorangetrieben werden, nicht nur von der Führungsebene. Coaching ist vor diesem Hintergrund eine wesentliche und enorm wichtige Zutat zum Erfolg.

Merke

Ohne Coaching gelingt es nicht, alle Potenziale aller Menschen, die sich für ein Unternehmen einsetzen, zu heben, zu nutzen und auszubauen.

Die Führungskräfte müssen sich heute zwangsläufig immer mehr auf die Leistung anderer verlassen. Alles selbst und allein im Blick und unter Kontrolle zu halten, ist angesichts der heutigen Komplexität der Arbeitsprozesse und des notwendigen Arbeitstempos unmöglich. Verordnetes Handeln und hierarchisch geprägte Weisungen greifen eindeutig zu kurz, denn das selbstständige Handeln im Sinne des Unternehmens kann so nicht weiter ausgebaut werden. Führende müssen, ob Sie wollen oder nicht, den Ausführenden vertrauen. Daher hat in der Konsequenz das coachende Führen im Lean Leadership seine neue zentrale Bedeutung. Und Unternehmen mit Führungskräften, die dieses Instrument beherrschen, werden auf Dauer erfolgreicher den Anforderungen ihrer Kunden gerecht werden.

Das Mindset: Zusammenarbeit auf Augenhöhe

Coachendes Führen bedeutet eine Kombination aus individueller Unterstützung, persönlichem Feedback und Training für eine Person, damit sie ein definiertes Ziel möglichst selbstständig erreicht. Ziel ist die Hilfe zur Selbsthilfe auf Basis gegenseitigen Respekts und Akzeptanz.

Abbildung 40: Coachendes Führen als Hilfe zur Selbsthilfe

Merke

Coachendes Führen unterstützt Mitarbeiter bei Themen, die die direkte Leistungserbringung betreffen. Es besteht aus einer Verbindung von aufmerksamem Zuhören, Fragen Stellen und Feedback Geben. Ziel ist, Mitarbeiter dabei zu unterstützen, Ziele so weit wie möglich selbstständig zu erreichen, die Arbeitsprozesse zu verbessern und Verbesserungspotenziale optimal zu nutzen.

Im Unterschied zum Coaching durch einen neutralen internen oder externen Berater handelt es sich beim coachenden Führen durch eine Führungskraft um ein Beratungsverhältnis zwischen Personen, die innerhalb einer Organisation auf unterschiedlichen Hierarchieebenen stehen.

Als coachendes Führen werden

- zum einen die motivierende und entwicklungsfördernde Haltung gegenüber den Mitarbeitern und
- zum anderen die entsprechenden unterstützenden Verhaltensweisen der direkten Führungskraft verstanden.

Das coachende Führen bezieht sich dabei auf den Verhaltens-, Beziehungs- und Denkbereich in der individuellen Betreuung des Mitarbeiters und unterstützt durch konstruktive und direkte Rückmeldungen eine spürbare Weiterentwicklung des Mitarbeiters hin zu selbstständigem Handeln.

Chancen und Grenzen des Lean Leaders als Coach

Coachendes Führen ermöglicht einen Mehrwert in den verschiedensten Situationen, vor allem wenn

- komplexe und breit gefächerte Aufgabenstellungen im Arbeitsbereich zu erledigen sind;
- Veränderungen gestaltet werden müssen;
- verschiedene Beteiligte zusammengebracht werden müssen;
- Mitarbeiter Einfluss auf Prozesse und Ergebnisse haben;
- Spannungen und Störungen in der menschlichen Zusammenarbeit zu viele Energien kosten und die Arbeitsergebnisse negativ beeinflussen und
- Schwierigkeiten zwischen einzelnen Mitarbeitern Auswirkungen auf viele weitere Personen haben.

Coachendes Führen hilft in diesen Situationen weiter, weil zum Nachdenken angeregt und gleichzeitig der Aufbau neuer Verhaltensweisen und Gewohnheiten nachhaltig unterstützt wird. Gerade in Veränderungsphasen ist es erforderlich, sich auf neue Bedingungen, Abläufe und Vorgehensweisen einzustellen und auch das eigene Verhalten umzustellen. Dies gelingt den wenigsten Menschen ohne Unterstützung, und somit liegt es auf der Hand, dass Organisationen mit aktiv unterstützendem Führungsverhalten hier deutlich bessere Chancen haben. Denn das führende Coachen führt in vielerlei Hinsicht zu neuen Vorteilen:

- Coaching hilft, bei Mitarbeitern Ursachen für Leistungsschwächen beziehungsweise Leistungsabweichungen zu erkennen und schrittweise abzustellen.

- Kontinuierliches Lernen von Mitarbeitern und Führungskräften, das für wirkliche Veränderungen wichtig ist, wird gefördert.
- Coaching unterstützt Lean Leader und Mitarbeiter, Gewohnheiten in kleinen Schritten zu verändern.
- Es geht auf den Menschen ein und berücksichtigt dessen Stärken beziehungsweise Verbesserungspotenziale.
- Coaching ermöglicht es, die emotionale Brisanz von Veränderungsprozessen richtig einschätzen zu lernen und echte Wirkung erzielen zu können.
- Coaching ermöglicht eine nachhaltige Unterstützung, anstatt »Feuerwehreinsätze« zu fördern.

Coachendes Führen ist allerdings kein Allheilmittel. Es gibt Grenzen in der Anwendung, etwa

- wenn Mitarbeiter aufgrund gravierender persönlicher Probleme ihre Arbeitsaufgaben nicht angemessen bewältigen können – dann sollten eher Fachleute weiterhelfen,
- wenn Mitarbeiter mit einer Vielzahl von Aufgaben und Projekten bereits deutlich über ihre Möglichkeiten hinweg belastet sind,
- wenn Mitarbeiter nicht »mitziehen« wollen und ihre Mitarbeit in einem individuellen Kontakt mit dem Lean Leader verweigern,
- wenn der Lean Leader selber Hauptbestandteil der Schwierigkeiten ist,
- wenn es keinen Handlungsspielraum für die Beteiligten gibt und
- wenn keine Zeit für Gespräche investiert wird oder investiert werden kann.

Wenn nur einer dieser Punkte zutrifft, bedeutet coachendes Führen vergebliche Mühe. Die Herausforderung besteht also auch darin, zu erkennen, ob Coaching durch die Führungskraft zu wirksamen Ergebnissen führen kann. Das ist keine leichte Angelegenheit und verlangt neue, vor allem gute soziale Kompetenzen. Stimmen die Rahmenbedingungen für ein gelingendes Coachen nicht, gilt es zunächst, für die jeweilige Situation

Entscheidungen zu treffen und angemessene Schritte für bessere Rahmenbedingungen einzuleiten. Sind die Rahmenbedingungen hingegen stimmig, ist die Wahrscheinlichkeit sehr groß, dass sich mit dem coachenden Führen die angestrebten Ziele erreichen lassen.

Voraussetzungen für eine hohe Wirksamkeit

Bewusstes coachendes Führen erfolgt über regelmäßige Vieraugengespräche. Werden diese Gespräche auf Augenhöhe geführt, entsteht ein direkter und individueller Austausch, und damit die Voraussetzung für eine gute und tragfähige Beziehung zwischen den Gesprächspartnern.

Vertrauen und wertschätzende Kommunikation auf Augenhöhe

Auf Augenhöhe zu kommunizieren, bedeutet, dass eine konstruktive Kommunikation in beide Richtungen erfolgt, die auf gegenseitigem Respekt beruht. Dies ist verbunden mit einer bestimmten Grundeinstellung, wie Menschen miteinander arbeiten und sich in Organisationen verhalten sollten. Nur wenn im Mindset der Beteiligten die Überzeugung spürbar wird, dass Mitarbeiter zu selbstständigem und selbstverantwortlichem Handeln fähig sind und sich weiterentwickeln können, wird coachendes Führen überhaupt möglich und glaubwürdig.

Abbildung 41: Das Mindset des coachenden Führens

In diesem Kontext lohnt sich ein Blick auf die zwei Menschenbilder, die zu zwei unterschiedlichen Führungsphilosophien führen und die bereits 1960 von Douglas McGregor, Professor für Management am Massachusetts Institute of Technology, in seinem Buch *The human side of enterprise* beschrieben worden sind. In der Gegenüberstellung von einer Theorie X und einer Theorie Y beschreibt McGregor zwei verschiedene Grundausprägungen und gilt damit als einer der Gründerväter moderner Managementgedanken.

Demnach beruhen hierarchisch geprägte Führungsstrukturen eher auf einem negativ-pessimistischen Menschenbild, das er mit Theorie X beschreibt. In dieser wird angenommen, dass der Mensch von Natur aus eher faul ist und versucht, Arbeit so weit wie möglich aus dem Weg zu gehen. Prinzipiell ist er von außen motiviert, das heißt, dass er zu Leistungen durch extrinsisch ausgerichtete Maßnahmen belohnt und sanktioniert werden muss.

Im Gegensatz dazu geht die Theorie Y davon aus, dass der Mensch intrinsisch motiviert ist und sich zur Erreichung sinnvoller Zielsetzungen durchaus bereitwillig strenge Selbstdisziplin und Selbstkontrolle auferlegt. Nach Theorie Y sieht er Arbeit als Quelle der Zufriedenheit an und hat Freude an seiner Leistung. Auch Verantwortungsbewusstsein und Kreativität sind Kennzeichen dieses eher positiv-optimistischen Menschenbildes. Damit gilt Theorie Y als Basis vieler moderner Managementansätze, die von selbstständig agierenden und mitdenkenden Führungskräften ausgehen. Ein prominentes Beispiel ist das Konzept des Blue Ocean Leadership, bei dem Chan Kim und Renée Mauborgne anmerken, der Schlüssel zu einem erfolgreichen Unternehmen liege darin, dass es auf allen Ebenen eigenständig handelnde Führende gebe.

Merke

Nur wenn das Management eines Unternehmens dem Menschenbild der Theorie Y aktiv zustimmen kann, es lebt und vorlebt und alle Führungskräfte über ein eher positiv-optimistisches Menschenbild verfügen und den Mitarbeitern trauen und vertrauen können, gelingt es, mit Lean Leadership, Shop Floor Management und coachendem Führen eine gemeinsame Kultur der permanenten Verbesserung herbeizuführen.

Eine Kommunikation auf Augenhöhe bedeutet das Gegenteil von hierarchisch geprägten Kommunikationsstrukturen. In Letzteren werden Entscheidungen von den übergeordneten Ebenen in die untergeordneten Ebenen als Anweisung gegeben, und zwar ohne den Anspruch zu erheben, dass die untergeordnete Ebene die Information verstehen und nachvollziehen kann. Das geht schnell und einfach, und es sind keine vertrauensvollen Beziehungen und keine Kommunikation auf Augenhöhe erforderlich.

Die Führungskräfte und Mitarbeiter kommunizieren, denken und handeln allein im Rahmen ihrer jeweiligen Hierarchiestufe. Folge ist, dass Entscheidungen von den untergeordneten Mitarbeitern nicht mitgetragen, sondern eher ertragen werden. Lerneffekte oder eine Weiterentwicklung von Mitarbeitern können so kaum stattfinden. Coachendes Führen kann sich in diesem Fall nur auf Einzelfälle beschränken und nicht zu einer tragfähigen Basis für den Erfolg der gesamten Organisation werden. Denn wer im Sinne der Theorie X seine Mitarbeiter nicht für vertrauenswürdig hält, kann sie nicht glaubwürdig coachen, führen und bei ihrer Weiterentwicklung unterstützen.

Wer hingegen ein eher positiv-optimistisches Menschenbild hat und davon überzeugt ist, dass die Mitarbeiter lernen und sich verbessern wollen, wird ihnen auf Augenhöhe begegnen und eine deutlich höhere Wirkung mit coachendem Führen erzielen können. In vielen Unternehmen ist daher ein Umdenken wünschenswert und notwendig. Wer im Umgang mit den Mitarbeitern die intensive und individuelle Kommunikation auf Augenhöhe anstrebt, sollte die Einstellung verinnerlichen, dass Menschen grundsätzlich lernen und sich weiterentwickeln wollen.

Eng verbunden mit der Kommunikation auf Augenhöhe ist das Stichwort Vertrauen. Dr. Martin Schweer vom Zentrum für Vertrauensforschung der Universität Vechta definiert Vertrauen als »die subjektive Sicherheit, sich in die Hand anderer Personen oder Institutionen begeben zu können«. Vertrauen ist demnach die Basis jeder tragfähigen und konstruktiven Beziehung. Es ist deshalb so wertvoll, weil es die Bereitschaft fördert, sich zu engagieren und sich bei Konflikten konstruktiv und lösungsorientiert mit anderen Menschen auseinanderzusetzen. Zudem lassen sich Mitarbeiter mehr auf Veränderungen ein und probieren neue Dinge und Vorgehensweisen eher aus, wenn sie spüren und wissen, dass man ihnen wahrhaft vertraut.

Vertrauen baut sich nur langsam auf, jedoch schnell wieder ab; ein einzelnes negatives Erlebnis reicht dazu oft schon aus. Vertrauensaufbau besteht zu einem großen Teil aus ehrlicher und glaubwürdiger Kommunikation auf Augenhöhe. Dabei gilt, dass Führungskräfte in der Regel dann als vertrauenswürdig wahrgenommen werden, wenn sie authentisch sind, also sagen, was sie tun, und tun, was sie sagen.

Merke

Erfahrungsvertrauen bildet sich aufgrund der persönlichen positiven Erfahrungen heraus, die der Mitarbeiter im konkreten Umgang und im Gespräch mit dem Lean Leader erleben darf. Darum ist die persönliche Beziehung zwischen Mitarbeiter und Lean Leader eine Voraussetzung für das Entstehen eines Vertrauensverhältnisses.

Hierarchische Kommunikation	Kommunikation auf Augenhöhe
top-down, Weitergabe/Auferlegen von Entscheidungen als Anweisung	individuelle Kommunikation und gegenseitiger Austausch
Verständnis unterer Ebenen nicht vorhanden und nicht notwendig	Verständnis, Engagement, konstruktive Konfliktlösung und Lösungsorientierung
schnell und einfach	intensiv und nachhaltig
Aufbau vertrauensvoller Beziehungen steht nicht im Vordergrund	Vertrauensaufbau als Basis konstruktiver Zusammenarbeit
Lerneffekte nur als zufälliges Nebenprodukt	aktives, ständiges Lernen als Grundprinzip
coachendes Führen nicht glaubwürdig	hohe Wirkung coachenden Führens

Tabelle 6: Hierarchische Kommunikation versus Kommunikation auf Augenhöhe

Blickwinkel und Ausgangssituation des Mitarbeiters berücksichtigen

Ein weiterer Erfolgsfaktor für wirksames coachendes Führen ist die Fähigkeit, einen Bezug zur Wahrnehmung des Mitarbeiters herzustellen. Wenn ein Mitarbeiter von seinem Lean Leader abgeholt wird, wenn er im Austausch mit ihm seine Fragen und Schwierigkeiten wiederfindet und spürt, dass es dem Lean Leader um die individuelle Weiterentwicklung seiner Persönlichkeit geht, ist es sehr viel wahrscheinlicher, dass er neue Verhaltensmöglichkeiten ausprobiert.

Wir konnten immer wieder beobachten, dass die Mitarbeiter weniger bereit waren, den coachenden Lean Leader als Unterstützer anzunehmen und sich ernsthaft auszutauschen, je stärker dieser von seinen eigenen Vorstellung ausging und die Sichtweise des Mitarbeiters außer Acht lies.

In der Praxis fällt es aber vielen Führungskräften schwer auch noch die Sichtweise des Mitarbeiters zu erfassen. Typischerweise beherrscht das eigene Denken und Handeln das eigene Verhalten. Das ist nicht verwunderlich, wollen sie doch ihre Mitarbeiter vom Sinn der Unternehmensziele überzeugen und sie für die Vision und das Zukunftsbild begeistern, und zwar möglichst direkt und schnell. Dann wundern sie sich, wenn Mitarbeiter nicht enthusiastisch und begeistert ihren Ideen lauschen, sondern spürbar skeptisch und kritisch auf die Vorhaben des Managements reagieren.

Echte Lean Leader hingegen sind in der Lage (und daran erkennt man sie), den Blickwinkel des Mitarbeiters einzunehmen - seine »Brille« aufzusetzen - und seine Sicht auf die Organisation nachzuvollziehen. Nur wenn es um die tatsächlichen Themen und Fragestellungen des Mitarbeiters geht, wird ein Austausch auf Augenhöhe und eine Entwicklung des Mitarbeiters möglich sein.

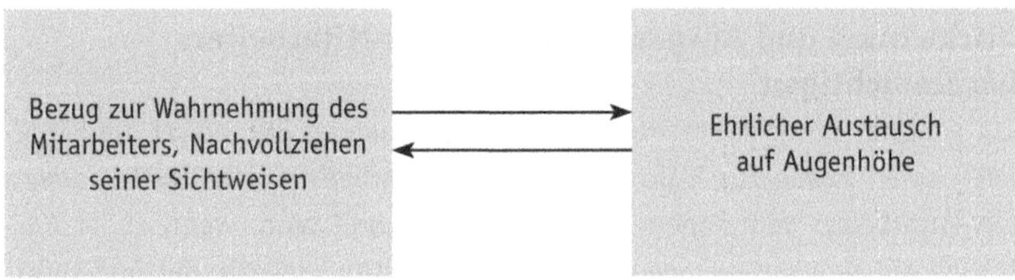

Abbildung 42: Die Wechselwirkung von Begegnungen auf Augenhöhe

Wer also den Blickwinkel seines Mitarbeiters nicht einnimmt, wird ihn nicht glaubwürdig coachend führen können. Wer hingegen die Perspektive seines Mitarbeiters teilt, kann sein Verhalten besser verstehen und eine deutlich höhere Wirkung mit coachendem Führen erzielen.

Wichtig für die Weiterentwicklung des Mitarbeiters ist zudem die Fähigkeit des Lean Leaders, neben der Sicht des Mitarbeiters auf die Dinge auch dessen Ausgangssituation zu berücksichtigen. Welchen Herausforderungen ist der Mitarbeiter zum Beispiel aktuell ausgesetzt? Zudem macht es einen Unterschied, welchen Reifegrad der Mitarbeiter hat, ob er also Unterstützung mithilfe detaillierter Anweisungen benötigt oder ob es genügt, ihm einen groben Rahmen vorzugeben, in dem er sich eigenständig bewegen kann.

Die jeweilige Situation ist ausschlaggebend dafür, welches Führungsverhalten der Lean Leader in den Vordergrund stellen kann. In diesem Kontext erinnert das neue Lean Leadership, so wie wir es propagieren, auch stark an das Konzept des situativen Führens. Hersey und Blanchard beschrieben ihren Führungsansatz bereits in den 1970er-Jahren. Bis heute ist er populär, da er nachweislich Führenden zu einem besseren Umgang mit Teammitgliedern verhilft. Je nach Reifegrad des Mitarbeiters empfahlen schon vor vierzig Jahren die amerikanischen Managementvordenker, verschiedene Führungsstile anzuwenden.

Reifegrad 1 (niedrig)	**Reifegrad 2 (mittel)**	**Reifegrad 3 (mittel)**	**Reifegrad 4 (hoch)**
noch nicht fähig (unsicher)	noch nicht fähig, aber bereit (zuversichtlich)	fähig, aber nicht bereit (unsicher/ unwillig)	fähig und bereit (selbstsicher)
Vorgesetzter entscheidet	Vorgesetzter entscheidet	Mitarbeiter entscheidet mit	Mitarbeiter entscheidet

Tabelle 7: Die verschiedenen Reifegrade der Mitarbeiter im situativen Führen

Hersey und Blanchard unterschieden weiterhin zwischen Aufgaben- und Beziehungsorientierung im Führungsverhalten – durch die Kombination der beiden Ausrichtungen gelangten sie zu den vier Führungsstilen »Anordnen«, »Trainieren«, »Partizipieren« und »Delegieren « (siehe folgende Abbildung). Diese werden als gleichwertig in der Wirkung angesehen; entscheidend war und ist für amerikanische Führungsexperten die Situation, in der sich Mitarbeiter oder Teams befinden.

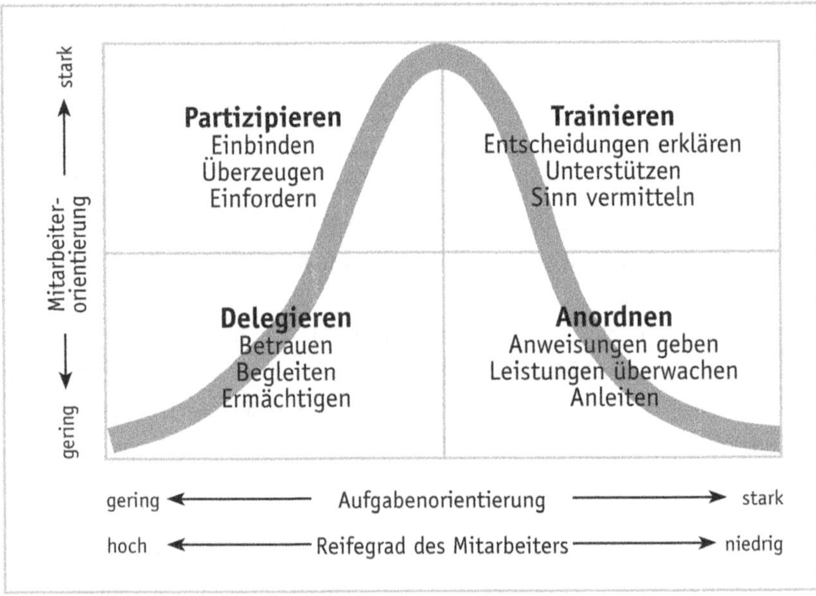

Abbildung 43: Situatives Führen

Auch in heutigen Betrieben mit hoch spezialisierten Mitarbeitern und in agilen Projekten sind die Erkenntnisse von Hersey und Blanchard keineswegs veraltet. Selbstverantwortung und Selbstorganisation entstehen nicht von alleine. Es braucht die leitende Hand führender Köpfe, die Mitarbeiter befähigen, ihren Reifegrad zu entwickeln. Mehr denn je sind sie gefordert, genau auf die Situation zu schauen und Teammitglieder dort abzuholen, wo sie stehen. Nur dann sind wirklich positive Resultate bei neuen Arbeits- und Organisationsformen wie Shop Floor Management, Lean-Konzepten oder agilen Vorgehensweisen zu erwarten.

Coachende Führung: Handwerkszeug und Vorgehensweise

Im Mittelpunkt des coachenden Führens steht der Versuch des Lean Leaders, einem Mitarbeiter dabei zu helfen, ein Ziel so weit wie möglich selbstständig zu erreichen. Wie sieht diese Unterstützung konkret aus?

Das Handwerkszeug: Vertrauensdreieck

Der Charme dieses Handwerkszeugs liegt in seiner unbestechlichen Einfachheit. Die drei methodischen Grundelemente sind Zuhören, Fragen Stellen und Feedback Geben. Sinnvoll zusammengefügt, verschaffen sie dem Lean Leader in den allermeisten Situationen des alltäglichen Führungslebens eine konkrete und hilfreiche Vorgehensweise für das coachende mitarbeiterorientierte Führen (siehe Abbildung auf der folgenden Seite).

Dieser Zyklus ist nichts Neues, konsequent angewandt unterstützt er jedoch enorm dabei, ein Vertrauensverhältnis zwischen Mitarbeiter und Führungskraft aufzubauen. Und in der Folge steigt die Bereitschaft des Mitarbeiters, seine Aufgaben zunehmend selbstständig und eigenverantwortlich wahrzunehmen. So kommen die drei Methoden zu ihrem Namen Vertrauensdreieck.

Aufmerksames Zuhören beschreibt die Fähigkeit, sich vollständig auf das zu konzentrieren, was der Gesprächspartner sagt, und durch gezieltes Nachfragen sicherzustellen, alle Äußerungen des Gegenübers richtig verstanden zu haben. Dies bezieht sich nicht nur auf den tatsächlichen Wortlaut, sondern vor allem auf den Sinn einer Äußerung. Aufmerksames Zuhören vermittelt dem Mitarbeiter das Gefühl, einen wichtigen Beitrag zu leisten und persönlich wertgeschätzt zu werden. Weil es Menschen häufig schwerfällt, sofort punktgenau das zu kommunizieren, was sie meinen, hilft das aufmerksame Zuhören dabei, mit den richtigen Fragen den Gesprächspartner zu animieren, das, was er eigentlich sagen will, zum Ausdruck zu bringen. Zudem erkennt ein aufmerksamer Zuhörer das, was jemand lediglich »zwischen den Zeilen« mehr oder weniger deutlich ausspricht. Mithilfe zielgerichteter Fragen kann er dann die tatsächlichen Hintergründe und Beweggründe er-

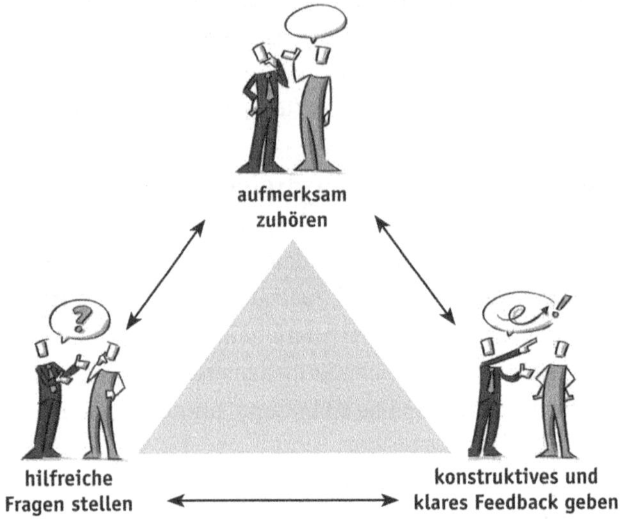

Aufmerksam zuhören	Hilfreiche Fragen stellen	Konstruktives Feedback geben
Konzentration auf den Gesprächspartner	Hinterfragen von Beweggründen und Hintergründen	Rückmeldung über Wirkung verbaler Äußerungen und Verhaltensweisen
gezieltes Nachfragen	Anregung zur Entwicklung eigener Ideen und Lösungsansätze	Steuerung und Entwicklung arbeitsbezogenen und sozialen Verhaltens
Vermittlung des Gefühls der Wertschätzung	Signalisieren glaubwürdigen Interesses	Erkennen und Klärung von Missverständnissen und Störungen
nonverbale Signale wahrnehmen, zwischen den Zeilen lesen	Förderung des Gedankenaustauschs	Verhalten im Sinne der Organisation aufbauen

Abbildung 44: Handwerkszeug des coachenden Führens

fragen. Mit hilfreichen Fragen gelingt es dem Lean Leader, den Mitarbeiter anzuregen, eigene Ideen und Lösungsansätze zu entwickeln.

Dabei beachtet er die folgenden Hinweise:

- Er unterbricht nicht und lässt dem Gesprächspartner Zeit, seine Gedanken zu ordnen und auszuformulieren.
- Er hört geduldig zu, bis der Gesprächspartner seine Gedanken ausgesprochen hat. Anschließend denkt er darüber nach, was er als Nächstes sagen möchte.
- Er notiert die ihm wichtig erscheinenden Aussagen.
- Er zeigt Interesse an Mimik und Gestik des Gesprächspartners.
- Er achtet auf »Zwischentöne« sowie auf nonverbale Signale. Er hilft dem Gesprächspartner, wenn dieser keine Worte für zum Beispiel Gefühle findet.
- Er fragt bei Unklarheiten nach. So zeigt er Interesse.
- Er wiederholt wesentliche Aussagen in eigenen Worten. So stellt er sicher, dass er alles richtig verstanden hat.

Gute Fragen führen zu guten Antworten, die Hinweise zu kreativen Problemlösungen liefern. Dabei spielen offene Fragen eine besondere Rolle. Denn offene Fragen erleichtern die Gesprächseröffnung, signalisieren glaubwürdiges Interesse am Standpunkt des Gegenübers, fördern den Gedankenaustausch, erschließen Vorwissen, lenken Gedanken in eine konstruktive Richtung und unterstützen das eigenständige Handeln. Beispiele sind:

- »Was sagen Sie dazu?«
- »Welche Erfahrungen haben Sie mit ...?«
- »Wie beurteilen Sie ...?«
- »Wie haben Sie das Problem das letzte Mal gelöst?«

Von besonderer Bedeutung für eine vertrauensvolle und gelingende Mitarbeiterbeziehung ist hierbei das Feedback. Man kann auch sagen, dass gutes konstruktives Feedback die Königsdisziplin für jeden Lean Leader darstellt. Feedback informiert darüber, wie verbale Äußerungen und Verhaltensweisen beim Gegenüber angekommen sind und welche Wirkung und Gefühle sie ausgelöst haben. Die Herausforderung liegt darin, konkret und nachvollziehbar zu beschreiben, welches Verhalten welche Wirkung ausgelöst hat. Lean Leader verfügen über die aufbauende und konstruktive Grundhaltung, konkretes Feedback mithilfe von Ich-Botschaften im passenden Moment so zu transportieren, dass der Feedbacknehmer die Anregungen aufgreift und für Verhaltensänderungen nutzt.

Merke

Mithilfe von Ich-Botschaften bringt der Lean Leader auf sachliche Art und Weise seine Sicht und seine persönliche Meinung zum Ausdruck, ohne den Gesprächspartner zu verletzen. Ich-Botschaften sind deshalb vor allem in Konfliktlösungs- und in Kritikgesprächen nützlich, in denen es auch um die Beurteilung des Verhaltens eines Mitarbeiters geht, also um die Beziehungsebene, um Gefühle und Emotionen. Beim produktiven Feedback geht es stets um die Sache, nie um die Identitäts- oder personale Ebene.

Der Ablauf eines Coachingprozesses

Coachendes Führen soll helfen, den Arbeitsaufwand für den Lean Leader zu verringern, weil Mitarbeiter so lernen, ihre Aufgaben eigenverantwortlich, effizient und effektiv zu erledigen. Allerdings kostet ihn das coachende Führen zunächst einmal das, was es einsparen soll – nämlich Zeit, die er im Coachingprozess verbringt. Coachendes Führen selbst geschieht vor allem in Vieraugengesprächen, die in der Regel einem bestimmten Ablauf folgen:

Ablauf eines Coachingprozesses

Zielklärung
Wo will der Mitarbeiter hin? Was ist sein Problem? Welche Fragen gibt es?

↓

Situationsanalyse
Wo steht er heute? Welche Ursachen haben die Probleme?

↓

Maßnahmenplanung
Was braucht der Mitarbeiter, um sein Ziel zu erreichen?

↓

Maßnahmencontrolling
Woran merken wir, dass der Mitarbeiter seinem Ziel nähergekommen ist?

Abbildung 45: Der Ablauf eines Coachingprozesses

Diesen Unterstützungszyklus gilt es konsequent gemeinsam durch Lean Leader und Mitarbeiter zu bearbeiten, die Erfahrungen dazu in beide Richtungen auszutauschen und gemeinsame Schlussfolgerungen zu ziehen. Wichtig für die Umsetzung sind folgende Aspekte:

- die konstruktive Zielsetzung deutlich machen: den Mitarbeiter befähigen, selbstständig und eigenverantwortlich zu arbeiten und seine Kompetenzen passend weiterzuentwickeln
- Zeit konkret einplanen und abstimmen
- konkrete erlebte Beispielsituationen zur Verdeutlichung nutzen

Damit kostet coachendes Führen zunächst Zeit und liefert vielleicht nicht sofort greifbare Ergebnisse, doch ohne diese Investition ist coachendes Führen ein aussichtsloses Unterfangen. Nur wer dran bleibt, entkommt mittelfristig dem Teufelskreis der knappen Ressourcen und schafft Organisationen, in denen es mehr denkende kompetente Köpfe gibt und mehr Hände auftretende Herausforderungen bewältigen als nur der kleine Kreis des Führungszirkels, auf den sich vielleicht bisher alle verlassen haben.

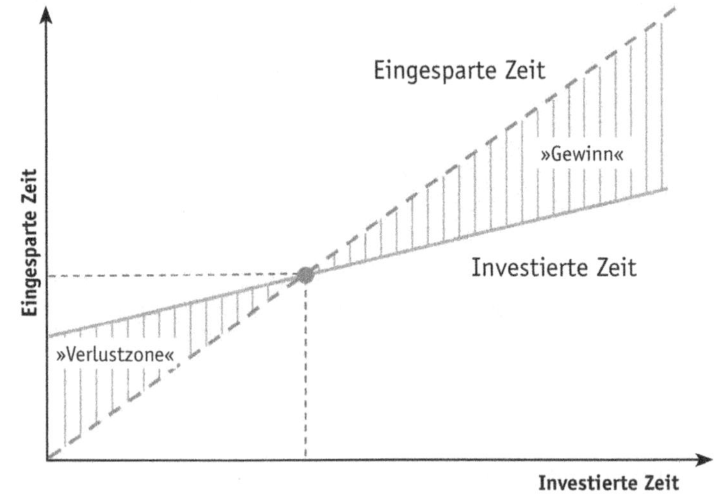

Abbildung 46: Investierte und eingesparte Zeit in der Waagschale

Coachen versus Managen

Natürlich gibt es im Führungsalltag auch Situationen, in denen coachende Führung nicht passend ist. In der Phase eines Neuaufbaus von Strukturen und Prozessen, bei neu zu integrierenden Mitarbeitern oder in Krisensituationen sind klare Entscheidungen und leitende Anweisungen zur Umsetzung nötig.

Bei dem Neuaufbau von Strukturen fehlt es zunächst an aktiven und verfügbaren Vorbildern der Führung. Damit keine Verwirrung durch unterschiedliche Vorgehensweisen der Führenden entsteht, bedarf es einer klaren Orientierung und der Vorgabe von Leitplanken durch das Management.

Auch in individuellen Führungssituationen sind bei Mitarbeitern mit wenig Erfahrung und Unkenntnis im Arbeitsbereich Weisungen und klare Vorgaben hilfreich und notwendig. Hier führt falsch verstandenes coachendes Führen, bei dem vor allem mit Fragen gecoacht wird, aufseiten des Mitarbeiters zu unnötigem Rätselraten und kontraproduktiver Verwirrung.

Merke

Der thematische Fokus beim Managen liegt darauf, Aufgaben zu verteilen, Ergebnisse zu erzielen und Termine zu bestimmen. Die Koordination von Mitarbeitern und Ressourcen steht im Vordergrund, um Ziele und Arbeitsergebnisse zu erreichen.

Krisensituationen lassen zeitlich und inhaltlich nicht den Spielraum für individuelles Tempo im Aufbauen neuer Gewohnheiten, oftmals sind schnelle Entscheidungen und Umsetzungen gefordert. Dies ist und bleibt Aufgabe des Managements, auch und vor allem in Organisationen, in denen sonst ein Umgang auf Augenhöhe gepflegt wird.

Coachendes Führen: Das Vier-Stufen-Modell

Aus unseren Erfahrungen aus der Führungskräfteentwicklung und aus zahlreichen Changeprojekten zum Lean-Management in mittelständischen Industrieunternehmen ist ein Prozess zur Einführung des coachenden Führens im Lean-Kontext entstanden. Dieser besteht aus zwei verknüpften Entwicklungssträngen:

- der Selbstentwicklung des Lean Leaders und
- drei aufeinander aufbauenden Stufen des coachenden Führens.

Die Selbstentwicklung startet vor dem operativen Einstieg ins coachende Führen. Bevor der Lean Leader mit dem Coachen seiner Mitarbeiter beginnt, muss er mit den wichtigsten Grundlagen vertraut sein. Die weitere Selbstentwicklung und die fortlaufende coachende Führung finden dann parallel statt und greifen ineinander, wie die folgende Abbildung zeigt.

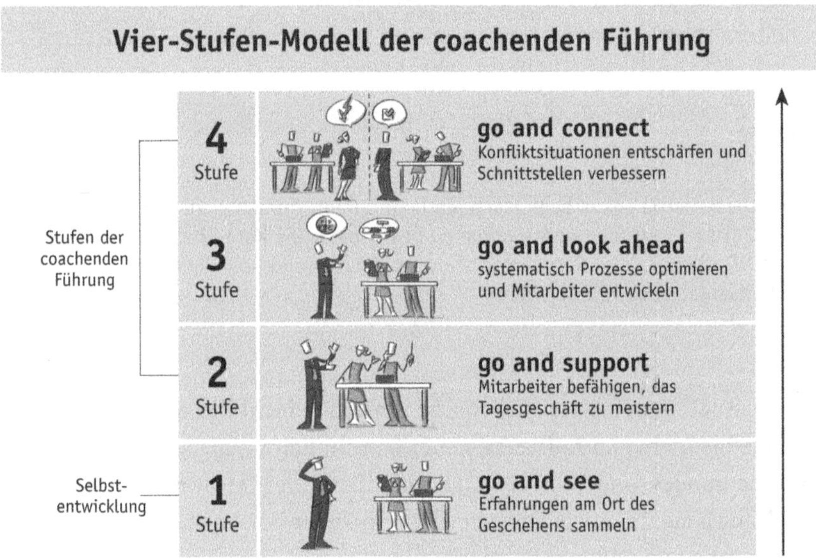

Abbildung 47: Das Vier-Stufen-Modell der coachenden Führung

Stufe 1: Selbstentwicklung – der rote Faden auf dem Weg zum Lean Leader

Zunächst ist es wichtig, den Blick auf die Selbstentwicklung zu richten. Grundsätzlich begleitet die eigene Weiterentwicklung eine Führungskraft unverzichtbar auf dem Weg zum Lean Leader. Sie muss die Bereitschaft mitbringen, an sich selbst zu arbeiten und sich aktiv selbst weiterzuentwickeln. Voraussetzungen sind der Wille und das Engagement, den Weg zum echten Lean Leader zu gehen! Mit der eigenen Rolle und Kompetenz zu beginnen, setzt zudem ein deutliches Signal. Die Selbstentwicklung ermöglicht es der Führungskraft, zu einem glaubwürdigen Experten zu werden und die Mitarbeiter auf deren Wegen zu einem lebendigen Lean erfolgreich zu begleiten. Und darum stellt die Selbstentwicklung den roten Faden auf dem Weg zum Lean Leader dar.

Die Themenfelder der Selbstentwicklung leiten sich zum einen direkt aus den Elementen des Shop Floor Managements beziehungsweise des agilen Projektmanagements ab (siehe Kapitel 2.1 und 2.2). Die Lean Leader müssen diese Bausteine kennen und verstehen, sonst sind sie nicht in der Lage, Fragen und Reaktionen der Mitarbeiter zu Lean-Methoden und -Gedanken realistisch einzuschätzen, sie hilfreich dabei zu unterstützen, Prozesse zu optimieren und Kundenorientierung aufzubauen oder eine konstruktive Lern- und Fehlerkultur zu fördern.

Zum anderen stehen die Themenfelder mit den Aufgaben des Lean Leaders in einem Zusammenhang, wertschätzend und auf Augenhöhe mit den Mitarbeitern zu kommunizieren (siehe Kapitel 3.1), ihnen konstruktives Feedback zu geben und als Vorbild voranzugehen und die Mitarbeiter für Lean zu gewinnen und zu begeistern.

Um diesen Anforderungen gerecht werden zu können, brauchen Lean Leader eine Vorbereitung und entsprechende Qualifizierung.

Vorbereitung für coachendes Führen: Verstehen, worum es geht

In der Praxis geht es zu Beginn um das eigene Basis- und Anwendungswissen, also um die zentralen Lean-Prinzipien, Shop Floor Management, agiles Projektmanagement und die wertschätzende Kommunikation als Führungskraft. Die Lean Leader müssen erkennen, worum es geht, und ihren eigenen »Seh- und Lernmodus« aktivieren.

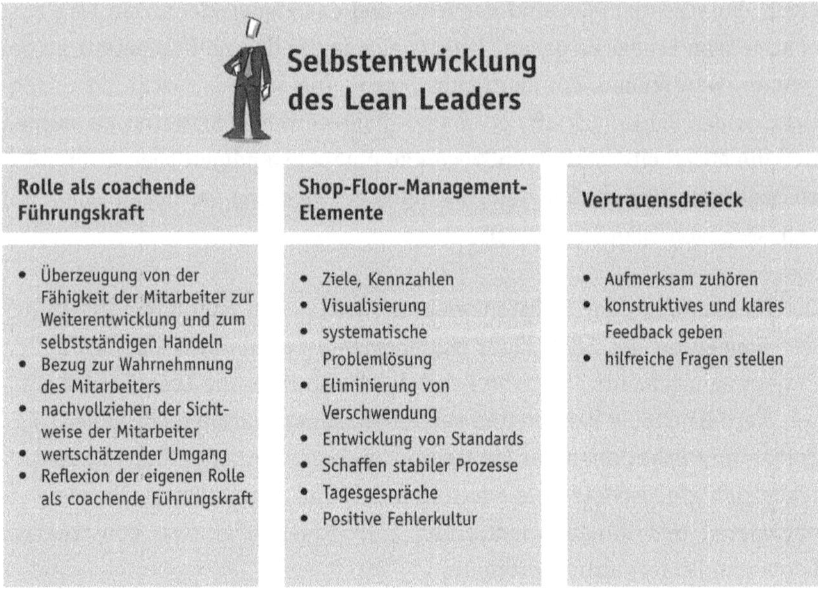

Abbildung 48: Aspekte der Selbstentwicklung in Stufe 1 »Go and see«

Das bedeutet:

- Der künftige Lean Leader versteht die Lean-Prinzipien, die Elemente des Shop Floor Managements und die Rollen und Aufgaben des Lean Leaders.
- Er ist in der Lage, den PDCA-Problemlösezyklus zu nutzen, um Fragestellungen im eigenen Verantwortungsbereich zu klären.
- Der Lean Leader versteht das agile Projektmanagement und erkennt die daraus entstehenden Anforderungen an die eigene Führungsaufgabe.
- Der Lean Leader kommuniziert mit seinen Mitarbeitern auf Augenhöhe.
- Der Lean Leader lernt, sich Eindrücke zum Arbeitsverhalten der Mitarbeiter im Tagesgeschäft zu verschaffen und zu diesen konstruktiv Feedback zu geben.

Zentral bei der Vorbereitung ist, dass die Lean Leader die Abläufe und die Vorgehensweisen in ihrem jeweiligen Verantwortungsbereich genau kennen. Zudem müssen sie lernen, Problemlösungen selbst durchzuführen. Es reicht nicht mehr aus, eine rein abstrakte Erwartungshaltung zu formulieren und die Umsetzungsaufgaben an andere zu delegieren. Sätze wie »Sie müssen nur die Methoden anwenden! Die Lean-Trainer zeigen Ihnen, wie das geht« gehören der Vergangenheit an. Ein Lean Leader kann sich nicht aus der Rolle als Vorbildgeber und Kulturvermittler zurückziehen, sondern muss sie aktiv gestalten.

Ohne beispielsweise die Kenntnis von PDCA ist es einer Führungskraft natürlich unmöglich, Mitarbeiter inhaltlich zu coachen, denn das Verständnis, die Möglichkeiten und auch die Grenzen von eingesetzten Lean-Methoden sind nicht bekannt. Es ist daher zwingend, alle Führungskräfte selbst zu leanem und agilem Denken zu befähigen. Nur so werden sie zu glaubwürdigen Vorbildern und können ihre Mitarbeiter coachen und inspirieren.

Gleichermaßen muss sich der Lean Leader mit dem agilen Projektmanagement auseinandersetzen. Er muss verstanden haben, wie die Methoden im agilen Projektmanagement funktionieren, und er muss erkennen, dass agiles Projektmanagement ohne selbstorganisierte Teams nicht funktionieren kann. Der Lean Leader gestaltet mit seinen Mitarbeitern die Ziele für die Projekte im Sinne eines Backlogs und er nutzt die vielfältigen Möglichkeiten der Visualisierung. Er sorgt dafür, dass seine Mitarbeiter regelmäßig Reviews und Retrospektiven durchführen, und unterstützt sie dabei, diese permanent zu verbessern. Für ihn ist Termineinhaltung das oberste Gebot (Timeboxing) und er schafft es, in seinen Projektteams eine positive Fehlerkultur zu entwickeln.

Entsprechend muss er lernen, seine Mitarbeiter in den Projektteams zu coachen und damit zunehmend zu befähigen, den Anforderungen im agilen Projektmanagement zu genügen.

Coachendes Führen ist – und das kann gar nicht deutlich genug gesagt werden – das Herzstück eines neuen modernen Lean Leadership. Leider wird der Lean-Gedanke viel zu oft auf das Einsparen von Ressourcen und Effizienzoptimierung reduziert. Es wird verkannt, dass wirklich nachhaltige Ergebnisse nur dann erzielbar sind, wenn alle Mitarbeiter in der Organisation den Lean-Gedanken verinnerlichen und tatsächlich tagtäglich leben wollen. Das beginnt bei der Selbstentwicklung der Führenden und findet sein Ideal in der Befähigung des gesamten Teams.

Stufe 1 »Go and see«: Erfahrungen am Ort des Geschehens sammeln

Um im Umgang mit PDCA authentische Erfahrungen sammeln zu können, müssen sich künftige Lean Leader aktiv mit den Erfordernissen und der Problemlösung in ihrem Arbeitsbereich beschäftigen. Und das geht nur vor Ort. Go and see bedeutet, an den Ort des Geschehens zu gehen und zu beobachten, wo die Störungen auftreten und mit welchen Problemen die Mitarbeiter zu kämpfen haben. Die Führungskräfte müssen ihren eigenen Lern- und Sehmodus aktivieren und den Blick konsequent auf das tägliche Geschehen des eigenen Arbeitsbereiches richten. Vor Ort sehen lernen bedeutet auch, die So-müsste-es-doch-sein-Brille durch die reale So-ist-es-tatsächlich-Sichtweise zu ersetzen.

Das fällt einigen Führungskräften zunächst schwer. Es ist menschlich, sich eher auf die positiven Aspekte zu fokussieren. In klassischen Strukturen ist es zudem oft von Vorteil, den eigenen Bereich in einem möglichst günstigen Licht dastehen zu lassen. Und in einem Managementmeeting, weit entfernt vom tatsächlichen Geschehen, trägt man schnell die So-müsste-es-doch-sein-Brille. Den eigenen Bereich mit seinen tatsächlichen Gegebenheiten vor Ort gut zu kennen, ist jedoch eine Grundvoraussetzung für die Akzeptanz und Glaubwürdigkeit des coachenden Führens. Dabei immer die konstruktive So-ist-es-tatsächlich-Sichtweise einzunehmen, ist ein wichtiger Lernschritt.

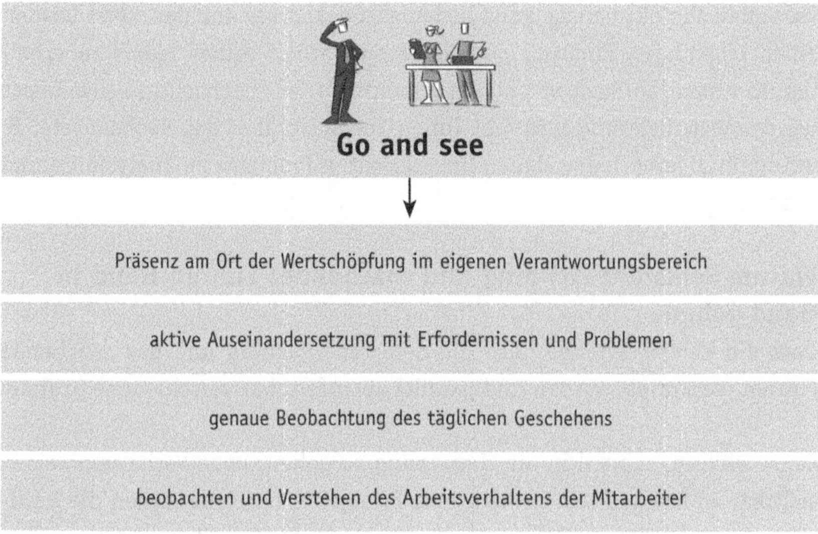

Abbildung 49: Stufe 1 »Go and see«

Go and see ist auch wichtig, wenn die Lean Leader lernen, ihren Mitarbeitern Feedback zu geben. Wenn es darum geht, sich mit Feedback auf das konkrete Arbeitsverhalten der Mitarbeiter zu beziehen, müssen die Führungskräfte genau dieses Arbeitsverhalten sehen und verstehen. Auch das geht nur vor Ort, also dort, wo die Mitarbeiter ihre täglichen Aufgaben verrichten.

In der Praxis hat sich für den Einführungsprozess eine Kombination aus Führungsworkshops und individueller Umsetzungsberatung durch einen externen Projektcoach bewährt. In den Workshops werden Hintergrundwissen, Lean-Prinzipien und -Methoden vermittelt und an eigenen Beispielen trainiert sowie Feedback- und Kommunikationsthemen intensiv vermittelt und eingeübt. In der Umsetzungsberatung werden konkrete PDCA-Projekte bearbeitet und je nach Vorerfahrung und Ausgangslage im Unternehmen Feedbackgespräche mit Mitarbeitern begleitet und anschließend von Lean Leader und externem Coach gemeinsam ausgewertet.

Im agilen Projektmanagement bedeutet Go and see für den Lean Leader, einen lebendigen Eindruck von der Projektarbeit seiner Teams zu erhalten. Er nimmt an Reviews und Retrospektiven Teil, beobachtet seine Teams bei der Visualisierung und gibt ihnen Feedback über das Beobachtete. Er unterstützt seine Teams dabei, die erkannten Probleme zu analysieren und abzustellen.

Warum Selbstentwicklung und coachendes Führen Hand in Hand gehen

Dass die beiden Stränge, also die Selbstentwicklung und das coachende Führen, verknüpft werden und parallel ablaufen, hat verschiedene Gründe:

Es ist wichtig, schnell in die Umsetzung zu gehen, neue Verhaltensweisen sichtbar zu machen und gemeinsame Erfolge zu erzielen. Lernen die künftigen Lean Leader erst theoretisch alle Aspekte und Elemente von Shop Floor Management, von agilem Projektmanagement, Lean und Lean Leadership kennen, dauert es zu lange, bevor überhaupt begonnen werden kann, coachend zu führen und gemeinsam mit den Mitarbeitern Verbesserungen anzustoßen.

Die Rahmenbedingungen für Lean Leadership – also der Stand der Prozesse, das Entwicklungslevel der Mitarbeiter und der Veränderungsdruck – sind in Unternehmen sehr unterschiedlich. An und in diesen Rahmenbedingungen entwickelt sich der Lean Leader, und dies kann er nur, wenn er zügig beginnt, seine Rolle einzunehmen, und mit dem Coachen der Mitarbeiter startet. Es geht bei Lean Leadership darum, vor Ort zu gehen, zu den Mitarbeitern, zum Ort der Wertschöpfung. Dabei helfen lange theoretische Trainings in praxisfernen Seminarräumen wenig.

Führungskräfte und Mitarbeiter entwickeln sich in einem gemeinsamen Lernprozess, wodurch die Beziehungen gestärkt und gemeinsame Erfolge ermöglicht werden. Die Mitarbeiter sehen, dass sich die Führungskräfte intensiv mit Verbesserungen und Problemlösungen beschäftigen. Die Füh-

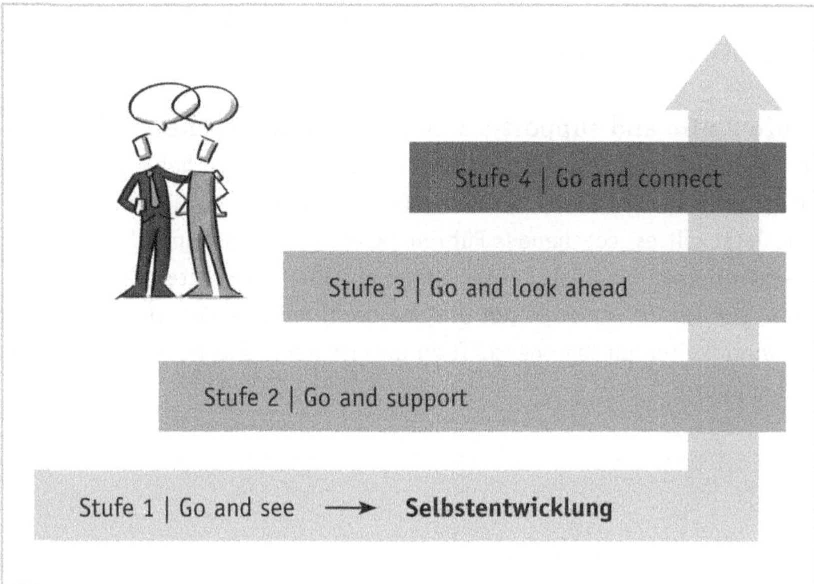

Abbildung 50: Verzahnung von Selbstentwicklung und coachenden Führens

rungskräfte ihrerseits erhalten einen besseren Blick auf die Probleme und Themen ihrer Mitarbeiter.

Lean Leadership bedeutet einen Wandel im Aufgabenverständnis einer Führungskraft. Das konkrete Vermitteln einer Lean-Kultur an die Mitarbeiter erfordert eigene Sicherheit im Grundverständnis von Lean und in der Anwendung der Methodik. Das gilt für alle Ebenen und alle Bereiche im Unternehmen.

Kommunikation auf Augenhöhe und die individuell passende Unterstützung der eigenen Mitarbeiter bieten die größten Chancen auf eine lebendige Lean-Kultur im gesamten Unternehmen.

Die Rolle als Vorbildgeber und Motor einer Lean-Kultur bedeutet aktives, kontinuierliches Lernen und Weiterentwickeln der eigenen Kompetenzen.

Stufe 2 »Go and support«: Der Einstieg ins coachende Führen

Nachdem die Lean Leader auf der ersten Stufe begonnen haben, sich selbst zu entwickeln und Kompetenzen aufzubauen, startet nun die Arbeit vor Ort. Jetzt gilt es, coachendes Führen aktiv in den eigenen Führungsalltag zu integrieren. Die Lean Leader beginnen, ihre Mitarbeiter aktiv zu coachen, sie vor Ort zu begleiten und sie bei ihren Aufgabenstellungen und Schwierigkeiten im Tagesgeschäft zu unterstützen. Aus Go and see wird Go and support.

Merke

Ziele von Go and support sind,

- die Mitarbeiter bei der Umsetzung der Shop-Floor-Management-Elemente wirksam zu unterstützen und dadurch zu helfen, das Tagesgeschäft systematisch zu meistern, und
- die Mitarbeiter zu befähigen, mithilfe von PDCA systematisch Problemlösungen zu realisieren.

Die Führungsarbeit vor Ort mit den Mitarbeitern ist für viele Führungskräfte anfänglich sehr ungewohnt, spielte sich ihre klassische Führungsarbeit doch bisher vor allem im Büro oder bei Besprechungen ab. Coachendes Führen jedoch bedeutet, den Mitarbeiter bei seinen täglichen Arbeitsaufgaben zu unterstützen und weiterzuentwickeln, und zwar vor Ort in seinem direkten Arbeitsumfeld, wo er seine Aufgaben erfüllt und es die Probleme in den Abläufen gibt – das ist mit Go and support gemeint.

Wie bereits ausgeführt, muss der Lean Leader das Verhalten seiner Mitarbeiter selbst erleben, um Feedback geben zu können. Er muss sie kennenlernen und ihre Denk- und Verhaltensweisen genau einschätzen können. Das

Go and support

Start der Vor-Ort-Begleitung und aktives coachendes Führen der Mitarbeiter

aktives Coaching der Mitarbeiter

individuelle Unterstützung im Tagesgeschäft

Befähigung der Mitarbeiter zur systematischen Problemlösung (mit PDCA)

Abbildung 51: Stufe 2 »Go and support«

schafft er nur vor Ort durch das Beobachten der Herausforderungen, denen sich jeder Mitarbeiter stellen muss. Darum stehen im Fokus der ersten Coachings aktuelle Arbeits- und Führungssituationen des Tagesgeschäftes und des Shop Floor Managements beziehungsweise des agilen Projektmanagements. Führungskraft und Mitarbeiter erarbeiten hierzu gemeinsam exemplarisch förderliche Arbeits- und Verhaltensweisen.

Merke

Lean Leadership bedeutet Präsenz vor Ort und Begleitung der Mitarbeiter bei ihren täglichen Herausforderungen statt Erledigung der Arbeit im Meeting oder am Schreibtisch und PC. Der Fokus liegt darauf, Mitarbeiter individuell zu unterstützen und ihnen zu helfen, das Tagesgeschäft zu optimieren und effektiv zu gestalten.

Umsetzungsbeispiele für die Stufe 2 des coachenden Führens

Ein typisches Coachingthema auf Stufe 2 ist das Shop-Floor-Management-Element »Tagesgespräch«. Hier begleitet ein Produktionsleiter einen seiner Teamleiter dabei, die Tagesgespräche mit seinem Team strukturiert durchzuführen und die Maßnahmenverfolgung im Überblick zu behalten. Der Produktionsleiter nimmt als Beobachter an einigen Tagesgesprächen teil, gibt dem Teamleiter im Anschluss konkretes Feedback und überlegt beispielsweise gemeinsam mit ihm, wie er es schaffen kann, im Tagesgespräch den zeitlichen Rahmen von zehn Minuten nicht zu überschreiten.

Ein weiteres Beispiel: Ein Teamleiter begleitet zwei Mitarbeiter aus seinem Schichtteam bei einem Rüstvorgang an einer neuen Anlage. Die Mitarbeiter erläutern ihre Vorgehensweise, der Teamleiter unterstützt dies durch den Einsatz von Fragen. Dabei stellen sie fest, dass es häufiger Schwierigkeiten in der Werkzeugbereitstellung gibt und die Stillstandzeiten durch Such- und Wartezeiten spürbar verlängert werden. Gemeinsam setzen sie einen PDCA-Zyklus auf, betreiben eine intensive Ursachenforschung und erarbeiten erleichternde Maßnahmen für den betreffenden Rüstvorgang.

Eine weitere klassische Situation bei der Führungsarbeit ist die Urlaubsplanung. Hier ist es häufig hilfreich, wenn der Teamleiter bei Konflikten und Ärger von seiner Führungskraft dabei begleitet wird, einen realisierbaren Weg für sich und das Team zu finden, der sowohl die Belange des Bereichs, als auch die der einzelnen Mitarbeiter berücksichtigt.

Hilfreich für den Lean Leader ist es, zu Beginn ein konkretes Vorgehen mit den Mitarbeitern zu planen und zum Beispiel festzulegen, in welchem Turnus eine Begleitung vor Ort erfolgt oder welche Form der Dokumentation für die jeweilige Situation geeignet ist. Hier muss jedes Coachingduo von Führungskraft und Mitarbeiter seinen eigenen Weg für die praktische Ausgestaltung finden. Wichtig ist, die Termine einzuhalten und zu verfolgen, ob die Maßnahmen nachhaltig umgesetzt werden – vor allem zu Beginn des coachenden Führens.

Ein letztes Beispiel für Begleitung in Stufe 2, jetzt im agilen Projektmanagement: Ein junger Mitarbeiter ist Projektleiter eines Entwicklungsteams geworden und beginnt mit seinen Projektmeetings im Rahmen eines Produktentwicklungsprozesses. Das Team besteht aus sieben Entwicklern und Konstrukteuren mit unterschiedlichem Erfahrungsstand. Der Projektleiter selber hat bereits in verschiedenen Projekten dieser Art als Teammitglied mitgearbeitet und ist jetzt voller Tatendrang, schnelle und gute Ergebnisse zu erzielen.

Seine Führungskraft unterstützt ihn aktiv in dieser Phase, indem sie sich Zielsetzung, geplanten Ablauf und methodisches Vorgehen des Kick-off-Meetings detailliert erläutern lässt. Dabei erörtern die beiden gemeinsam, wie es gelingen kann, die Teammitglieder von Beginn an für das Projekt zu begeistern, wie eine offene und aktive Arbeitsatmosphäre geschaffen werden kann und was agiles Projektmanagement für die Zusammenarbeit bedeutet. Die Führungskraft gibt zudem Tipps zu möglichen Stolperfallen beim Start eines komplexen Projektes und erläutert diese anhand eigener Erfahrungen. Unmittelbar nach dem Kick-off gehen beide gemeinsam die Ergebnisse, den Verlauf und die persönlichen Eindrücke des Meetings durch und überlegen, auf welche Aspekte der junge Projektleiter besonderes Augenmerk legen sollte.

Abbildung 52: Voraussetzungen für wirksames Feedback

Wie die Selbstentwicklung weitergeht

Die ersten Schritte und Erfahrungen beim konkreten Begleiten der Mitarbeiter gehen Hand in Hand mit dem eigenen Kompetenzaufbau zu den Elementen von Shop Floor Management und agilem Projektmanagement (Ziele, Kennzahlen und Visualisierung sowie Teamboards und Tagesgespräche). In der Praxis werden die Elemente häufig gleichzeitig eingeführt und von den Teams und Führungskräften erprobt und mit Leben gefüllt. Eine genaue Abgrenzung der einzelnen Themen ist daher kaum möglich und auch gar nicht erforderlich. Häufig gehen die Lernprozesse Hand in Hand.

Wenn ein Lean Leader auf der Stufe 2 seine ersten Erfahrungen in der Rolle als Coach gesammelt, Troubleshooting reduziert und die Fähigkeit zur systematischen Problemlösung vorangetrieben hat, werden sich auch seine Beziehungen zu den Mitarbeitern verändert haben – Kennenlernen hat stattgefunden und in aller Regel wird das Verhältnis enger und besser sein.

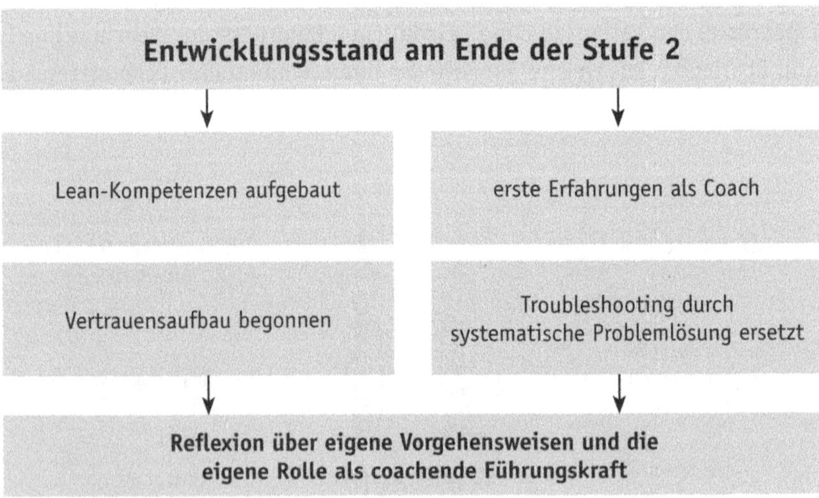

Abbildung 53: Reflexion am Ende der 2. Stufe

Mit Blick auf die nächste Stufe steht in der Selbstentwicklung ein erster reflektorischer Blick auf sich selbst und die Rolle des Coachs an. Dabei werden eigene Chancen und Grenzen, aber auch die Vorgehensweisen reflektiert. Hier sind die Coachingduos gefragt, diese Fragen in einem eigenen Coachingprozess zu bearbeiten und die Lean Leader bei ihrer Weiterentwicklung als Coaches zu unterstützen. Erfahrungsgemäß stehen dabei Themen und Fragen im Vordergrund, die sich mit der Dosis des aktiven Handelns vor Ort beschäftigen. Die Umstellung auf coachendes Führen bedarf einer gut austarierten Balance zwischen

- aktivem Fragen, aufmerksamen Zuhören und konstruktivem Feedback und
- der Kompetenz, dem Mitarbeiter Freiräume zu eröffnen, selbstständig und eigeninitiativ zu agieren.

Oftmals tappen frisch gebackene Lean Leader in die Falle, die Präsenz vor Ort mit einer Haltung des »Ich zeige dir, wie es geht« zu verwechseln. Sie übernehmen dann das Tagesgeschäft vom Mitarbeiter, anstatt ihn weiterzuentwickeln und zum selbstständigen Handeln zu befähigen. Um das Führen vor Ort in angemessenem Maße anzuwenden, bedarf es eines gewissen Fingerspitzengefühls. Als methodisches Hilfsgerüst kann das Modell des situativen Führens dienen, das wir in Kapitel 3.1 vorgestellt haben.

Inhaltlich-methodisch muss sich der Lean Leader nun auf Stufe 3 vorbereiten und damit beschäftigen, wie er Lernbedarfe erfasst, Kompetenzen systematisch und zielgerichtet aufbaut und Methoden und Vorgehensweisen zur systematischen Mitarbeiterentwicklung erfolgreich einsetzt. Dabei geht es zum Beispiel um Kompetenzprofile und die Qualifizierungsmatrix. Zudem beschäftigt er sich mit Methoden der Prozessoptimierung, die er auch – je nach Ausgangslage – selbst anzuwenden in der Lage sein sollte. Dazu gehören etwa die Prozessfluss- oder Wertstromanalyse.

Stufe 3 »Go and look ahead«: Zukunftsfähigkeit systematisch entwickeln

Nachdem auf Stufe 2 mit Go and support das Augenmerk auf dem Tagesgeschäft lag und die Coachingbeziehungen zwischen Lean Leadern und Mitarbeitern aufgebaut wurden, geht es jetzt um nachhaltige Prozessoptimierung im eigenen Arbeitsbereich sowie das Erkennen von Entwicklungsbedarfen und deren erfolgreiche Umsetzung.

Auf der Stufe 3 richtet der Lean Leader den Blick auf die Zukunft des Bereiches und die bereichsspezifischen Anforderungen, Chancen und Risiken. Im Mittelpunkt stehen nun nicht mehr das Abstellen von Störungen und Abweichungen im Tagesgeschäft beziehungsweise im Projekt und der Kampf gegen das Troubleshooting. Nun spielen mittelfristige Lern- und Entwicklungspotenziale und schlanke, stabile Prozesse die Hauptrollen.

Merke

Das Ziel von Go and look ahead ist, Mitarbeiter im Sinne des Lean-Gedanken zukunftsfähig zu machen und erste Arbeitsprozesse mit Mitarbeitern zu optimieren. Das bedeutet vor allem, Lernbedarfe und Entwicklungspotenziale von Mitarbeitern zu erkennen und zu benennen.

Auf dieser Stufe wird für die Lean Leader klarer, dass coachendes Führen eine intensive Auseinandersetzung mit den Mitarbeitern und deren Verhalten bedeutet. Oberflächliches Agieren reicht hierzu nicht aus, es gilt, dranzubleiben und regelmäßig und kontinuierlich Kontakt zu den Mitarbeitern zu halten. Kümmert sich der Lean Leader und sucht aktiv und systematisch das Vieraugengespräch, zeigt dies den Mitarbeitern, dass er wirklich ernsthaftes Interesse an der Mitarbeiterentwicklung hat. Zugleich erkennt der Lean Leader, in welchem Maß die Mitarbeiter bereit sind, sich weiterzuentwickeln und Veränderungsprozesse im Bereich mitzutragen.

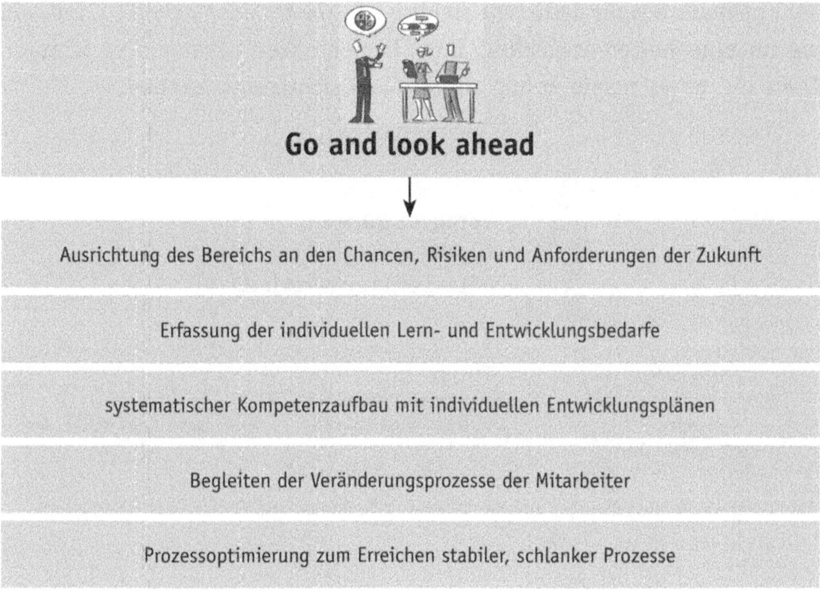

Abbildung 54: Stufe 3 »Go and look ahead«

Erfahrungsgemäß erkennt der Lean Leader sehr schnell die möglichen Ansatzpunkte zur Weiterentwicklung eines Mitarbeiters, sobald es zu einem regelmäßigen Kontakt und Austausch vor Ort kommt. Die wahre Herausforderung besteht jedoch nicht in der Identifikation und Benennung dieser Ansatzpunkte, sondern in der wirksamen Unterstützung des Mitarbeiters dabei, die Weiterentwicklungsziele zu erreichen und mittelbar damit auch die Leistungen und Ergebnisse des Bereichs zu verbessern.

Viele Führungskräfte tun sich sichtlich schwer damit, ihre Mitarbeiter so zu begleiten, dass festgefahrene Gewohnheiten reflektiert, überprüft und vor allem verändert beziehungsweise neu ausprobiert werden können. Voraussetzungen dafür sind eine realistische Selbsteinschätzung der eigenen Kommunikationsfähigkeiten und Überzeugungskraft sowie die treffende Einschätzung des Mitarbeiters. Einige Führungskräfte haben jedoch ein sehr genaues Gespür dafür, wie sie ihre Mitarbeiter ansprechen sollten, um sie für eine Weiterentwicklung ihrer Kompetenzen gewinnen zu können. Diese gilt es aufzuspüren und als Vorbilder sichtbar zu machen.

Abbildung 55: Voraussetzungen zum Gestalten von Veränderungsprozessen der Mitarbeiter

Umsetzungsbeispiele für die Stufe 3 »Go and look ahead«

Im Rahmen der Maßnahmen auf Stufe 3 legt der Teamleiter fest, dass eines der Teammitglieder sich intensiv mit den Steuerungsprinzipien einer Anlage auseinandersetzen soll, um Störungen besser vorbeugen und kleinere Wartungs- und Instandhaltungstätigkeiten, für die keine Fachkraft erforderlich ist, selbstständig durchführen zu können. Hierbei wird das Teammitglied durch den Teamleiter (und zeitweise durch einen Techniker) aktiv begleitet.

Ein weiteres Umsetzungsbeispiel ist: Ein anderer Mitarbeiter mit langjähriger Erfahrung an einer recht komplexen Anlage bekommt die Aufgabe, Standards für den Einarbeitungsprozess neuer Mitarbeiter zusammenzustellen. Dies geschah bislang eher auf Zuruf und je nach anleitendem Kollegen sehr unterschiedlich. Der Teamleiter unterstützt den Mitarbeiter dabei, den Ablauf zu beschreiben, entwirft mit ihm einen zeitlichen Schulungsplan, begleitet eine Anlernstunde und gibt ihm dazu im Anschluss Feedback.

Ein drittes Beispiel für Maßnahmen auf der Stufe 3 liefern der Teamleiter und die zwei Mitarbeiter zum Thema Rüsten, die wir bereits auf Stufe 2 kennengelernt haben. Die Anwendung des PDCA hat gute Ansatzpunkte zur Optimierung des Rüstvorgangs zu einem Werkzeug aufgezeigt. Auf Grundlage dieser guten Erfahrungen wird von einem der beteiligten Mitarbeiter ein Rüstworkshop an einer weiteren komplexen Anlage vorgeschlagen. Der Teamleiter unterstützt dieses Vorhaben und klärt dazu die Ressourcen und Unterstützungsleistung durch die Instandhaltung ab. Dadurch können die Rüstprozesse im Bereich deutlich verkürzt werden. Alle Maßnahmen führen kurz- und mittelfristig dazu, dass eine bessere Auslastung an den Anlagen erzielt werden kann.

Zuletzt noch einmal ein Blick auf unseren jungen Projektleiter. In Stufe 3 zielt die coachende Führung noch fokussierter auf das persönliche Agieren ab. Als Vorbereitung auf weitere Projektmeetings gibt ihm seine Führungskraft Fragestellungen an die Hand, die ihn anregen sollen, sein Handeln bewusst auf die Förderung agilen Verhaltens aller Beteiligten auszurichten: »Wie aktivieren Sie alle Beteiligten beim nächsten Meeting?« »Wie fördern Sie das agile Verhalten des Teams?« »Wie schaffen Sie lautes Denken und konstruktive Diskussion in der Runde?« Gemeinsam reflektieren beide die Meetings anhand dieser Leitfragen und überlegen sinnvolle Änderungen.

Merke

Durch Go and look ahead wird der Entwicklungsstand des Mitarbeiters zielorientiert in Richtung selbstständiger Problemlösung, prozessorientierten Handelns und konstruktiver Kommunikation vor allem in anspruchsvolleren Situationen unterstützt. Basis für die konkrete inhaltliche Ausrichtung sind die Anforderungs- und Kompetenzprofile für den Tätigkeitsbereich des Mitarbeiters.

Auf Stufe 3 zeigt sich die deutliche Verzahnung von coachendem Führen mit klassischen Konzepten der Mitarbeiterführung und -entwicklung.

Auf der Basis eingespielter und konstruktiver Kommunikation zwischen Führungskraft und Mitarbeitern laufen Maßnahmen zu Prozessoptimierungen in der Regel deutlich einfacher und zielorientierter ab.

Wie die Selbstentwicklung weitergeht

Am Übergang zu Stufe 4 kommen die Schnittstellen ins Spiel. Inhaltlich bereitet sich der Lean Leader auf Stufe 4 vor. Er beschäftigt sich zum Beispiel damit, in seinem Bereich ein Verständnis für die kontinuierliche interne und externe Kundenorientierung und die tatsächliche Zusammenarbeit an den Schnittstellen zu vor- und nachgelagerten Bereichen aufzubauen. Er prüft, wie sich diese Zusammenarbeit möglichst reibungslos gestalten lässt.

In diesem Zusammenhang spielen unterschiedliche Interessen und Zielsetzungen der verschiedenen Beteiligten eine Rolle. Spannungen und Konflikte sind dann oftmals an der Tagesordnung. Daher sollten Vorgehensweisen und Methoden der Konfliktlösung trainiert werden, die dazu beitragen, unterschiedliche Sichtweisen zu harmonisieren.

Stufe 4 »Go and connect«: Der Blick aufs große Ganze

Der Lean Leader hat auf den Stufen 2 und 3 seine Mitarbeiter befähigt, das Tagesgeschäft zu meistern, und sie mit Blick auf die mittelfristigen Bereichsziele weiterentwickelt. Nun richtet sich sein Blick auf die Grenzen seines Bereichs und darüber hinaus auf Schnittstellen und übergeordnete unternehmensweite Zusammenhänge.

Merke

Go and connect bedeutet, Mitarbeiter zu befähigen,

- mit Situationen und Problemen größerer Komplexität angemessen umzugehen,
- in Konfliktsituationen konstruktiv und lösungsorientiert zu handeln,
- Schnittstellen als Chance zur Verbesserung der internen Kundenorientierung zu nutzen und
- Prozesse bereichsübergreifend kundenorientiert zu optimieren.

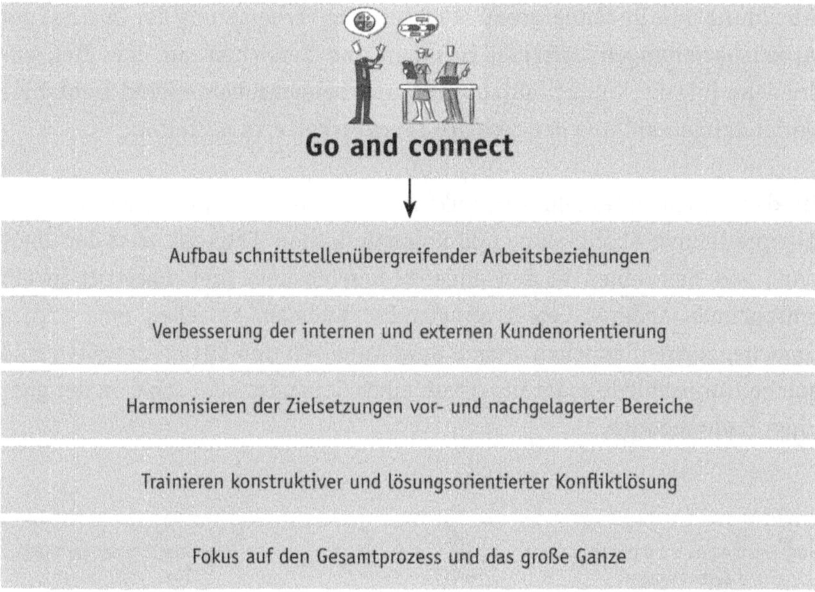

Abbildung 56: Stufe 4 »Go and connect«

Mit komplexen Situationen und Problemen angemessen umzugehen, bedeutet, unternehmerische Zusammenhänge zu erkennen, Einzelfaktoren zueinander in Beziehung zu setzen und für die Bewältigung von schwierigen und mehrschichtigen Konflikten Lösungswege zu erarbeiten.

Der Mitarbeiter lernt, die Ursachen von Konflikten zu erkennen und passende Lösungsstrategien umzusetzen, insbesondere und vor allem bei Problemen an Schnittstellen und bei bereichsübergreifenden Themen. Besonders wichtig sind hier zwei Dinge: Zum einen braucht es zu einem besseren Umgang mit Konflikten ein echtes Vorleben durch die Führungsmannschaft und zum anderen ist es wichtig zu erkennen, dass es nicht auf die Fähigkeiten des Lean Leaders ankommt, sondern darauf, dass das gesamte Team einen neuen Umgang mit Konfliktsituationen erlernt (siehe

Abbildung 57). Im Vordergrund steht also die Verbesserung der Qualität der Arbeitsbeziehungen zwischen Personen und Bereichen mit dem Ziel, zufriedene interne Kunden aufzubauen und bereichsübergreifend tragfähige Verbindungen entlang der gesamten Prozesskette zu gestalten.

In klassischen Unternehmensstrukturen fehlt es häufig an einer bereichsübergreifenden Abstimmung und Kommunikation. Folge ist, dass der Übergang von dem einen in den anderen Bereich dem Grenzübertritt in ein vollkommen anderes Gebiet ähnelt. Die Kollegen sprechen eine andere Sprache, zudem herrschen andere Gewohnheiten und Sitten. Zuweilen sind solche Unterschiede sogar innerhalb eines Gebäudes oder sogar in der gleichen Halle möglich.

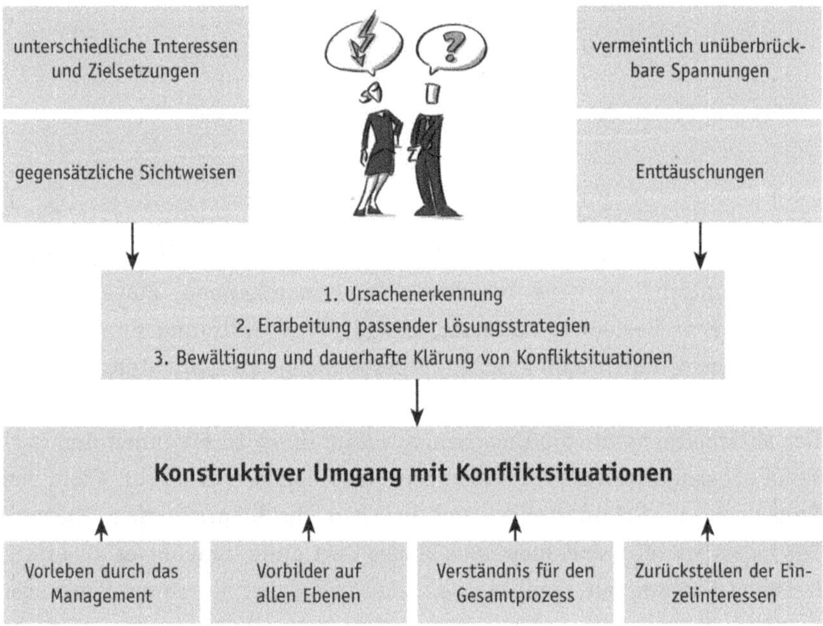

Abbildung 57: Umgang mit Konflikten

Schnell geraten die Beteiligten hier an Grenzen. Das kann - vor allem nach den ersten Erfolgen im eigenen Arbeitsbereich - zu echter Enttäuschung und unüberbrückbaren Spannungen führen. Die Erwartungen an die Vertreter der jeweils anderen Bereiche und Abteilungen sind oft sehr hochgesteckt. Nicht selten herrschen gegensätzliche Sichtweisen zu ein und demselben Thema vor, weil die Kenntnis darüber, was in den anderen Abteilungen geleistet werden muss, gering ist.

Mit Go and connect gelingt es, abteilungs- und bereichsübergreifend Beziehungen aufzubauen und eine gemeinsame Sprache zu entwickeln. Dies erfordert ein klares Statement des Managements und sichtbare Vorbilder und Beispiele für eine Form der Zusammenarbeit, in deren Fokus das Verständnis füreinander und die Kundenorientierung stehen. Wichtig ist, gemeinsam prozessorientierte Lösungen und Vorgehensweisen zu entwickeln. Eine Voraussetzung hierfür ist das Verständnis für das große Ganze.

Alle Beteiligten sollten ihre Partikular- und Einzelinteressen in den Hintergrund rücken und sich (auch) den Blick für die gesamtunternehmerischen Zusammenhänge und Entwicklungen erarbeiten können.

Umsetzungsbeispiele für die Stufe 4 des coachenden Führens

Ein Teamleiter organisiert in Zusammenarbeit mit Lean-Koordinatoren Schnittstellenworkshops, in denen übergreifende Prozesse bearbeitet und optimiert werden. Er bereitet sich und seine Mitarbeiter darauf vor, indem sie zunächst üben, die Anforderungen des eigenen Bereiches nachvollziehbar und anschaulich für andere zu beschreiben und darzustellen. Gleichzeitig vermittelt er deutlich, dass es vor allem darum geht, den Montagebereich als nachfolgenden internen Kunden zu befragen, was sie in ihrem Produktionsbereich anders machen können, damit es in der Montage möglichst reibungslos weiterläuft.

Basierend auf den Erfahrungen der vorangegangenen Stufen verläuft dieser Abstimmungsprozess konstruktiv, und sachliche Argumente werden aktiv austauscht. Es stellt sich unter anderem heraus, dass die Durchlaufzeit spürbar verkürzt werden kann, wenn bestimmte Teile durch die Verwendung anderer Paletten in der Montage nicht mehr aufwendig umgepackt werden müssen, um sie zum nächsten Arbeitsschritt zu transportieren.

Und noch ein Bespiel aus dem agilen Projektmanagement. Unser junger Projektleiter und sein Team haben mittlerweile einige Fortschritte erzielt, dennoch ist er nicht zufrieden mit dem aktuellen Verlauf. Es zeigt sich, dass Abstimmungen mit anderen Projektteams erforderlich sind, die parallel für den gleichen Kunden ein Produkt entwickeln; hierbei gibt es Spannungen zwischen den Teams.

Die Führungskraft bietet sich als Unterstützung an und übernimmt in einem klärenden Meeting die Rolle des Moderators.

Gemeinsam erarbeiten beide Teams, wie künftig notwendige Informationen effektiv und schnell zwischen den Projektleitern ausgetauscht werden können und wie bereits gelöste Probleme dokumentiert und den anderen Teams zur Verfügung gestellt werden können.

Merke

Go and connect ist die Kür des coachenden Führens. Denn wenn es gelingt, dass alle Führenden eines Unternehmens ihren Blick genau an die Schnittstellen und über diese hinaus richten, dann gibt es kein Silodenken mehr. Endlich stehen Prozesse und Kundenorientierung an erster Stelle. Das Entwicklungspotenzial für das gesamte Unternehmen steigt nachhaltig.

3.2 Führungsaufgabe Managen

Während bei den Führungsaufgaben Coachen und Inspirieren der menschliche Faktor im Vordergrund steht, geht es beim Managen um die Organisation von Aufgaben und Abläufen im eigentlichen Sinne. Denn bei allem Votum für eine begeisternde Führung sollte eines klar sein: Niemand wird als Lean Leader Anerkennung finden, der seinen Verantwortungsbereich nicht auch zu organisieren und verwalten vermag.

Der Lean Leader als Manager

Mit Management beschreiben wir damit den Teil der Führungsaufgabe, der sich mit Prozessen, Planung, Organisation und Controlling beschäftigt. Dieser Aspekt des Führens steht zwar in diesem Buch nicht im Vordergrund, was jedoch nicht bedeuten soll, dass auf ihn verzichtet werden könnte. Jeder noch so visionäre und coachingorientierte Lean Leader muss die Prozesse in seinem Verantwortungsbereich organisieren können und seinen Abteilungen durchsichtige und nachvollziehbare Strukturen geben können. Dieses klassische Handwerkszeug des Managements wird weiterhin benötigt werden, um etwa in brenzligen Situationen rasche und trotzdem fundierte Entscheidungen treffen zu können, Troubleshooting zu vermeiden sowie kontinuierliche Verbesserungsprozesse in Gang setzen zu können.

Die Prozesse an den Bedürfnissen des Kunden ausrichten

Eine wichtige Aufgabe von Führung ist es, dafür zu sorgen, dass die externen und internen Kunden zufriedengestellt werden. Dazu richtet der Lean Leader die Prozesse an den Bedürfnissen der Kunden (auch der internen Kunden) aus. Darüber hinaus muss er den eigenen Teilprozess so gestalten, dass dieser optimal mit den vor- und nachgelagerten Bereichen verzahnt ist. Aus Schnittstellen sollten Nahtstellen werden, an denen der Prozess auch über Abteilungs- und Bereichsgrenzen hinaus störungsfrei fließen kann. Dazu braucht der Lean Leader ein klares Verständnis von den Bedürfnissen des Kunden und davon, was Wertschöpfung für den jeweiligen Kunden bedeutet.

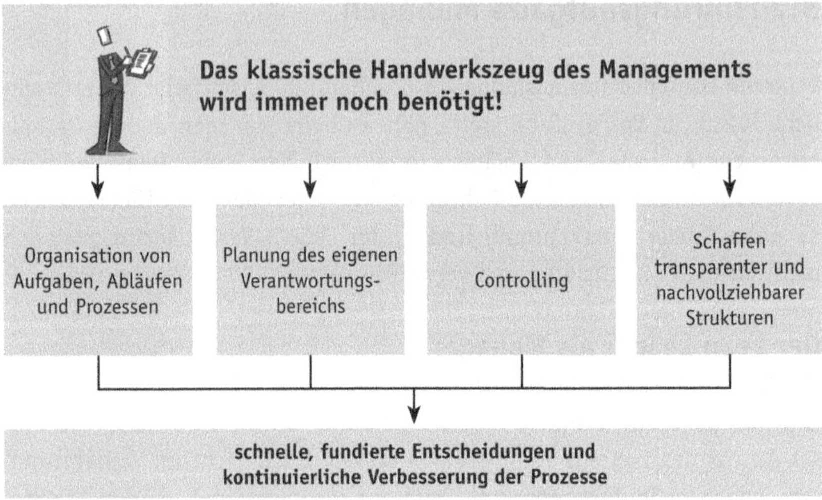

Abbildung 58: Handwerkszeug des Managens

Merke

Die Prozesse konsequent an der Wertschöpfung ausrichten, die einzelnen Prozessschritte zu Wertschöpfungsketten verzahnen und alle überflüssigen Tätigkeiten eliminieren – das ist der alte und der neue Kern der Managementaufgabe des Lean Leaders.

Der Lean Leader stellt sich immer wieder die Frage, welche Veränderungen auf seinen Verantwortungsbereich zukommen und welche neuen Anforderungen die Kunden stellen. Um auf Dauer erfolgreich zu sein, ist es wichtig, diese Veränderungen rechtzeitig mit den Mitarbeitern zu besprechen und schrittweise die erforderlichen Veränderungen zu etablieren.

Um die Prozesse am Kunden ausrichten zu können, beschäftigt sich der Lean Leader als Manager mit den folgenden Leitfragen:

- Was will der Kunde?
- Welche Leistungsmerkmale sind dem Kunden besonders wichtig?
- Für welche Leistungsmerkmale zahlt der Kunde und für welche nicht?
- Wie sieht der Idealprozess für den Kunden aus?
- An welchen Stellen weicht der Prozess vom Idealprozess ab und was davon ist Verschwendung?
- Gibt es Leistungsverluste und Verschwendung zwischen den vor- und nachgelagerten Bereichen?
- Wie kann die Verschwendung innerhalb meines Verantwortungsbereichs schrittweise beseitigt werden?
- Was muss getan werden, um die Verbindung zwischen den vor- und nachgelagerten Bereichen verschwendungsfrei zu gestalten?
- Welche Ressourcen benötige ich, um schrittweise den Idealprozess zu verwirklichen?
- Wie schaffe ich Zeit, um die Verschwendungen zu beseitigen?
- Wie stelle ich sicher, dass die erreichten Verbesserungen nicht versanden, sondern stabil erhalten bleiben?
- Welche Veränderungen kommen auf meinen Verantwortungsbereich zu und welche neuen Anforderungen stellen die Kunden?

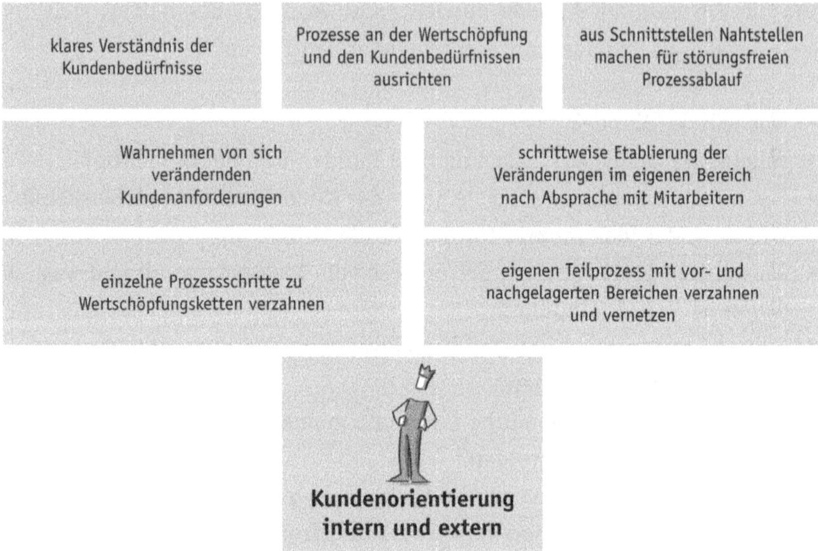

Abbildung 59: Erreichen einer internen und externen Kundenorientierung

Den eigenen Verantwortungsbereich planen

Ohne Planung geht es nicht. Planung bedeutet, die Voraussetzungen dafür zu schaffen, dass die Ziele für den eigenen Verantwortungsbereich erfüllt werden können und alle benötigten Ressourcen – Mitarbeiter und Betriebsmittel – zum richtigen Zeitpunkt in der benötigten Anzahl und Qualität zur Verfügung stehen. Planung bedeutet auch, über einen Plan B zu verfügen, falls sich Störungen und Änderungen ergeben. Wiederum gibt es Leitfragen, mit denen sich der Lean Leader auseinandersetzen sollte.

- Welche Leistung muss mein Verantwortungsbereich erbringen?
- Wie entwickelt sich die Leistungserbringung – bleibt sie konstant, steigt sie oder sinkt sie?
- Habe ich die richtige Anzahl an Mitarbeitern und wie sieht es mit deren Kompetenzen aus?
- Passen die zur Verfügung stehenden Betriebsmittel und Werkzeuge?

- Habe ich genügend Reserven, falls Mitarbeiter oder Betriebsmittel ausfallen?
- Ist mein Verantwortungsbereich in der Lage, auf unerwartete Veränderungen bei den Planungsgrundlagen schnell und effektiv zu reagieren?
- Habe ich Planungsszenarien für die unterschiedlichen Fälle vorbereitet und Vorkehrungen getroffen, diese schnellstmöglich umzusetzen?
- Habe ich die Bedingungen zur Umsetzung der Planungsszenarien erfüllt? Wenn nicht: Was muss ich tun, um sie doch noch zu erfüllen?

Für einfache Strukturen und Transparenz sorgen

Eine weitere Managementaufgabe ist es, dafür zu sorgen, dass die Mitarbeiter möglichst störungsfrei, effektiv und effizient arbeiten können. Dazu ist es erforderlich, für die Arbeit Strukturen zu schaffen, die den Mitarbeitern ihre Arbeit erleichtern und ihnen gleichzeitig ein Maximum an Transparenz und Gestaltungsfreiraum bieten. Je selbstständiger ein Mitarbeiter seine Arbeit erledigen kann und je mehr Entscheidungen er treffen kann, ohne seinen Vorgesetzten kontaktieren zu müssen, desto besser wird ihm die Arbeit von der Hand gehen und desto zufriedener wird er mit seiner Arbeit sein.

Der Lean Leader setzt sich intensiv mit der Arbeit seiner Mitarbeiter auseinander. Er erkennt Hindernisse, Störungen und Probleme und arbeitet gemeinsam mit seinen Mitarbeitern fortwährend daran, einen klar strukturierten, von den Mitarbeitern beherrschten und rückfragefreien Arbeitsablauf zu ermöglichen. Er sorgt dafür, dass die Mitarbeiter alle benötigten Informationen zum richtigen Zeitpunkt erhalten und mit Informationen verschont werden, die sie nicht brauchen.

Merke

Transparenz bedeutet auch, dass den Mitarbeitern die notwendigen Informationen zur Verfügung stehen und sie nicht mit unnötigen Informationen dabei behindert werden, ihren Kernaufgaben nachzukommen.

Entscheidungen des Lean Leaders werden unmittelbar kommuniziert und die Auswirkungen und daraus resultierenden Handlungen gemeinsam abgestimmt. Der Lean Leader fordert seine Mitarbeiter aktiv auf, all das, was sie stört und behindert, direkt aufzuzeigen, und unterstützt sie dabei, diese Punkte schnellstmöglich abzustellen.

Abbildung 60: Die Wirkung von Transparenz

Bei der Managementaufgabe, einfache Strukturen und Transparenz zu schaffen, hilft ihm die Beschäftigung mit folgenden Leitfragen:

- Können meine Mitarbeiter auftretende Fragen selbst lösen?
- Können sie alle Entscheidungen treffen, die bei der Ausführung ihrer operativen Aufgaben auftreten?
- Passen die Strukturen in meinem Verantwortungsbereich zu den Aufgaben und Erwartungen meiner Mitarbeiter?

- Verfügen meine Mitarbeiter rechtzeitig über alle von ihnen benötigten Informationen?
- Werden sie durch nutzlose Informationen in ihrer Arbeit beeinträchtigt?
- Gibt es gute visuelle Hilfsmittel, die den Mitarbeitern eine direkte Rückmeldung über den Stand ihrer Arbeit geben?
- Erfahre ich sofort von Problemen, die meine Mitarbeiter nicht selbst lösen können?
- Gibt es bei uns täglich die Möglichkeit, Probleme oder Unklarheiten zu besprechen und sofort abzustellen?

Entscheidungen treffen, Prioritäten setzen und Maßnahmen schnell umsetzen

Ein guter Lean Leader ist stets auch ein guter Entscheider. Er erkennt, welche Entscheidungsbedarfe es gibt, und vor allem trifft er notwendige Entscheidungen. Im Vorfeld spricht er aber mit seinen Mitarbeitern über mögliche Alternativen, gibt ihnen die Chance, Vorschläge und Ideen einzubringen, und wägt all dies sorgsam ab. Getroffene Entscheidungen werden erläutert, sodass sie jeder im Team versteht und auch Sinn und Zweck der Entscheidung nachvollziehen kann.

Merke

Ein guter Lean Leader steht dazu, wenn sich eine Entscheidung als falsch herausstellt. Er redet nicht um den heißen Brei herum, schiebt die Schuld keinem anderen in die Schuhe, sondern steht zu seiner Entscheidung und trägt die Konsequenzen. Er analysiert die Gründe, warum sich die Entscheidung als falsch herausgestellt hat, bespricht diese mit seinen Mitarbeitern und formuliert mit ihnen gemeinsam, was das Team daraus lernen kann.

Das gilt besonders für das Setzen von Prioritäten, was leider ein Schwachpunkt bei vielen Führungskräften ist. Auch wenn es die originäre Führungsaufgabe ist, so vermeiden doch viele Führende genau dieses und tragen so nicht unbedingt zu Klarheit und Orientierung im eigenen Bereich bei. Gerade bei knappen Ressourcen ist es unbedingt erforderlich, sich in der Menge potenziell erforderlicher Aufgaben auf die wesentlichen zu fokussieren und diese konsequent umzusetzen und abzuschließen.

Erst danach werden weitere Aufgaben priorisiert, angegangen und abgearbeitet. Kann sich eine Führungskraft nicht entscheiden, so beeinträchtigt sie mit ihrem Verhalten, meist ohne es zu wissen, erheblich die Arbeitsqualität und die Arbeitszufriedenheit. Ein guter Lean Leader entscheidet sich für bestimmte Maßnahmen und sorgt dann für schnellstmögliche Umsetzung. Die Mitarbeiter wissen es in der Regel sehr zu schätzen, wenn ihre Führungskraft dafür sorgt, dass die gemeinsam getroffenen Maßnahmen schnell umgesetzt und damit wirksam werden. Sie erleben die Maßnahme dann als Erfolg, der sie motiviert, weitere Maßnahmen anzugehen, Ideen zu entwickeln und sich einzubringen. Umgekehrt führen Maßnahmen, bei denen die Umsetzung mehrfach verschoben wird, zu Frustration und Demotivation, mit der Folge, dass Mitarbeiter keinen Sinn mehr darin sehen, weitere Ideen und Vorschläge einzubringen, weil sie davon ausgehen, dass diese sowieso nicht oder nur langsam umgesetzt werden.

Hieraus ergeben sich für den Lean Leader folgende Leitfragen:

- Welche Entscheidungsbedarfe gibt es in meinem Verantwortungsbereich?
- Welche dieser Entscheidungen muss ich selber treffen und welche können meine Mitarbeiter treffen?
- Wie erreiche ich, dass ich die sinnvollen Entscheidungsalternativen kenne? Wie kann ich bei der Suche nach Entscheidungsalternativen und der besten Entscheidung meine Mitarbeiter möglichst sinnvoll und motivierend einbeziehen?
- Wenn ich mich entschieden habe: Wie kommuniziere ich die Entscheidung so, dass meine Mitarbeiter und gegebenenfalls weitere Betroffene den Hintergrund der Entscheidung kennen und die Entscheidung verstehen und akzeptieren?

- Wenn eine Entscheidung falsch war: Wie kann ich dies so kommunizieren, dass jeder über die Konsequenzen Bescheid weiß? Wie kommuniziere ich meinen Fehler so, dass meine Mitarbeiter erkennen, dass ich zu der Fehlentscheidung stehe und bereit bin, die Konsequenzen zu tragen? Wie gehen wir damit um, wenn eine Fehlentscheidung passiert ist? Wie komme ich schnellstmöglich zu abgestimmten, geeigneten Maßnahmen, um die Folgen von Fehlentscheidungen möglichst gering zu halten? Wie lernen wir als Team am besten aus der Fehlentscheidung, um in Zukunft die richtigen Entscheidungen zu treffen?
- Wenn mehr Aufgaben anstehen, als Ressourcen zur Verfügung stehen: Welche Aufgaben stehen an? Welche Aufgabe hat welche Bedeutung? Welche Konsequenzen hat es, wenn eine oder mehrere dieser Aufgaben nicht sofort abgearbeitet werden können? Welche dieser Aufgaben ist für mich und meine Mitarbeiter die wichtigste – und warum?

Entscheidungen treffen	**Prioritäten setzen**	**Maßnahmen schnell umsetzen**
Erkennen von Entscheidungsbedarfen	Fokus auf den wesentlichen Aufgaben	geplante Maßnahmen werden schnell wirksam
Abwägen von Alternativen, Vorschläge von Mitarbeitern einholen	erst nach Abschluss geplanter Aufgaben werden neue angegangen	umgesetzte Maßnahmen werden als Erfolge wahrgenommen
für Verständnis der Entscheidungen sorgen	Steigerung der Arbeitsqualität und -zufriedenheit durch Erledigung priorisierter Aufgaben	Motivation und Beteiligung an Umsetzung
Konsequenzen falscher Entscheidungen tragen		keine Demotivation durch langsame Umsetzung und Terminverschiebungen

Abbildung 61: Entscheidungen, Prioritäten und Umsetzungsgeschwindigkeit

- Wenn ich Prioritäten gesetzt habe, wen muss ich darüber informieren?
- Sind die Termine für beschlossene Maßnahmen realistisch?
- Wie kann ich verhindern, dass ein Termin überschritten wird, wenn die Umsetzung länger als eine Woche dauert? Welche Möglichkeiten gibt es, die Umsetzung der Maßnahmen zu beschleunigen?
- Wenn ein Termin dennoch überschritten wird: Wen muss ich darüber und über den neuen festgesetzten Termin informieren?

Mit unternehmerischem Handeln zum Ziel

Ein guter Lean Leader verhält sich auch immer wie ein Unternehmer: Letztendlich kommt es auf das Ergebnis an. Schreibt ein Unternehmen fünf Jahre in Folge rote Zahlen, ist es pleite. Der unternehmerisch handelnde Lean Leader hat deshalb immer das Ergebnis im Blick, er wägt konsequent Aufwand und Nutzen gegeneinander ab und sorgt dafür, dass die eingeleiteten Maßnahmen am Ende erfolgreich sind. Er weiß, dass nicht jeder Schuss ein Treffer sein kann, aber er weiß auch, dass derjenige, der häufig danebentrifft, keinen Erfolg haben wird.

Seine Führungsaufgabe ist deshalb, konsequent dafür zu sorgen, dass Ziele nicht nur mit viel Energie angegangen, sondern am Ende auch erreicht werden. Deswegen benötigt er bei der Entwicklung seiner Ziele und seiner Planung einen guten Sinn für das realistisch Machbare. Denn damit dient er den Unternehmenszielen am nachhaltigsten.

Der Lean Leader entwickelt ein Gespür für die Potenziale in seinem Verantwortungsbereich und kann diese systematisch erschließen. Dabei zeigt er Ausdauer, Beharrlichkeit und Pfiffigkeit und lässt sich auch von Schwierigkeiten nicht entmutigen.

In die Führungsaufgabe Management fällt auch das Controlling. Controlling bedeutet aber nicht Kontrolle, sondern Steuerung. Ein Mitarbeiter, der sich kontrolliert fühlt, bringt nicht die Leistung, zu der er fähig ist, und entwickelt auf dem Weg zur Zielerreichung in der Regel deutlich weniger Einzelinitiative und Kreativität.

Merke

Controlling bedeutet, regelmäßig zu überprüfen, ob die geplanten Ziele beziehungsweise Teilziele tatsächlich wie geplant erreicht werden. Bei Erfüllung gibt es Anerkennung für die Mitarbeiter, bei Nichterfüllung werden sachlich die Ursachen hierfür untersucht und gemeinsam Maßnahmen geplant und eingeleitet, um wieder auf Zielkurs zu kommen.

Gemeinsam mit den Mitarbeitern über den Stand der Zielerreichung zu reden, ist hingegen eine ganz andere Sache. Hier fühlt sich der Mitarbeiter nicht kontrolliert, vielmehr erlebt er das Interesse seines Lean Leaders an seiner Leistung. Und wenn die Leistung nicht so ausfällt, wie geplant oder erwartet, erfährt er nicht Kontrolle, sondern Unterstützung.

Abbildung 62: Controlling versus Kontrolle

Die Leitfragen zu der Managementaufgabe, mit unternehmerischem Handeln zum Ziel zu gelangen, lauten:

- Welchen Beitrag leistet mein Verantwortungsbereich zum Ergebnis des Unternehmens?
- Was sind die Erfolgsfaktoren in meinem Verantwortungsbereich?
- Welcher Aufwand und welcher Nutzen entstehen bei den für meinen Verantwortungsbereich geplanten Maßnahmen? Rechtfertigt der Nutzen den Aufwand?
- Kennen alle meine Mitarbeiter die Erfolgsfaktoren für unseren Verantwortungsbereich und wissen sie, wie diese Erfolgsfaktoren positiv beeinflusst werden können?
- Kennen meine Mitarbeiter die Unternehmensziele und erkennen sie, wie die Bereichsziele mit den Unternehmenszielen zusammenhängen?
- Erleben meine Mitarbeiter diese Ziele als motivierend und erkennen sie, welchen Beitrag sie selbst zur Erreichung dieser Ziele leisten können?
- Gibt es für meinen Verantwortungsbereich wenige, aber aussagefähige KPIs (Key Performance Indicators, also Schlüsselzahlen), mit deren Hilfe meine Mitarbeiter und ich selbst ständig über den Erfolg unserer Maßnahmen und unserer Leistung, Qualität und Termintreue auf dem Laufenden gehalten werden?
- Wissen meine Mitarbeiter, wie sie positiv eingreifen können, wenn es bei einer Kennzahl eine negative Abweichung gibt?
- Erleben meine Mitarbeiter negative Abweichungen als Anreiz, ihre Anstrengungen zu verstärken, oder als frustrierend und demotivierend? Wenn sie sie als frustrierend oder demotivierend erleben: Was kann ich tun, dass meine Mitarbeiter positive Energien entwickeln, um das Ziel doch noch zu erreichen?

Vom Troubleshooting zum systematischen Problemlösen und zur kontinuierlichen Verbesserung

Das größte Hindernis auf dem Weg zu Lean Leadership ist für viele Führungskräfte das sogenannte Troubleshooting.

Ein Beispiel: Ein Teamleiter in der Montage soll 50 Prozent seiner Zeit den Führungs- und Verbesserungsaufgaben widmen. Die restlichen 50 Prozent soll er darauf verwenden, sich um administrative Aufgaben zu kümmern und an Besprechungen teilzunehmen. Gar nicht oder nur einen sehr kleinen Teil seiner Zeit soll er sich um tägliche Störungen im Ablauf kümmern. Da aber die Prozesse nicht sauber laufen, verbringt er fast seine ganze Zeit damit, dass seine Mitarbeiter überhaupt arbeiten können. Da es viele Fehlteile gibt, läuft er ständig zwischen Montage und Lager hin und her. Er spricht mit der Logistik, schaut im Rechner nach, wo die benötigten Teile zu finden sind, und besorgt sie dann. Daneben ist er auch noch damit beschäftigt, sich um Unklarheiten und Fehler in den Zeichnungen zu kümmern. Am Abend ist er völlig fertig, aber seine Kernaufgaben hat er in keiner Weise erfüllt.

Wenn eine Führungskraft sich einen großen Anteil ihrer Zeit mit Troubleshooting beschäftigt, dann bleibt nicht nur keine Zeit für die wirklichen Führungsaufgaben, sondern es gelingt auch nicht, die Prozesse zu optimieren und die Mitarbeiter zu Selbstständigkeit und Eigenverantwortung zu führen. Zudem lernen die Mitarbeiter, dass sie bei jedem kleinen Problem zu ihrer Führungskraft gehen können und diese dann ihre Aufgaben übernimmt und Probleme löst. Dieses Rückdelegieren gehört in sehr vielen Unternehmen zum Alltag und führt zur Überlastung der Führungskräfte und zu Frust bei den Mitarbeitern.

Merke

Einem Lean Leader gelingt es, sich Schritt für Schritt vom Troubleshooting zu befreien, indem er lernt, sich selbst und seine Zeitverwendung im Unternehmen bewusst zu kontrollieren und zu optimieren.

Dazu gehören die Analyse seiner heutigen Aufgaben, das Erkennen der Tätigkeiten, die nicht zu seinen Führungsaufgaben gehören, das Priorisieren dieser Aufgaben und das schrittweise Delegieren an geeignete Mitarbeiter. Gemeinsam mit den jeweiligen Mitarbeitern werden die operativen Tätigkeiten, die immer wieder an die Führungskraft zurückdelegiert werden, analysiert und die Ursachen für die auftretenden Abweichungen und Probleme herausgearbeitet. Gemeinsam mit den Mitarbeitern werden so die Prozesse optimiert, die Abweichungen minimiert und die Fälle, wo Rückdelegation

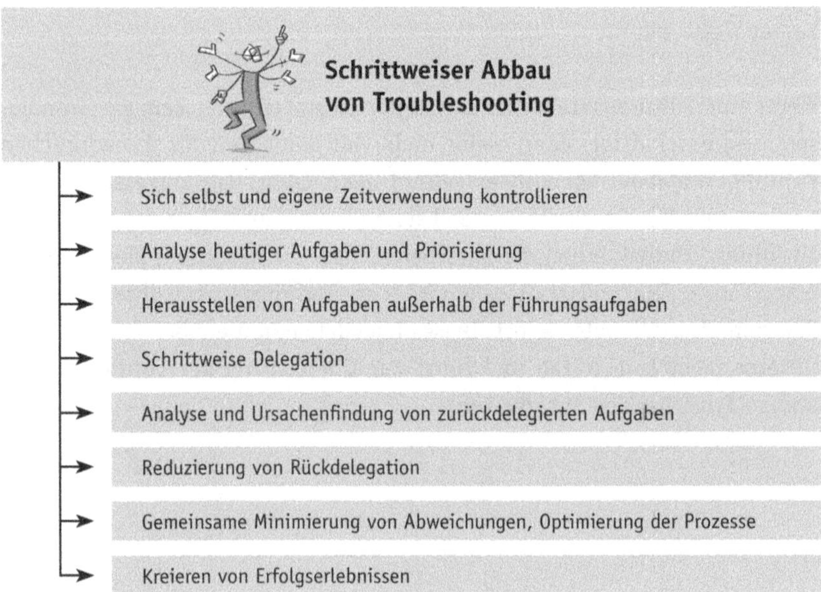

Abbildung 63: Schrittweiser Abbau von Troubleshooting

bisher stattgefunden hat, reduziert. Ein angenehmer Nebeneffekt ist, dass Führungskraft und Mitarbeiter Erfolgserlebnisse kreieren, die zeigen, dass mit systematischer Problemlösung tatsächlich die Situationen, in denen Troubleshooting notwendig war, erheblich reduziert werden können.

Gelingt es dem Lean Leader, diese Vorgehensweise in seinen täglichen Tagesablauf zu integrieren, also jeden Tag gemeinsam mit seinen Mitarbeitern Abweichungen und Probleme zu analysieren und nachhaltig abzustellen, entsteht kontinuierliche Verbesserung ganz von alleine. Eine lebendige kontinuierliche Verbesserung bedeutet, dass es im Verantwortungsbereich des Lean Leaders jeden Tag kleine Verbesserungen gibt, die Schritt für Schritt Troubleshooting reduzieren und gleichzeitig zu stabilen Prozessen und motivierten Mitarbeitern führen.

So ergeben sich wenige, aber für die Verwirklichung von Lean Leadership enorm bedeutsame Leitfragen, mit denen sich ein Lean Leader beschäftigen muss:

- Welche meiner heutigen Tätigkeiten sind Troubleshooting?
- Wie viel Zeit verbringe ich im Durchschnitt mit ihnen?
- Welche dieser Tätigkeiten möchte und kann ich delegieren?

Vom Führen im klassischen Projektmanagement zum Lean Leader im agilen Projektmanagement

Die Herausforderungen an eine Führungskraft bei der Transformation vom klassischen zum agilen Projektmanagement sind groß. Im klassischen Projektmanagement sind die Hauptaufgaben einer Führungskraft die Zuteilung von Projektaufgaben an die Mitarbeiter, die fachliche Beratung bei Problemen der Mitarbeiter und das Kontrollieren der Arbeitsergebnisse. Im agilen Projektmanagement sind die Aufgaben völlig andere. Der Fokus liegt auf dem Entwickeln der Mitarbeiter zum selbstständigen Arbeiten, dem Entwickeln der Fähigkeit der Teams, sich selbst zu organisieren, und der Fähigkeit, die Möglichkeiten der Visualisierung optimal zu nutzen und sich selbst bestmöglich zu steuern. Das Team teilt sich selbst die Arbeit ein, definiert damit selbst die Inhalte der Sprints und überprüft selbst den Arbeitsfortschritt und die Qualität wird am Ende gemeinsam mit dem Kunden zusammen bewertet. Während sich im klassischen Projektmanagement die Führungskraft primär über ihr Fachkenntnisse und Erfahrung definiert, ist die meistgeforderte Fähigkeit im agilen Projektmanagement die Fähigkeit, zu kommunizieren, Transparenz zu schaffen, die Mitarbeiter zu ermutigen und aus den gemachten Erfahrungen immer weiter zu lernen.

3.3 Führungsaufgabe Inspirieren

Im vorhergehenden Kapitel standen Aufgaben, Prozesse und Abläufe im Mittelpunkt. Mit der Führungsaufgabe Inspirieren rückt wie schon bei der Führungsaufgabe Coachen der Faktor Mensch in den Vordergrund. Lean Leader wollen auch Inspiratoren für ihr Team sein. Es ist ihnen ein besonderes Anliegen, Mitarbeitern dabei zu helfen, die eigene Kreativität zu entfalten und inspirierende Ideen, die die Firma voranbringen, zu entwickeln.

Die hohe Kunst der Inspiration

Jedes Unternehmen benötigt auf allen Hierarchieebenen Führungskräfte und Mitarbeiter, die in der Lage und motiviert sind, innovativ und kreativ ständig neue Problemlösungen zu finden und umzusetzen. Darum ist die Fähigkeit des Lean Leaders, Menschen zu begeistern, zu inspirieren und zu neuen Gedanken und Innovationen anzuregen, von enormer Bedeutung.

Bei der Kunst der Inspiration geht es darum, bewusst Sinn zu stiften und den Mitarbeitern den Zweck dessen, was sie für das Unternehmen leisten, zu verdeutlichen.

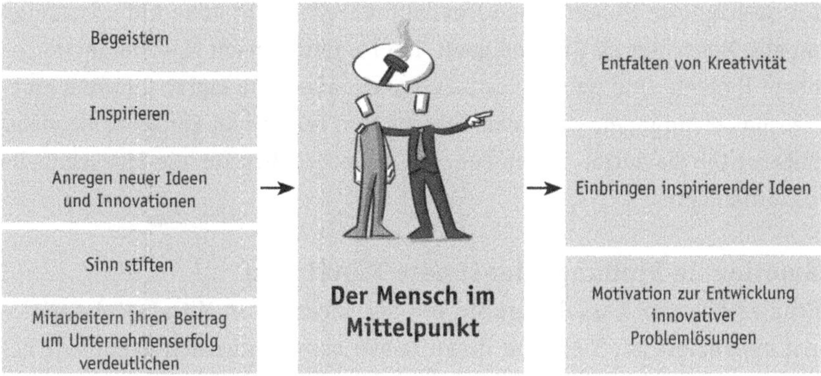

Abbildung 64: Führungsaufgabe Inspiration

Inspirierende Führung als Zukunftsmotor

Die Arbeitswelt verändert sich kontinuierlich und mit zunehmender Geschwindigkeit. Jacob Morgan beschreibt in seinem Buch *The Future of Work* fünf Trends, durch die es eine erhebliche Veränderung der Arbeitswelt geben wird:

1. Es entstehen durch Social Media und das World Wide Web völlig neue Verhaltensmuster bei Menschen, Teams und in der Gesellschaft insgesamt.
2. Die elektronischen Technologien mit ihrem Trend zu kollaborativen Technologien, Big Data und dem Internet of things verändern die Arbeitsweise aller Menschen im Unternehmen erheblich.
3. Die Generation Y (Millennials) entwickeln neue Einstellungen, Erwartungen und Arbeitsweisen.
4. Arbeit wird immer unabhängiger von einem festen physischen Platz im Unternehmen, die Mehrzahl an Menschen kann immer und überall von jedem Ort der Welt ihre Arbeit verrichten.
5. Die Globalisierung führt zu einer Grenzenlosigkeit der wirtschaftlichen Beziehungen.

Die grenzenlose Mobilität und Flexibilität stellen sehr hohe Anforderungen an alle Menschen im Unternehmen. Die Forderung nach eigenverantwortlichem Handeln und nach Selbstständigkeit, Handlungsspielraum und eigenen Entscheidungen steht dem Erleben von fehlendem Engagement vieler Mitarbeiter diametral gegenüber. Was bedeutet dies für die Menschen im Unternehmen?

Emotionale Bindung oder innere Kündigung

Studien belegen, dass der größte Teil der angestellten Mitarbeiter emotional distanziert ist. Viele von ihnen haben bereits innerlich gekündigt beziehungsweise denken regelmäßig über eine Kündigung nach. Mitarbeiter mit hohem Engagement besitzen hingegen eine hohe emotionale Bindung, sie machen sich Gedanken über ihre Arbeit, erleben Spaß und Befriedigung und fühlen sich dem Unternehmen und ihren Kollegen verbunden. Das Markt- und Meinungsforschungsinstitut Gallup belegt jedes Jahr mit seinem Engagement-Index aufs Neue, dass die emotionale Bindung der Mitarbeiter in Deutschlands Unternehmen, gelinde ausgedrückt, schwach ausgeprägt ist. Die Umfrageergebnisse des Instituts zeigen, dass Mitarbeiter mit starker emotionaler Bindung deutlich weniger krankheitsbedingt fehlen und ihren Arbeitgeber bei Freunden und Familie weiterempfehlen. Bei den emotional nicht gebundenen Mitarbeitern ist dies nur selten der Fall.

Die Gallup-Studien weisen seit Jahren immer wieder darauf hin, dass die vielen nicht engagierten Mitarbeiter den größten Frustfaktor der Vorgesetzten darstellen. Es gelingt Führungskräften offenbar in der Praxis eher nicht, ihren Mitarbeitern einen Sinn in ihrer Arbeit zu vermitteln. Die durchaus bestehende Erwartung, dass Unternehmen und speziell Vorgesetzte ihren Mitarbeitern helfen, an ihren Aufgaben zu wachsen und ihr Potenzial zu entwickeln, wird nur selten erfüllt. Gerade Menschen mittleren Alters fühlen sich in den Unternehmen nicht mehr wohl. Sie sind »ausgebrannt, festgefahren und gelangweilt« – was Robert Morison und seine Coautoren Middlescence nennen, scheint in vielen Firmen Alltag zu sein. Nach Morgan besteht zwischen der Art, wie die Unternehmen das Arbeiten angehen, und der Geschwindigkeit, mit der sich die Art des Arbeitens verändert, eine große Kluft. Er sieht in dieser Lücke den Hauptgrund für den steigenden Grad an fehlendem Engagement der Mitarbeiter.

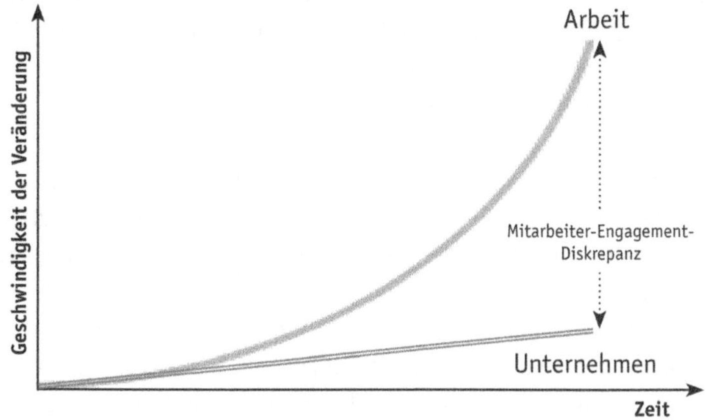

Abbildung 65: Die Diskrepanz im Mitarbeiterengagement

Und darum gilt:

Merke

Nur wenn es den Unternehmen gelingt, für die zunehmende Geschwindigkeit der Veränderung passende Antworten zu finden, wird das Engagement der Mitarbeiter wieder ansteigen und der Identifikationsgrad der Menschen mit ihrem Arbeitgeber zunehmen.

Selbstverwirklichung: Die höchste Ebene der Motivationspyramide

Ein Rückblick auf die klassischen Motivationstheorien ist an dieser Stelle sehr hilfreich. In Maslows bekannter Motivationspyramide stehen auf der untersten Stufe die physiologischen Grundbedürfnisse, wie zum Beispiel Nahrung und ein Dach über dem Klopf. Sind diese nicht erfüllt, wird der Mensch in der Motivationspyramide nicht weiter aufsteigen. Das gilt auch für die nächsten beiden Stufen, die Sicherheit und die Sozialbedürfnisse wie Gruppenzugehörigkeit und Kommunikation.

Das Engagement von Mitarbeitern, die sich auf den drei unteren Motivationsebenen bewegen, wird sehr gering sein. Erst die Erfüllung der Wertschätzungsbedürfnisse auf der vierten Ebene führt zu einem engagierten Verhalten der Mitarbeiter. Wertschätzung zu erleben, ist für die Mitarbeiter im Unternehmen somit Grundvoraussetzung für dauerhaftes Engagement. Die Mitarbeiter erleben sich als lebendigen Teil des Unternehmens, sie erleben ihre Arbeit als bedeutsam, sie haben das Gefühl, etwas erreichen zu können, und empfinden somit Bestätigung.

Die Spitze der Motivationspyramide bildet das Befriedigen der Bedürfnisse nach Selbstverwirklichung. Selbstverwirklichung erlebt ein Mitarbeiter, wenn er in hohem Maße seine persönlichen Ziele im Unternehmen verwirklichen kann und Weiterentwicklungsmöglichkeiten hat, die er als wertvoll erlebt. Der hochengagierte Mitarbeiter fragt: »Was kann ich für andere tun?« und erlebt sich selbst als Inspirator für andere, ihre Potenziale voll auszuschöpfen.

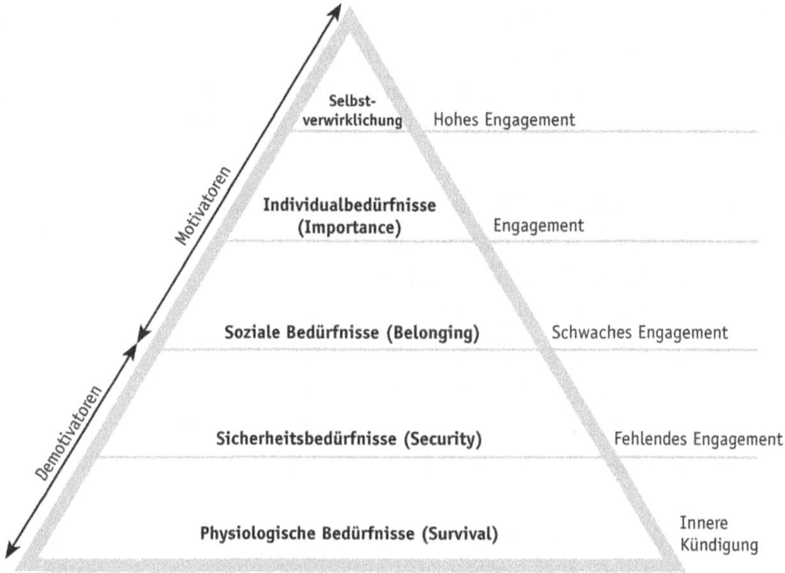

Abbildung 66: Maslows Bedürfnispyramide und Engagement

Der Mitarbeiter der Zukunft

Jakob Morgan formuliert in *The Future of Work* sieben Prinzipien für den Mitarbeiter der Zukunft. Es gibt eine flexible Arbeitsumgebung, die sich den jeweiligen Arbeitsanforderungen anpasst. Der einzelne Mitarbeiter kann und soll seine Arbeit selbst gestalten. Während Mitarbeiter früher ihr Wissen eher gehortet haben, teilen die Mitarbeiter in Zukunft ihre Informationen schnell und intensiv und nutzen dabei alle sich bietenden Möglichkeiten der Kommunikation und Zusammenarbeit.

Das bedeutet, dass wir in Zukunft Mitarbeiter benötigen, die in viel höherem Maße selbst- und teamverantwortlich arbeiten wollen. Kennzeichnend für die neue Form der Arbeit ist weiterhin, dass sich der Wissensarbeiter zunehmend zum lernenden Mitarbeiter entwickelt. Die Bereitschaft und Fähigkeit, jeden Tag etwas Neues zu lernen, sind zentrale Merkmale der künftigen Arbeitswelt. Deswegen gehört zu den Aufgaben aller Mitarbeiter auch das Befähigen von Kollegen. Der Mitarbeiter der Zukunft, so die Hoffnung der Experten, lernt Neues und gibt sein Wissen bereitwillig an die Kollegen weiter, damit diese das neu Gelernte ebenfalls nutzen können.

Die sieben Prinzipien des Mitarbeiters der Zukunft lauten:
1. hat eine flexible Arbeitsumgebung
2. selbstgestaltung der eigenen Arbeit
3. schnelle, intensive Informationsweitergabe
4. nutzt neue Kommunikations- und Kollaborationstools
5. kann sich zur Führungskraft weiterentwickeln
6. Wandel vom Wissensarbeiter zum lernenden Mitarbeiter
7. lernt und gibt Gelerntes an Kollegen weiter

Diese sieben Prinzipien entsprechen den Bedürfnissen der Generation Y – gemeint sind damit die sogenannten Millennials, die zwischen 1980 und 1990 geboren wurden – bei der Gestaltung ihres Arbeitslebens. Arbeit wird von den Millennials nicht als ein gesonderter Bereich, sondern als zentraler Bestandteil des Lebens interpretiert. Während für die Generation X – das sind die Jahrgänge 1965 bis 1980 – Work-Life-Balance eines der zentralen Gestaltungsfelder ihres Lebens darstellt, gibt es dieses Problem für die Millennials nicht, weil für sie Privatleben und Arbeitsleben viel stärker miteinander verwoben sind.

Ihnen ist deswegen auch besonders wichtig, dass sie ihre Arbeitstätigkeit als erfüllend erleben. Jeanne C. Meister und Karie Willyerd beschreiben dies wie folgt: »Sie wollen durch die Arbeit Freunde kennenlernen, neue Fähigkeiten erleben und einem übergeordneten Zweck dienen. Die (wahrgenommene) Sinnhaftigkeit ihrer Tätigkeit bestimmt maßgeblich, wie zufrieden sie mit ihrem Job sind. Unseren Untersuchungen zufolge sind die Millennials seit den Sechzigerjahren des vergangenen Jahrhunderts die Generation mit dem am stärksten ausgeprägten Sozialbewusstsein.«

Die Veränderungen in der Arbeitswelt, die Probleme bezüglich des Engagements vieler Mitarbeiter und die sich verändernden Erwartungshaltungen der nachwachsenden Generation stellen eine große Herausforderung für die Unternehmen dar. Mit den herkömmlichen Führungsmethoden werden die Führungskräfte diesen Veränderungen nicht mehr gerecht.

Eine neue andere Führung wird essenziell

Es wäre jedoch ein Fehler zu glauben, dass bei allem Hang zum Selbstlernen, zur Selbstverantwortung und zur Selbstorganisation der Mitarbeiter der Zukunft keine Führung mehr benötigt. Das Gegenteil ist der Fall, nur sieht Führung in Zukunft anders aus. Folgerichtig beschreibt Morgan zehn Merkmale der künftigen Führungskräfte. Führung bestand in der Vergangenheit in der Regel aus Anweisen, Kontrollieren und dem Vorgeben von Zielen. Emotionalität galt als negativ. Die durch das Amt verliehene Autorität war die Basis der Führungsrolle. Nach Morgan ist dieses Führungsmodell für die Zukunft nicht mehr wirkungsvoll. Die zehn Prinzipien der Führungskraft der Zukunft lauten:

1. verdiente statt verliehene Führungsposition
2. Vorbildfunktion und Führen durch Vorleben statt Anweisungen
3. Nutzung kollektiver Intelligenz/osmotischer Kommunikation statt Kontrolle von Informationen
4. Anerkennung und Feedback erfolgt in Echtzeit statt in jährlichen Bewertungen
5. Emotionen und die eigene Verletzlichkeit werden zugelassen
6. Nutzung der neuesten Kommunikationstechnologie statt Verlass auf die IT-Abteilung
7. Vor-Ort-Sein – Führung von der Front aus
8. Anpassung an die sich verändernden Einstellungen und Werte der Mitarbeiter
9. ist ein Firestarter
10. respektiert die persönlichen Grenzen des Mitarbeiters

Eine Führungsposition bekommt man nicht mehr verliehen, sondern man muss sie sich verdienen. Es ist wichtig, ein Vorbild zu sein und Dinge vorzuleben. Nur mit Anweisungen führen die Führungskräfte der Vergangenheit. Nicht mehr die Kontrolle von Informationen, sondern die Aktivierung der kollektiven Intelligenz ist entscheidend. An die Stelle des blinden Nacheiferns von Konventionen tritt das kritische Hinterfragen. Jährliche Leistungsbewertungen werden durch beständiges Geben von Anerkennung und Feedback ersetzt.

Merke

Führungskräfte haben sich früher sehr häufig als unfehlbar stilisiert und sich schwer damit getan, Probleme zuzugeben. Zum Vorbildsein gehört künftig jedoch auch, zu seinen Fehlern zu stehen, die eigenen Grenzen zu akzeptieren und aktiv aufzuzeigen. Frust wird also nicht versteckt und an den Mitarbeitern ausgelassen, vielmehr wird den Ursachen nachgespürt, um diese sachlich und lösungsorientiert aufzulösen.

Emotionen gehören dabei ohne Frage dazu und die eigene Verletzlichkeit einzugestehen, ist keine Schande.

In Zukunft nutzen die Führungskräfte die jeweils neuen Kommunikationstechnologien mit großer Selbstverständlichkeit, während sie sich bisher auf die Spezialisten im Unternehmen verlassen haben. Kennzeichnend für traditionelle Unternehmen sind starre Abgrenzungen zwischen Aufgabengebieten und Verantwortlichkeiten. In Zukunft bedeutet Führen, anstelle von »Ab-Teilungen« durchgehende Prozessketten zu schaffen, bei denen die Aufgabengebiete der einzelnen Mitarbeiter viel dynamischere Grenzen aufweisen.

Führungskräfte sitzen heute gewöhnlich in ihrem eigenen Büro hinter verschlossener Tür und bekommen kaum mit, womit sich ihre Mitarbeiter beschäftigen. Nach Morgan ist die Führungskraft von morgen stets vor Ort bei ihren Leuten. Sie bekommt direkt mit, womit sich ihre Mitarbeiter beschäftigen, und führt somit »von der Front« aus.

Schon 2004 beschrieb Alistair Cockburn in seinem Buch *Crystal Clear – A Human-Powered Methodology for Small Teams* das Konzept der osmotischen Kommunikation. Dabei wird davon ausgegangen, dass Teammitglieder, die im gleichen Raum, am gleichen Ort arbeiten, viel voneinander mitbekommen, weil sie sozusagen im Hintergrund zuhören können. Es entsteht eine durchlässige Kommunikation, sodass sie relevante Informationen wie durch Osmose aufgreifen. Wenn eine Person zum Beispiel eine Frage stellt, können sich die anderen Personen im Raum in das Gespräch einklinken, um zur Diskussion beizutragen, oder sie klinken sich aus, um mit ihrer Arbeit fortzufahren. Gleiches gilt für Führungskräfte, die sich regelmäßig und häufig mit ihren Mitarbeitern zusammensetzen und mit ihnen von Angesicht zu Angesicht kommunizieren.

Um erfolgreich zu sein, passt sich die Führungskraft ihren Mitarbeitern und deren Bedürfnissen an, gerade im Hinblick auf die Veränderungen in ihren Einstellungen, Erwartungen und Werten, ohne die eigene Authentizität zu verlieren. Morgan stellt in diesem Zusammenhang eine Fähigkeit heraus, die nach unserer Einschätzung enorm an Bedeutung gewinnen wird. Er nennt sie »to be a firestarter«. So wird eine Führungskraft bezeichnet, die in ihren Mitarbeitern Feuer entzündet, Ideen hat und kreativ ist und so den Mitarbeitern viele Anregungen bietet, sich selbst und eigene Ideen und Ansätze zu entwickeln.

»To be a firestarter« – Mitarbeiter inspirieren und Sinnhaftigkeit herbei führen

Von den bei Morgan genannten zehn Prinzipien der Führungskraft der Zukunft ist für uns im Lean-Kontext »to be a firestarter« das Entscheidende. »Wer Leistung fordert, muss Sinn bieten.« Der US-amerikanische Hochschullehrer, Unternehmensberater und Autor Simon Sinek hat in seinem Buch *Frag immer erst: Warum* (Start with Why) ein einfaches, aber kraftvolles Modell für inspirierende Führungspersönlichkeiten entwickelt, das er »Golden Circle« nennt. Sinek führt aus, dass an der Oberfläche immer die Frage nach dem Was steht. »Every person on the planet knows what they do. This is your job title, function, the products you sell or services you offer.« Auf der nächsttieferen Ebene stellt sich die Frage nach dem Wie. Seine Botschaft: Einige Leute wissen, wie sie Dinge tun, aber nur sehr wenige Leute wissen, warum sie tun, was sie tun. Bei der Frage nach dem Warum geht es Sinek nicht um materielle Aspekte, sondern um die Frage nach dem Zweck, dem Sinn oder nach dem Glauben oder der Überzeugung. Für Sinek ist die Antwort auf die Frage nach dem Warum entscheidend, denn sie gibt den Grund an, warum ein Mensch existiert. Sinek stellt fest, dass sich die meisten Führungskräfte die Frage nach dem Warum nicht stellen oder keine Antwort auf sie haben. Für ihn ist genau hier der Unterschied zwischen einer normalen Führungskraft und einer inspirierenden Führungspersönlichkeit zu finden.

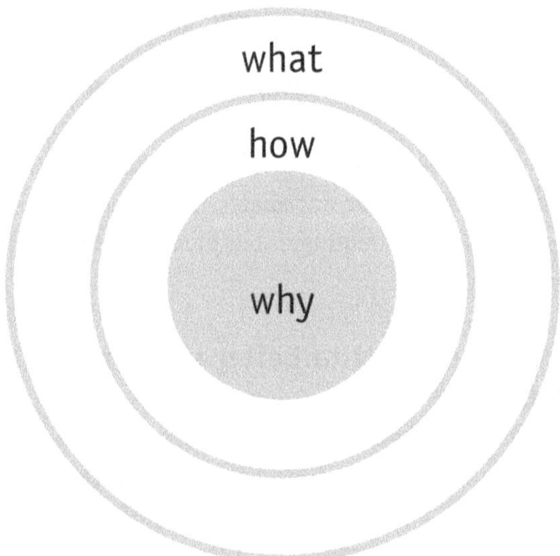

Abbildung 67: Der Golden Circle nach Simon Sinek

Merke

Eine inspirierende Führungspersönlichkeit stellt immer auch die Frage nach dem fundamentalen Zweck etwa einer Tätigkeit oder Arbeit, ohne aber Antworten vorzugeben. Ihr Ziel ist es vielmehr, die Menschen eigene Antworten finden zu lassen.

Die entscheidende Frage nach dem Warum

Sinek begründet seine Ansicht mit biologischen Grundtatsachen. Die Ebene des Was ist rein rational, die Ebenen des Wie und des Warum hingegen betreffen Gefühle wie Vertrauen und Loyalität. Wenn lediglich die Frage nach dem Was gestellt wird, können nur die rationalen Bereiche des Gehirns angesprochen werden, während die Gefühlsebene außen vor bleibt. Die Kunst ist es, vom Kern auszugehen und das Warum zu klären und auf dem Weg zum Wie und Was die angesprochenen positiven Gefühle zu transportieren. Inspirierende Führungskräfte verstehen es, die Menschen mithilfe der Sinnfrage nach dem Warum mitzunehmen, zu motivieren und zu aktivieren.

Ein Beispiel aus einem Workshop im Servicebereich eines Unternehmens verdeutlicht den Ansatz: Das Unternehmen arbeitet in der Produktion mit Shop Floor Management und möchte die Arbeitsmethodik nun im Servicebereich installieren. Bei Mitarbeitern wie Führungskräften gibt es aber offene Fragen und Bedenken. Viele befürchten, dass das Erlernen und Verwenden einer neuen Arbeitsmethodik viel kostbare Zeit beansprucht. Zeit, die sie nicht zu haben glauben, da sie schon jetzt kaum in der Lage sind, das Tagesgeschäft zu bewältigen.

Bei der Diskussion um den geeigneten Pilotbereich wird von Beginn an auf der Sachebene diskutiert: »Wie finden wir Zeit für Tagesgespräche? Was packen wir auf die Tafel?« Die Beteiligten befinden sich gemäß des Golden Circle auf der Was-Ebene. Wie nicht anders zu erwarten, stiftet die Diskussion viel Verwirrung. Als aber die Fragen:

- Was wollen wir denn erreichen in unserem Bereich?
- Was sind unsere Ziele?
- Was wollen die Kunden von uns?
- Was genau liefern wir den Kunden? und schließlich
- Warum braucht der Kunde uns eigentlich?

gestellt werden, führt die Diskussion rasch zu klaren Aussagen darüber, was eigentlich die Kernaufgabe des Bereichs ist – nämlich dem Kunden die hervorragenden Eigenschaften des Produktes zu vermitteln, ihm klar zu machen, welchen Nutzen er davon hat, und ihm die Installation so einfach wie möglich zu machen.

Nachdem also die Frage nach dem Warum geklärt ist und den Beteiligten der fundamentale Zweck und der Sinn ihrer Arbeit deutlich vor Augen stehen, lässt sich die Frage »Wie setzen wir Shop Floor Management ein?« schnell beantworten: »Wir nutzen es, um das Warum zu transportieren und die Kunden von unserem Produkt zu begeistern.«

Für die Beteiligten war diese Erfahrung sehr erhellend. Sie zeigt genau, was Sinek mit seinem Golden Circle beschreibt: Beginnt man mit dem Was, dringt man nicht zum Kern der Probleme hervor. Hat man aber das Warum geklärt, sind die Antworten auf das Wie sehr schnell gefunden.

Verantwortung für die Mitarbeiter übernehmen

Sinek führt aus, dass Führungskräfte in der Regel glauben, sie seien für die Ergebnisse verantwortlich. Diese Haltung ist seiner Meinung nach falsch – Führungskräfte sind vielmehr für die Mitarbeiter verantwortlich, die die Ergebnisse erzielen sollen. Demnach ist es extrem wichtig, eine Arbeitsumgebung zu schaffen, in der Vertrauen, das Gefühl von emotionaler Sicherheit und Aufgehobenheit vorherrschen. Eine der wichtigsten Aufgaben des Lean Leaders ist es zu hinterfragen, ob die Arbeitsumgebung Inspiration fördert und Vertrauen ermöglicht. Denn wir alle sind verwundbar und brauchen eine Arbeitsumgebung, in der unsere Verwundbarkeit akzeptiert wird.

Spricht ein Mitarbeiter von »meinem Chef«, und das möglichst positiv, kann man ziemlich sicher sein, dass er sich mit seiner Arbeit identifiziert. Gerade für die Generation Y ist das extrem wichtig. Nach Sinek sind die charakteristischen Eigenschaften der Generation Y geprägt von einer Überbehütung von den Eltern, dem Aufwachsen mit Social Media, Ungeduld und dem Bestreben nach sofortiger Belohnung. Und das mit der Konsequenz, nicht zu wissen, dass die wichtigen Dinge Zeit brauchen. Darum sieht er die einzige Chance, diese Generation aufzufangen, darin, ihr eine Arbeitsumgebung zu verschaffen, in der sie Schritt für Schritt lernt, Freude und Erfüllung zu finden und die Notwendigkeit zu akzeptieren, dass man an einer Arbeitsaufgabe hart und lange arbeiten muss.

Während Sinek stark betont, dass die Frage nach dem Why und nach dem tieferen Sinn bei der Führungsarbeit sehr wichtig sind, spricht James R. Bailey von der Bedeutung von Vital Leaders. Er unterscheidet dabei zwischen Good Leadership und Great Leadership. Good Leadership bedeutet, das Richtige zu tun, angeleitet und geführt von einem moralischen Kompass, was zur Folge hat, dass sich Mitarbeiter beschützt fühlen. Bei Great Leadership geht es um Mitreißen, Befeuern, Inspiration und Vorwärtsbewegung. Bailey meint, dass im besten Fall beide Stärken miteinander vereint werden und sich so Führungspersönlichkeiten entfalten können, die Orientierung und Sicherheit geben und zugleich Energie, Begeisterung und Inspiration bieten. Er nennt diese Führungspersönlichkeiten Vital Leaders.

Abbildung 68: Good and Great Leadership

Inspirierende Führung braucht Ziele und schafft Sinn

Wir erinnern in diesem Kontext daran, dass bei einer inspirierenden Führung die Ziele ein Kernelement darstellen. Gute Ziele transportieren Sinn, wenn sich die Ziele des Unternehmens und die Ziele des Teams zumindest teilweise mit den persönlichen Zielen der Mitarbeiter decken. Wird also ein Teamziel zum persönlichen Ziel eines Mitarbeiters, weil er den Sinn hinter dem Ziel erkennt und versteht, dann wird er alles dafür tun, das Ziel zu erreichen.

So entsteht in der Wahrnehmung des Mitarbeiters Sinnhaftigkeit, und wer Sinn erkennen kann, ist bereit, mehr zu leisten. Dann heißt es nicht allein: »Wer Leistung fordert, muss Sinn bieten«, sondern überdies: »Wer Sinn bietet, erhält Leistung«.

Und dann ist die Wahrscheinlichkeit hoch, ein für alle Beteiligten positives Ergebnis zu schaffen. Dies wiederum macht den Mitarbeiter stolz auf das Erreichte und motiviert ihn, weitere herausfordernde Ziele anzustreben und umzusetzen.

Dadurch entsteht beim einzelnen Mitarbeiter wie auch im Team eine Aufwärtsspirale. Gemäß dem Motto »Nichts ist erfolgreicher als der Erfolg« schwingt sich ein erfolgreiches Team in nie geahnte Leistungshöhen auf. Im Sport gibt es viele Beispiele für dieses Phänomen. Selbst von der Besetzung her mittelmäßige Teams werden auf einmal sehr erfolgreich, wenn sie erst einmal Erfolgsluft schnuppern konnten und dann vom Sog des Erfolges von Sieg zu Sieg getragen werden. Dieses Phänomen lässt sich auch in vielen Unternehmen beobachten, wenn Teams mit der richtigen Führungskraft an den richtigen Aufgabenstellungen arbeiten.

Inspirierende Führung und Motivation

Seit Reinhard Sprenger in seinem Buch *Mythos Motivation* gezeigt hat, dass Motivation beim Mitarbeiter nicht durch die Führungskraft, sondern nur aus ihm selbst heraus entstehen kann, sind wir mit der Forderung, Führungskräfte hätten die Aufgabe, ihre Mitarbeiter zu motivieren, ebenfalls vorsichtig geworden. Sie haben im Tagesgeschäft schon genug damit zu tun, Demotivation zu vermeiden.

Unser Ansatz lautet: Sie können niemandem vorschreiben, was er denkt. Daher können Sie Ihre Mitarbeiter nicht zwingen, motiviert zu sein. Sie können jedoch die Grundvoraussetzung für Motivation schaffen, wenn Sie dafür sorgen, dass die Mitarbeiter Sinn in ihrer Arbeit sehen und erleben, gebraucht zu werden – also ein inspirierendes Umfeld schaffen, in dem jeder Mitarbeiter Höchstleistungen erbringen will.

Thomas Leonhard, Motivations- und Kommunikationstrainer, bringt es sehr gut auf den Punkt: »Inspiration ist eine nachhaltige innere Glut, die Menschen vorwärts zieht.« Und genau deswegen ist es schwierig, andere zu inspirieren, denn jeder Mensch speist seine innere Glut anders. Für den einen Mitarbeiter ist Stolz ein wichtiger Antreiber, für den anderen sind Identifikation oder die Übernahme von Verantwortung wesentlich.

Um ein inspirierendes Umfeld für seine Mitarbeiter kommt heute kein Unternehmen mehr herum. Gerade hoch qualifizierte Mitarbeiter sehen in der Arbeit viel mehr als das reine Verdienen des Lebensunterhalts. Sinnhaftigkeit zu erleben und inspiriert zu sein, gehört zu den Voraussetzungen dafür, in einem Unternehmen zu bleiben, und ist so für die Mitarbeiterbindung unerlässlich.

Führende wirken vor allem dann inspirierend, wenn sie selbst für ihre Aufgabe brennen und ihr Verhalten zeigt, dass sie alles dafür tun, diese innere Glut auch in ihren Mitarbeitern entstehen zu lassen.

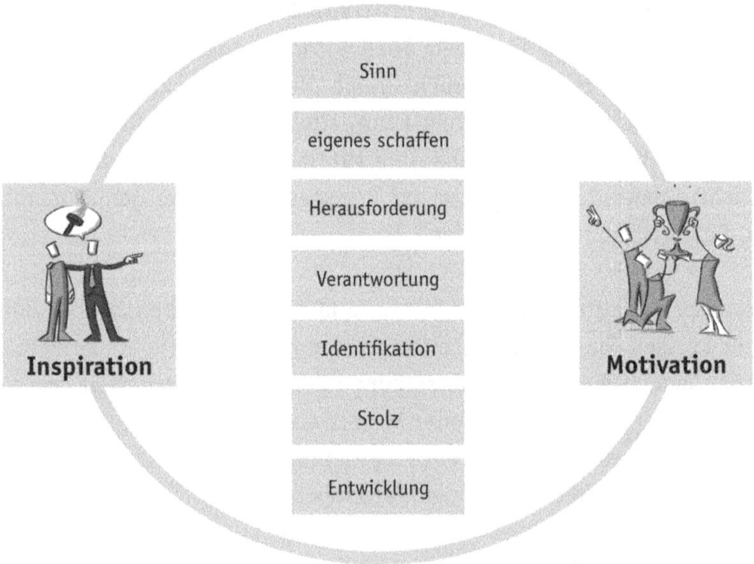

Abbildung 69: Inspiration und Motivation

Sinnhaftigkeit = Bedeutung	**Sinn**	Sinnlosigkeit = bedeutungslos
etwas Eigenes schaffen	**eigenes schaffen**	in fremdgesteuerten Prozessen mit fremden Tools arbeiten
herausfordernde, anregende Aufgaben	**Herausforderung**	abarbeiten in purer Routine
Verantwortung übernehmen für meine Arbeit, beteiligt sein an Entscheidungen	**Verantwortung**	mir wird jede Verantwortung abgenommen, ich habe nichts Eigenes, Erdulden fremder Entscheidungen
volle Identifikation mit meiner Arbeit und meinem Unternehmen	**Identifikation**	Gleichgültigkeit gegenüber der Arbeit und dem Unternehmen
Stolz auf meine Arbeit und mein Unternehmen, Anerkennung	**Stolz**	keine Anerkennung, Desinteresse
Anregungen für meine eigene Weiterentwicklung und kontinuierliches Lernen	**Entwicklung**	Stillstand, ich lerne nichts dazu

Tabelle 8: Gegenüberstellung inspirationsstiftender Elemente

Persönlichen Sinn entstehen lassen

»Wenn du ein Schiff bauen willst, dann trommle nicht Männer zusammen, um Holz zu beschaffen, Aufgaben zu vergeben und die Arbeit einzuteilen, sondern lehre die Männer die Sehnsucht nach dem weiten, endlosen Meer« – in Antoine de Saint-Exupérys bekanntestem Ausspruch wird sehr treffend auf den Punkt gebracht, wie dieser persönliche Sinn entstehen kann: Arbeitet ein Mitarbeiter in einem Automobilunternehmen am Band und sein Arbeitsinhalt umfasst dabei vierundzwanzig Sekunden, besteht die Gefahr, dass dieser Mitarbeiter seine Arbeit sehr schnell nur noch stumpf und gelangweilt ausführt. Die Kunst seines Vorgesetzten besteht darin, ihm die Bedeutung seines Arbeitsschrittes für das Gesamtprodukt zu verdeutlichen und ihm klar zu machen, dass er der beste Experte für genau diese Aufgabe ist und am besten weiß, was man an dieser Tätigkeit noch besser machen kann. Wenn dieser Mitarbeiter seinen Beitrag am Endprodukt sieht und vielleicht auch erkennen kann, wo er seine Tätigkeit nach seinen Vorstellungen gestalten und sich einbringen kann, erlebt er trotz des beschränkten Arbeitsinhaltes Befriedung bei seiner Arbeit. Es sieht, dass er wichtig ist und in seinem Wirkungskreis Möglichkeiten der Selbstkontrolle hat.

Merke

Je mehr der Mitarbeiter die Chance hat, sich in seiner Arbeit einzubringen und etwas Eigenes zu schaffen, desto mehr Befriedigung wird er in seiner Arbeit erleben.

Das Gegenteil sind Mitarbeiter, die in Prozessen arbeiten müssen, die andere für sie gestaltet haben, und mit Werkzeugen, die womöglich nicht richtig verstanden und als fremd erlebt werden. In einer solchen Umgebung entsteht keine Bindung zur Arbeit, die Mitarbeiter leisten Dienst nach Vorschrift und werden sich freuen, wenn sie das Unternehmen nach acht Stunden wieder verlassen können. Inspirierende Führungspersönlichkeiten – also Lean Leader – wissen dies zu verhindern, indem sie Mitarbeitern Aufgaben geben, die sie als herausfordernd und anregend erleben. Sie übergeben auch die Verantwortung für die Gestaltung der Arbeit und öffnen so Entscheidungsspielräume. Denn es macht für Menschen einen großen Unterschied, ob sie eine Handlungsfolge ausführen, die sie selbst entwickelt haben, oder ob sie eine Handlungsfolge ausführen, die ihnen ohne Sinn vorgegeben worden ist. Natürlich achtet die Führungskraft zugleich darauf, dass die Mitarbeiter nicht überfordert werden, sondern sich schrittweise zu mehr Eigenständigkeit und Selbstverantwortung hin weiterentwickeln können.

Durch Inspiration Identifikation ermöglichen

Inspirierendes Führen bedeutet zudem, dem Mitarbeiter die Identifikation mit seiner Arbeit und seinem Unternehmen zu ermöglichen und stolz auf seine Arbeit und sein Unternehmen zu sein. Der Mitarbeiter erhält Anregungen und Möglichkeiten, sich weiterzuentwickeln, um Schritt für Schritt sein Potenzial zu entfalten. Die inspirierende Führungspersönlichkeit sorgt für Anerkennung, bringt selbst Anregungen und Ideen ein, ermuntert ihre Mitarbeiter, selbst immer wieder neue Ideen und Anregungen zu entwickeln, und trägt Sorge für deren Umsetzung.

Voraussetzung dafür ist, dass der Lean Leader die richtige Balance findet zwischen Bewahrung und Veränderung. Er weiß, dass man nicht jeden Tag Dinge anders machen darf, denn jeder Mensch benötigt auch ein Gefühl von Sicherheit. Je mehr der Mitarbeiter seinem Chef vertraut und sich bei ihm sicher fühlt, desto mehr wird er sich trauen, aktiv Neuland zu betreten, sich auf Veränderungen einzulassen und Neues zu erproben. Wenn der Mitarbeiter weiß, dass er sich auf seinen Chef verlassen kann und dieser ihn auch dann unterstützt, wenn ein Fehler passiert oder Kollegen nicht einverstanden sind, wird er sich nicht durch Fehler oder Misserfolge (es wird sie geben) entmutigen lassen, sondern aus dem Fehler lernen und es erneut probieren.

Der Lean Leader als Inspirator

Die neuen Führungspersönlichkeiten glauben an die eigene Lernfähigkeit und an die ihrer Mitarbeiter. Sie entwickeln ein – nach Carol Dweck – Growth Mindset, das heißt, sie entwickeln die Grundhaltung, dass Entwicklung möglich, notwendig und erfolgreich ist.

Eine solche Sichtweise auf die Dinge ist zugleich auch eine gesunde Führung, denn sie regt unser Gehirn an. Sebastian Purps-Pardigol zeigt in seinem Buch *Führen mit Hirn. Mitarbeiter begeistern und Unternehmenserfolg steigern* (vgl. Purps-Pardigol 2015: 155 f.), dass Menschen wachsen, wenn sie gefordert werden. Erst eigene Erfahrungen formen neuronale

Netzwerke im Gehirn und damit positive innere Bilder, die zu einer Entfaltung der vorhandenen Potenziale führen. Aus neurowissenschaftlicher Sicht ist es zwingend, dass diese Erfahrungen freiwillig gemacht werden. Wenn Mitarbeiter regelmäßig Aufgaben erledigen, erhöht dies den Glauben in ihre eigene Lösungskompetenz und hilft ihnen zugleich, mit Rückschlägen konstruktiv umzugehen. Fehlen hingegen Herausforderungen, findet keine Neuroplastizität im Gehirn statt und der Mensch fühlt sich langfristig unterfordert. Es wird sogar im Kopf eine neuronale, unkontrollierte Stressreaktion ausgelöst. Damit sinkt der Zugriff auf die eigenen höheren geistigen Leistungen. Der Teufelskreislauf der Routine.

Merke

Die Kraft der Herausforderung ermöglicht die Entwicklung eines Growth Mindset, hilft, Potenziale zu entfalten, fördert einen gesteigerten Glauben an die eigene Lösungskompetenz und stabilisiert gegen Rückschläge.

Was große Führungspersönlichkeiten auszeichnet, sind Durchhaltevermögen auch in schwierigen Situationen und das Wagnis, anders zu sein, Neues zu wagen und damit bewusst auch Risiken einzugehen. Sie stellen sich den unbekannten Möglichkeiten von morgen und gestalten die Zukunft. Gerade in diesem Gestaltungsmoment unterscheiden sich echte Lean Leader von durchschnittlichen Führungskräften, die sich hauptsächlich auf die Bewältigung des Hier und Heute beschränken und ihren Mitarbeitern weder Orientierung noch eine Zukunftsperspektive geben.

Aufmerksame Lean Leader nehmen sich die Zeit, mit ihren Mitarbeitern nach der Erledigung von Aufgaben oder dem Erreichen eines Ziels Rückschau zu halten. Sie besprechen gemeinsam, was aus Sicht des Lean Leaders und des Mitarbeiters gut und was schlecht gelaufen ist, welche Erkenntnisse gewonnen werden konnten und was beim nächsten Mal besser gemacht werden kann. Lessons learned wird zum Kennzeichen jeder Organisationseinheit, die sich permanent weiterentwickeln möchte.

Sie haben die Bedeutung von Lessons learned in Kapitel 2.1 bereits kennengelernt. Die Erkenntnisse aus den Erfahrungen werden festgehalten und bewusst als Leitfaden für die nächsten Aufgaben genutzt. Zudem werden sie den anderen Teammitgliedern ebenfalls zur Verfügung gestellt. Lessons learned ist auch der richtige Rahmen, um dem Mitarbeiter oder dem Team Anerkennung zu schenken und Danke zu sagen.

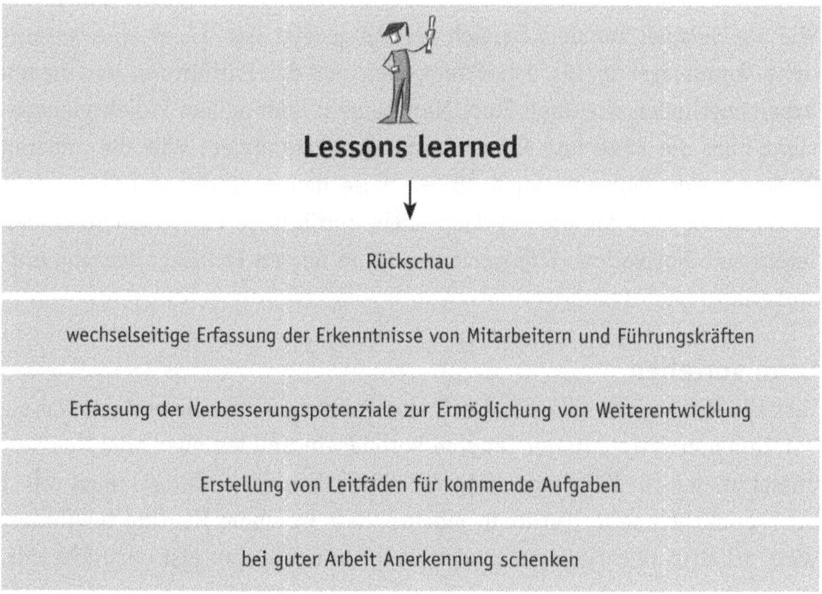

Abbildung 70: Lessons learned

Inspiration im Lean Leadership

Ohne Inspiration kann Lean Leadership keine Wirkung entfalten. Wie wir gesehen haben, bedeutet Lean Leadership

- vor Ort zu sein,
- direkten und engen Kontakt zu seinen Mitarbeitern zu haben,
- schnell und täglich auf Augenhöhe zu kommunizieren,
- Wertschätzung und Wertschöpfung miteinander zu verbinden,
- Mitarbeiterengagement durch Ergebnisse, Erfolge und Anerkennung zu erreichen und
- ein inspirierendes und sinnstiftendes Umfeld zu schaffen.

Wie das Beispiel aus dem Bereich Service gezeigt hat, ist es eine wesentliche Voraussetzung für den Erfolg, sich vor der Einführung von neuen Arbeitsmethoden wie Shop Floor Management oder agilem Projektmanagement über die Ziele und Sinnstiftung zu verständigen. Wie alle anderen Werkzeuge der Führung auch dürfen diese neuen Führungsansätze nicht Selbstzweck sein. Sie dienen dazu, Ziele und Erfolge zu erreichen. In den Teams soll Motivation, Engagement und im besten Fall Begeisterung entstehen.

Lean vorleben

Fast alle Mitarbeiter wünschen sich eine Führungskraft, die vorlebt, was sie von ihnen erwartet. In der Tat sind Vorbildsein und Vorleben wichtige Voraussetzungen für Führungserfolg. Wer Pünktlichkeit erwartet, muss selbst auch pünktlich sein. Wer nicht möchte, dass in einem Meeting telefoniert wird, schaltet sein Handy aus oder bringt es am besten erst gar nicht mit.

Aber Vorbildsein geht weit über solche Äußerlichkeiten hinaus. Entscheidend sind die innere Haltung und das Leben der Werte, die der Führungspersönlichkeit wichtig sind. Zeigt der Lean Leader Zuversicht und bleibt bei Problemen und Krisen gelassen, so ist die Wahrscheinlichkeit sehr hoch, dass auch seine Mitarbeiter eine Krise gelassener überstehen. Ist der Lean Leader lösungsorientiert, so werden auch seine Mitarbeiter schnell darüber nachdenken, wie eine gute Lösung aussehen kann, anstatt sich mit der Frage aufzuhalten, warum etwas nicht funktioniert.

Erlebt der Mitarbeiter einen Chef, der sich aktiv mit Veränderungen auseinandersetzt, so wird er dies auch tun. Sprüht die Führungskraft vor Ideen, dann werden einige Mitarbeiter ebenfalls damit beginnen, Ideen zu entwickeln, um das Team und die Prozesse voranzubringen.

Merke

Der Lean Leader ist gut beraten, sein eigenes Handeln dahingehend zu überprüfen, ob es den gemeinsamen Werten seines Teams entspricht. Gehört zum Beispiel die offene Kommunikation zu diesen Werten, ist es kontraproduktiv, hinter dem Rücken des Kollegen über ihn zu reden. Der konstruktive Umgang mit Fehlern und die Orientierung an den Stärken verbietet es, auf Schwächen herumzuhacken. Soll der Teamgeist im Vordergrund stehen, darf Einzelkämpfertum nicht gefördert werden, vielmehr sollte die Freude an der Arbeit als zentraler Wert anerkannt und angestrebt werden.

Nathan T. Washburn und Benjamin Galvin zeigen in ihrem Artikel *Make sure your employees have good things to say about you behind your back*, wie wichtig es ist, echte Beziehungen zu den Mitarbeitern aufzubauen. Die Überschrift ist dabei Programm: Es ist ein Zeichen von Führungsqualität, wenn die Mitarbeiter über ihren Chef Gutes zu berichten haben, anstatt hinter seinem Rücken schlecht über ihn zu sprechen.

Wenn es dem Lean Leader gelungen ist, gute Mitarbeiterbeziehungen aufzubauen, erzählen die Mitarbeiter gerne und wohlwollend lustige Geschichten oder Anekdoten über ihn und berichten von persönlichen Begegnungen, in denen der Chef nicht nur als Chef, sondern auch als Mensch erscheint. Dies gelingt aber nur, wenn der Lean Leader viel Zeit und vor Ort bei den Mitarbeitern verbringt, sich auch nach ihrem privaten Befinden erkundigt und ihnen aufmerksam zuhört.

Washburn und Galvin regen an, spontan Situationen entstehen zu lassen, die eine große Wirkung nach sich ziehen. Überraschungen und Dinge, die aus dem Rahmen fallen, bleiben im Gedächtnis der Mitarbeiter haften und können sich zu guten Anekdoten entwickeln, die zu Hause am Abendbrottisch erzählt werden.

Dies alles geschieht nur, wenn Mitarbeiter ihren Chef nicht als unnahbar und perfektionistisch erleben, sondern als Mensch, der sich verhält wie einer von uns. Wichtig dabei ist, den direkten Kontakt und Austausch im persönlichen Gespräch zu suchen. Das bringt mehr als die Rede auf der Betriebsfeier.

Abbildung 71: Elemente des Vorlebens/Vorbild-Seins

Take-aways

Coachendes Führen erfordert als eine Grundvoraussetzung die Bereitschaft zur eigenen Weiterentwicklung. Worin sehen Sie bei sich die drei wichtigsten Entwicklungsbedarfe in Ihrem Führungsverhalten? Holen Sie sich zu diesen aktiv Feedback ein.

Vor-Ort-Präsenz und Integration der Mitarbeiterperspektive bilden die Zutaten für wirksames coachendes Führen. Kennen Sie die Sichtweisen und Ideen Ihrer direkten Mitarbeiter zu den wesentlichen Herausforderungen des jeweiligen Aufgabenbereiches?

In Kapitel 3.2 haben wir das Handwerkszeug des Managens vorgestellt. In welchem Maße haben Sie die vier vorgestellten Kriterien erfüllt? Woran müssen Sie noch arbeiten, um in Ihrem Verantwortungsbereich schnelle, fundierte Entscheidungen und kontinuierliche Verbesserung der Prozesse zu erreichen?

Beantworten Sie für sich die Leitfragen zur Management Aufgabe (vgl. Kapitel 3.2). Sind Ihnen Ihre Aufgaben klar und wo gibt es Handlungsbedarfe für Sie?

Wie weit sind Sie auf dem Weg zur Führungskraft der Zukunft? Bewerten Sie sich anhand der zehn Prinzipien (vgl. Kapitel 3.3). Welche Veränderungen nehmen Sie in Ihrem Unternehmen wahr? Wo sehen Sie bei sich selbst Entwicklungspotenziale?

Sind Sie ein Firestarter? Überlegen Sie, wann Sie in den letzten Monaten ein Firestarter gewesen sind. Wie können Sie ein noch besserer Firestarter werden?

4.

Die Kaskaden – Lean Leadership ins gesamte Unternehmen tragen

Was Sie in diesem Kapitel erfahren

- Sie erfahren, wie Sie die verschiedenen Unternehmensabteilungen und Führungsebenen bis hin zur Unternehmensleitung über eine Kaskadenstruktur miteinander verknüpfen.
- Wir beschreiben die Vorteile und den Nutzen von Zielekaskaden, Kommunikationskaskaden und Coachingkaskaden und zeigen, wie Sie mit diesen den Informationsfluss, die Entwicklung der Mitarbeiter und Führungskräfte und die Zielerreichung in Ihrem Unternehmen in Gang setzen und aufrechterhalten.

4.1 Einleitung: Das Ganze ist mehr als seine Einzelteile

Viele Unternehmen haben in den letzten Jahren hart und intensiv daran gearbeitet, ihre Prozesse zu optimieren, mit dem Instrumentarium von Lean Management Verschwendung zu eliminieren und den Anteil der Wertschöpfung zu steigern. Durch eine zunehmende Prozessorientierung ist es vielerorts gelungen, den Prozessverantwortlichen und den Mitarbeitern in den jeweiligen Teilprozessen mehr Verantwortung zu übertragen.

Sehr häufig kollidieren diese Bemühungen jedoch mit den herkömmlichen hierarchischen Strukturen einerseits und dem klassischen Abteilungs- oder Silodenken vieler Führungskräfte und Mitarbeiter andererseits. Die Folge sind Zielkonflikte und Abstimmungsprobleme an den Schnittstellen zwischen den Abteilungen.

Weiterhin herrscht in vielen Unternehmen traditionell ein erhebliches Defizit bei der Weitergabe von Informationen, sodass diese weder im richtigen Maß noch an die richtigen Stellen fließen. In herkömmlichen Organisationen bleiben Informationen häufig in der Hierarchie stecken. Es ist kein Zufall, dass vielerorts von Lähmschicht oder Lehmschicht die Rede ist. Gemeint ist damit vor allem das mittlere Management. Teamleiter und Abteilungsleiter werden täglich im wahrsten Sinne des Wortes zugeschüttet mit Kleinkram und Troubleshootingaufgaben, sodass ihnen die Zeit fehlt, sich darum zu kümmern, dass nötige Informationen korrekt und umfassend weitergegeben werden.

Mit Lean Leadership Lähmschicht und Lehmschicht auflösen

Der Begriff »Lähmschicht« besagt, dass diese Führungskräfte so durch ihre tägliche Arbeitslast gelähmt sind, dass sie zum eigentlichen Führen, also zum Informieren und Kommunizieren, keine Zeit haben. Mit der Metapher der für Wasser undurchdringlichen Lehmschicht wird dagegen beschrieben, dass viele Führungskräfte Informationen nach dem Motto »Wissen ist Macht« bewusst nicht an ihre Mitarbeiter weitergeben. Das führt nicht nur dazu, dass Mitarbeiter über wichtige Sachverhalte der täglichen Arbeit nicht Bescheid wissen, sondern auch, dass viele Mitarbeiter das Gefühl entwickeln, für dumm gehalten zu werden, was wiederum zu Demotivation und Interesselosigkeit führt.

Lean Leadership zielt darauf ab, beide Effekte zu beseitigen. Die Führungskräfte sollen durch ihre tägliche Arbeit nicht gelähmt sein, sondern sich auf Mitarbeiterführung und Mitarbeiterentwicklung konzentrieren können. Ein Lean Leader gibt den Mitarbeitern das Gefühl, über alle relevanten Sachverhalte gut informiert zu sein und gleichzeitig Handlungsspielräume zu haben, um diese Informationen schnell und unbürokratisch nutzen zu können.

Merke

Ein Lean Leader versteht sich als Diener, dessen Aufgabe darin besteht, seinen Mitarbeitern alle erforderlichen Informationen in geeigneter Form schnellstmöglich zur Verfügung zu stellen. Der Lean Leader nimmt sich die Zeit zum Führen.

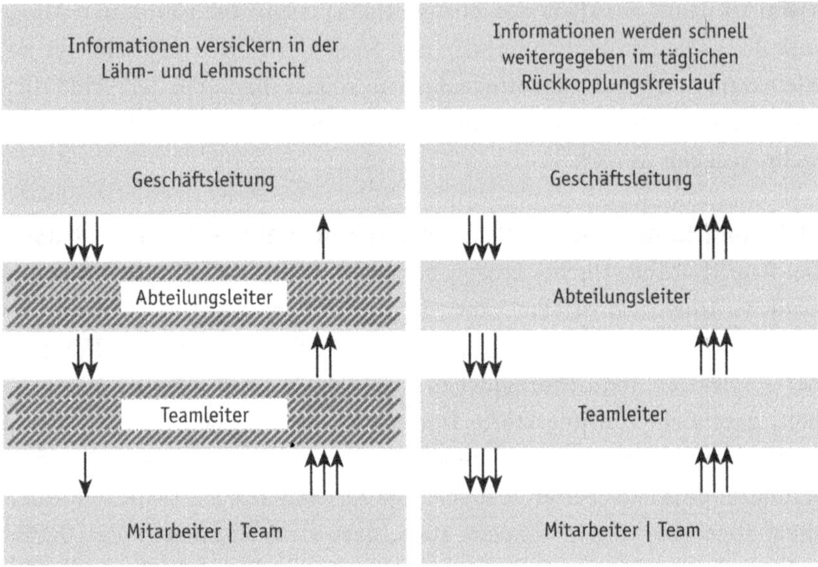

Abbildung 72: Lähm- und Lehmschicht durch Rückkopplungskreislauf ersetzen

Zielekaskade, Kommunikationskaskade und Coachingkaskade – ein Überblick

Unser Kaskadenmodell mit den drei Elementen Zielekaskade, Kommunikationskaskade und Coachingkaskade zielt darauf ab, diese Missstände im traditionellen Unternehmen konsequent zu beseitigen. Das Kaskadenmodell schafft die so dringend notwendige Verbindung zwischen den einzelnen Unternehmensbereichen, die Durchgängigkeit und Transparenz der Informationen und das Wissen um die Ziele des Unternehmens. Gleichzeitig bildet das Kaskadensystem – um noch einmal auf unsere Lean-Leadership-Rakete aus Kapitel 1 zurückzukommen – die stabilisierenden Bänder, die die bereits beschriebenen Elemente verknüpfen, nämlich Shop Floor Management, agiles Projektmanagement, Werte, Kultur und Sinnstiftung.

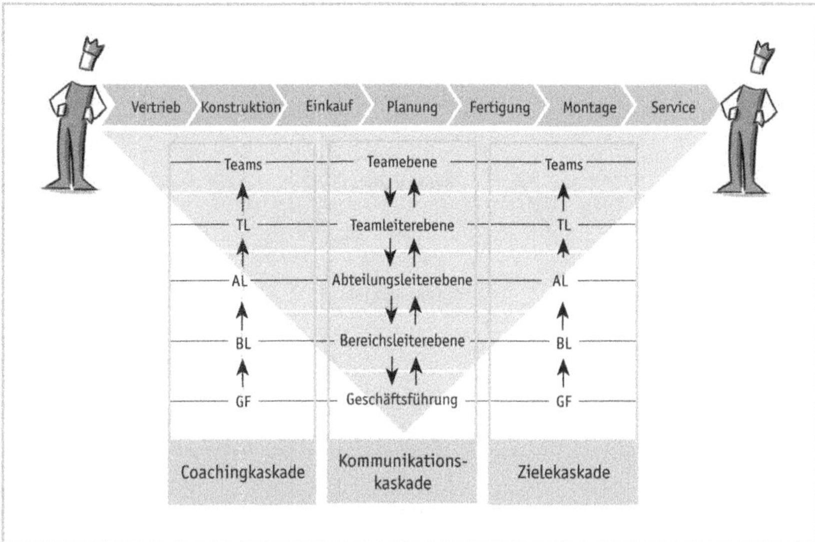

Abbildung 73: Die Kaskaden im Überblick

Es gibt bereits einige Unternehmen, die immerhin mit der Zielekaskade arbeiten, um sicherzustellen, dass Unternehmensziele im Gesamtunternehmen verstanden werden, auf einzelne Abteilungen heruntergebrochen werden und es eine Ausrichtung auf ein Gesamtziel gibt.

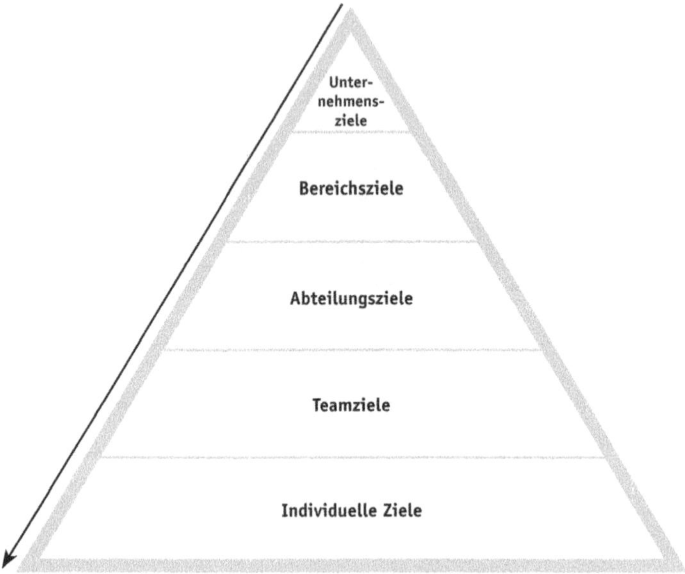

Abbildung 74: Klassisches Zielesystem

Herkömmliche Zielekaskaden, wie die oben dargestellte Pyramide, haben jedoch den Nachteil, dass Zielkonflikte zwischen den Zielen einzelner Abteilungen nicht aufgelöst werden können.

Erhält eine Einkaufsabteilung beispielsweise das Ziel, möglichst günstig einzukaufen und Fertigungsteile aus Kostengründen extern zu beziehen, hat das gegebenenfalls zur Folge, dass die Produktion die fehlerhaften und qualitativ minderwertigen Teile von Lieferanten nacharbeiten muss, damit sie verbaut werden können. Dadurch wird wiederum deren Zielerreichung, die Maschinen voll auszulasten, gefährdet, weil Teile mit hohen Stückzahlen und wenig Rüstaufwand verlagert werden und die aufwendigen Teile mit kleinen Stückzahlen und großem Rüstaufwand für die eigene Fertigung übrig bleiben.

Merke

Die Anforderung besteht darin, sich deutlich besser abzustimmen und die Zusammenhänge und Abhängigkeiten zwischen den Abteilungen bei der Zielfindung und Zielverfolgung zu berücksichtigen.

Im Bereich der Kommunikation suchen zwar viele Unternehmen nach Wegen, einen guten Informationsfluss zu gewährleisten, aber die meisten im monatlichen Turnus stattfindenden Abteilungsbesprechungen oder Jours fixes zwischen Führungskraft und Mitarbeitern reichen heute bei Weitem nicht mehr aus, um alle Informationen zum richtigen Zeitpunkt an die richtige Stelle zu transportieren.

Neben der Zielekaskade wird also eine Kommunikationskaskade benötigt, doch nur sehr wenige Unternehmen gestalten ihre interne Kommunikation kaskadierend. Dies wird jedoch durch die steigende Informationsgeschwindigkeit schnell problematisch. Wenn sich innerhalb weniger Tage so viel verändert, dass Entscheidungen in der darauffolgenden Woche häufig schon wieder überholt sind, entsteht bei den Mitarbeitern eher die Unsicherheit, nicht genau Bescheid zu wissen, anstatt das Gefühl, gut und vollständig informiert zu sein.

Jede einzelne der drei Kaskaden bietet für sich genommen bereits zahlreiche Vorteile für ein Unternehmen, aber erst die Verbindung von allen drei Kaskaden schafft die Voraussetzungen für Transparenz, Schnelligkeit, Reaktionsgeschwindigkeit und Lebendigkeit. Damit sind diese drei Kaskaden zusammengenommen wesentliche Voraussetzungen für ein agiles Unternehmen.

4.2 Mit der Zielekaskade Ziele harmonisieren und Führungsprozesse fokussieren

Das klassische Zielsystem bewegt sich top-down von den Unternehmenszielen bis zu den Mitarbeiterzielen. In den Unternehmenszielen steht beschrieben, wie sich das Unternehmen in Zukunft entwickeln soll. Die Unternehmensziele weisen eine langfristige und eine kurzfristige Perspektive auf:

- In der langfristigen Perspektive werden die strategischen Ziele des Unternehmens genannt und erläutert.
- In der kurzfristigen Perspektive stehen die operativen Unternehmensziele der nächsten ein bis zwei Jahre im Vordergrund.

Die Unternehmensziele werden im nächsten Schritt auf die einzelnen Bereiche heruntergebrochen, ebenfalls lang- und kurzfristig. Der Vertrieb entwickelt seine strategischen Vertriebsziele, die Produktion die Produktionsstrategie, die Entwicklung ihre Produktstrategie und so weiter. Auf der folgenden Ebene werden die Bereichsziele schließlich in Abteilungsziele umgesetzt. Auf der untersten Ebene werden aus den Abteilungszielen Team- beziehungsweise Mitarbeiterziele abgeleitet.

Wie Mitarbeiter bisher mit Zielen geführt wurden

Viele Unternehmen haben diese Zielefindungen formalisiert und in ein System der Mitarbeitergespräche integriert. Der Grundformalismus dabei besteht darin, dass meist am Jahresende beziehungsweise zu Beginn eines neues Jahres die Führungskraft mit jedem ihrer Mitarbeiter spricht, um auf die Zielerreichung im vergangenen Jahr zurück zu blicken und im Anschluss die Ziele für das kommende Jahr zu definieren.

Sehr häufig werden neben den Leistungszielen auch persönliche Entwicklungsziele formuliert. Die Leistungsziele beziehen sich meistens auf kennzahlenbasierte Ziele, damit das Erreichte messbar und erkennbar ist. Bei projektbezogenen Aufgaben werden Ziele als Projekte definiert, die zu einem bestimmten Zeitpunkt mit festgelegten Leistungsmerkmalen umgesetzt sein sollen.

Die persönlichen Ziele werden zunehmend im Rahmen von Kompetenzmanagement-Programmen formuliert. Dabei findet jährlich eine Bewertung der Mitarbeiter nach einem vordefinierten Kompetenzkatalog statt. Die beurteilten Kompetenzen sind zum Beispiel Fachkompetenz, kundenorientiertes Handeln, Innovations- und Veränderungsmanagement, kommunikative Kompetenz, interkulturelle Kompetenz und Fähigkeit zur Mitarbeiterentwicklung.

Kompetenzmanagement-Programm

Name: | Abteilung:

Funktion: | Vorgesetzter:

2017	Ziele	Messkriterien	Maßnahmen, Voraussetzungen, Rolle der Führungskraft	erreicht	Bemerkungen Analyse
1					
2					
3					
4					

Datum Gespräch (Vereinbarung)	Unterschrift Vorgesetzter	Unterschrift Mitarbeiter
Datum Gespräch (Zielerreichung)	Unterschrift Vorgesetzter	Unterschrift Mitarbeiter

Abbildung 75: Aufbau eines Kompetenzmanagement-Programms

Aus der gemeinsamen Beurteilung der Kompetenzen von Führungskraft und Mitarbeiter entsteht ein Bild über die Stärken und Schwächen des Mitarbeiters. Im gemeinsamen Gespräch arbeiten die Beteiligten heraus, welche Kompetenzfelder im kommenden Jahr weiterentwickelt werden sollen. Dazu legen sie Maßnahmen und Termine für die Umsetzung fest.

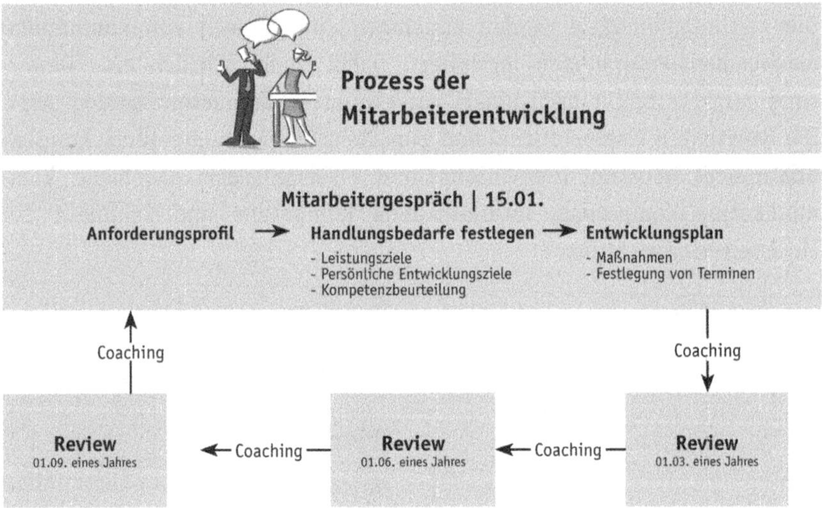

Abbildung 76: Der Mitarbeiterentwicklungsprozess

Wie die Abbildung zeigt, wird in diesem Modell nach der Vereinbarung der Ziele am Anfang des Jahres in drei Reviewgesprächen im Jahr der Stand der Zielerreichung geprüft, um gemeinsam festzustellen, welche Teilziele bereits erreicht wurden und welche Teilziele verfehlt worden sind. Bei negativen Abweichungen entscheiden Führungskraft und Mitarbeiter, welche Maßnahmen ergriffen werden können, um das Ziel doch noch zu erreichen. Stellt sich heraus, dass sich die Rahmenbedingungen in der Zwischenzeit geändert haben, erfolgt eine Anpassung der Zielformulierung.

In vielen Unternehmen führen die Führungskräfte und Mitarbeiter diese vorgeschriebenen Mitarbeitergespräche jedoch nur einmal pro Jahr. Wenn sich eine Führungskraft aber den Rest des Jahres nicht um seine Mitarbeiter kümmert, ist das Instrument wirkungslos. Es ist mehr oder weniger Zufall, ob der Mitarbeiter seine Ziele erreicht oder nicht. Und wenn das Ziel aus Sicht der Führungskraft nicht erreicht ist, aus Sicht des Mitarbeiters aber schon, dann ist Frustration vorprogrammiert.

Tägliches Führen mit Zielen und Kennzahlen vor Ort

Wie bereits beschrieben, sind die Anforderungen an die Unternehmen in den letzten Jahren deutlich gewachsen, sodass Feedbackschleifen im Jahres- oder Vierteljahrestakt nicht mehr ausreichen.

Merke

Im modernen Unternehmen ist das Leitbild (der Nordstern) Kommunikation in Echtzeit und das bedeutet auch Feedback in Echtzeit!

Wir erinnern uns an Kapitel 1: Der Nordstern ist ein motivationsstiftendes Sinnbild für einen zukünftigen Zustand und gibt die Richtung an, in die sich das Unternehmen entwickeln soll. Darum führt der Lean Leader nicht nur Mitarbeitergespräche, er gibt seinen Mitarbeitern täglich vor Ort direkte Rückmeldung über ihre Arbeit. Das beinhaltet immer auch eine Betrachtung des Zielerreichungsgrades. Gerade die persönlichen Ziele, die häufig darin bestehen, Verhalten zu modifizieren, lassen sich nur bei täglichem Feedback und coachendem Führen wirkungsvoll erreichen.

Durch die regelmäßige Begleitung und Unterstützung der Mitarbeiter bei der Erreichung ihrer Ziele und durch coachendes Führen wird neben den Leistungszielen auch viel intensiver an den persönlichen Entwicklungszielen gearbeitet. Kurskorrekturen sind viel leichter vorzunehmen und Zielkonflikte, zum Beispiel durch sich ändernde Rahmenbedingungen, werden schneller sichtbar und können leichter aufgelöst werden. So können die Reviewgespräche im Jahr von dem Lean Leader und seinen Mitarbeitern zur Reflexion genutzt werden – zum einen als Rückblick auf das coachende Führen, zum anderen auf die erreichten und anstehenden Ziele. Dabei stehen die folgenden Reflexionsfragen im Fokus:

- Wurden die Aufgaben verinnerlicht?
- Passt der aktuelle Entscheidungsspielraum?
- Wie hat sich das Verhältnis entwickelt?
- Wie wird die Unterstützung der Führungskraft wahrgenommen?
- Welche Themen sind abgeschlossen, welche stehen als Nächstes an?

Endlich zu harmonisierten Zielen

Ein weiterer Nachteil des klassischen Zielemodells besteht darin, dass es keine systematische Abstimmung der Ziele zwischen Bereichen, Abteilungen und Teams gibt. Der hierarchische Aufbau hat zur Folge, dass einzelne Abteilungsinteressen und Silodenken vorherrschen und Wechselwirkungen zwischen Bereichen, Abteilungen und Teams keine Berücksichtigung finden. Damit ist die Gefahr konkurrierender Ziele sehr groß.

Die Konsequenzen treten dann häufig erst auf der Mitarbeiterebene auf. Dies bedeutet in hohem Maße Verschwendung, weil die betroffenen Mitarbeiter viel Zeit und Energie darauf verwenden müssen, sich mit diesen Konflikten auseinanderzusetzen. Darunter leidet die Motivation und das Arbeitsergebnis wird deutlich schlechter.

Die Zielekaskade im agilen Unternehmen reicht die Probleme nicht mehr nach unten auf die Mitarbeiterebene durch. Wie Abbildung 77 zeigt, orientiert sich die Kaskade nicht mehr von oben nach unten wie bei der klassischen Zielpyramide, sondern am Wertschöpfungsprozess und an den Schnittstellen – und das auf jeder Ebene von der Geschäftsführung über die Abteilungen bis zur Teamebene.

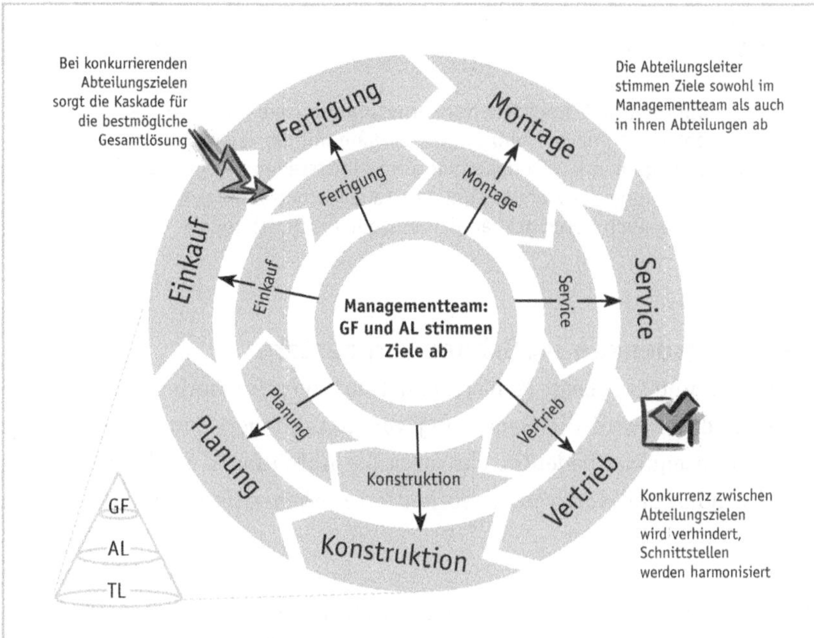

Abbildung 77: Die Zielekaskade – vertikal und horizontal harmonisierte Ziele

Konkurrierende Ziele werden von vornherein vermieden, indem die Ziele bereits auf Bereichsebene abgestimmt und gemeinsam konfliktfrei formuliert werden, anstatt sie isoliert voneinander abzuleiten. So lassen sich Konflikte zwischen Abteilungen oder Bereichen bereits im Prozess der Zielformulierung erkennen und beseitigen und müssen nicht mühsam und störungsintensiv im Tagesgeschäft ausgetragen werden.

Damit kommt das Managementteam seiner Aufgabe nach, einen optimal ablaufenden Gesamtprozess zu gestalten, und ermöglicht auch den Mitarbeitern, sich vom Abteilungsdenken zu verabschieden und ebenfalls den Gesamtprozess und die Kundenanforderungen in den Mittelpunkt zu rücken.

Merke

Geschäftsführung und Bereichsleiter vernetzen die Ziele innerhalb des Managementteams und brechen diese erst dann auf die Teamebene herunter. Besonderes Augenmerk wird dabei auf die Schnittstellen gelegt. So erfolgt die Harmonisierung der Ziele sowohl vertikal zwischen Managementteam und Teamebene als auch horizontal an den einzelnen Schnittstellen.

Abteilungsdenken ist Schnee von gestern

Die Umsetzung von Lean-Management führt zu prozessorientierten Strukturen. Dadurch wird die Bedeutung von Abteilungen immer geringer. In letzter Konsequenz bedeutet das, dass die Abteilungen im Laufe der Zeit verschwinden und durch prozessorientierte Organisationseinheiten ersetzt werden.

Das Definieren der Ziele findet dann ohne Abteilungen zunehmend zwischen den Mitarbeitern innerhalb einer Prozesskette statt – und nicht mehr in einzelnen Abteilungen. Dadurch wird derselbe Effekt erreicht wie im Managementteam: Die Ziele werden gemeinsam von allen an einem Prozess beteiligten Mitarbeitern formuliert und so gestaltet, dass der Gesamtprozess möglichst optimal ablaufen kann.

Alle Beteiligten arbeiten dann im Prozess gemeinsam daran, die Ziele umzusetzen. Der Fokus liegt darauf, den Kunden und dessen Bedürfnisse bestmöglich zufriedenzustellen. Diese Ausrichtung am Kunden sorgt dafür, dass alle Beteiligten einen gemeinsamen Bezugspunkt für ihre Arbeit haben und nicht ihre persönlichen Einzelinteressen in den Mittelpunkt stellen, sondern das gemeinsame Ziel.

Der Fokus auf den Bedürfnissen des Kunden, die gemeinsame Abstimmung der Ziele, aussagekräftige Kennzahlen und tägliche Überprüfung der Zielerreichung sind der Pulsschlag von Lean, denn die gemeinsamen Ziele transportieren den Sinn, der die Mitarbeiter motiviert, täglich an ihrer Erreichung zu arbeiten.

Merke

In sich schlüssige und verzahnte Ziele, die von allen getragen werden, sind der Motor für die Mitarbeiter, um mithilfe des Shop Floor Managements die erforderliche Schlagkraft zu entwickeln, jeden Tag motiviert an den Zielen arbeiten zu können. Das ist der Grund dafür, warum jedes agile Unternehmen eine vernetze Zielekaskade braucht.

4.3 Kontinuierlicher Informations- und Abstimmungsfluss mit der Kommunikationskaskade

Eine vernetzte Zielekaskade ist notwendig, aber noch nicht ausreichend, um das Unternehmen agil und prozessorientiert zu gestalten. Wirksam wird das Arbeiten an Zielen erst, wenn es permanent erfolgt und die Ergebnisse der Arbeit an den Zielen kontinuierlich kommuniziert werden.

Merke

Die Kommunikationskaskade stellt sicher, dass die erforderlichen Informationen über die Ziele und den jeweiligen Zielerreichungsgrad nahezu in Echtzeit durch das Unternehmen fließen und jeder im Unternehmen genau über die für ihn erforderlichen Informationen verfügt.

Das Tagesgespräch als treibender Motor

Das Tagesgespräch wurde bereits als wichtiges Element des Shop Floor Managements sowie des agilen Projektmanagements vorgestellt. Die Kunst, ein gutes Tagesgespräch zu gestalten, besteht darin, in nicht mehr als zehn Minuten alle wesentlichen Informationen auszutauschen. Die Ziele eines Tagesgesprächs im Rahmen des Shop Floor Managements sind:

- den Zielerreichungsgrad durchzusprechen,
- bei grünen Kennzahlen Anerkennung auszusprechen,
- bei roten Kennzahlen eine kurze Analyse durchzuführen, warum es zur Abweichung gekommen ist,
- zu Abweichungen entweder sofort eine Maßnahme zu beschließen oder eine tiefer gehende Untersuchung mit PDCA einzuleiten,
- die Maßnahmen des Vortages auf Erledigung zu prüfen,
- fällige Maßnahmen und Lösungsideen bei einem PDCA vorzustellen und entsprechende Entscheidungen zu fällen,
- Besonderheiten für den kommenden Arbeitstag zu klären,
- die Ressourcen für die anstehenden Arbeitsaufgaben zu überprüfen,
- Informationen des Abteilungsleiters an das Team weiterzugeben und
- Handlungsbedarfe, die das Team nicht selbst erledigen kann, zu formulieren und an den Abteilungsleiter weiterzugeben.

Im agilen Projektmanagement geht es beim Tagesgespräch um folgende Themen:

- Überprüfen der To-dos, der Doings und der Dones
- Aktualisierung des Kanban-Boards
- Feststellen von Rückständen bei Teilaufgaben
- gemeinsame Festlegung der Tagesaufgaben
- Mitabstimmung der Ressourcen
- gegenseitiges Weitergeben wichtiger Informationen
- Einleiten von Maßnahmen bei aufgetretenen Problemen

Es wird deutlich, dass – egal ob Shop Floor Management oder agiles Projektmanagement verwendet werden – das Tagesgespräch ist das wichtigste Kommunikationsmedium für das Team ist. Dies gilt nicht nur für die Produktion, sondern auch für Teams in der Administration. Sie werden sich fragen, wie Sie diese vielen Punkte in nur zehn Minuten schaffen können. Unsere Erfahrungen bestätigen: Es geht! Aber nur dann, wenn es eine Standardagenda gibt, alle Beteiligten gut vorbereitet sind und Diskussionen nicht sofort geführt, sondern als Maßnahmen festgehalten und aus dem Tagesgespräch herausverlagert werden.

Standardagenda
Tagesgespräch | 10 Minuten

1.	Besprechung des Zielerreichungsgrades anhand der Kennzahlen Soll entspricht Ist → grün → Anerkennung Abweichung → rot → Analyse | Maßnahme | Start PDCA
2.	Check der Maßnahmen des Vortages
3.	Überprüfung der Terminlage
4.	Besprechung von Besonderheiten für den Tag
5.	Check der Ressourcen
6.	Übermittlung Top-down-Informationen
7.	Eskalation von Bottom-up-Themen
8.	Ausblick auf den nächsten Tag

Abbildung 78: Standardagenda für ein Tagesgespräch

Entscheidend für die Qualität der Tagesgespräche ist in hohem Maße Vorbereitung und Gesprächssteuerung durch die jeweilige Führungskraft des Teams. Im Shop Floor Management leitet die Führungskraft das Tagesgespräch und hat dabei eine Reihe von Möglichkeiten, um das Tagesgespräch erfolgreich zu gestalten:

- Sie sammelt von allen Teilnehmern die relevanten Themen ein.
- Sie bringt Themen von sich aus ein, die ihr als relevant erscheinen.

- Sie stellt sicher, dass Prioritäten gesetzt werden, das heißt nie zu viele Themen gleichzeitig angegangen werden.
- Sie nimmt sich in jedem Tagesgespräch den Abgleich der Ziele vor und überprüft, ob die Ziele im grünen oder roten Bereich sind.
- Sie erkennt, welche Themen einer systematischen Problemlösung mit PDCA bedürfen.
- Sie stellt sicher, dass die Themen herausgestellt werden, die auf die nächste Ebene eskaliert werden müssen.
- Sie sorgt für schnelle Informationen zu den Themen, die in der Kommunikationskaskade von den oberen Führungsebenen zu den Mitarbeitern fließen.
- Auf der Shop-Floor-Ebene sorgt sie dafür, dass das Teamboard auf dem aktuellen Stand ist und geeignete Formen der Visualisierung zur Verfügung stehen.
- Sie bezieht die Teilnehmer aktiv mit ein und sorgt so für einen Dialog.

Abbildung 79: Erfolgskriterien für ein Tagesgespräch

Im agilen Projektmanagement moderiert sich das Projektteam selbst. Die Führungskraft hat keine aktive Rolle, sondern beobachtet das Team dabei, wie das Tagesgespräch gestaltet wird, und gibt dem Team zum Abschluss des Tagesgesprächs Feedback. Sie unterstützt das Team eher indirekt und nur auf Zuruf, wenn dieses die Probleme nicht aus eigener Kraft lösen kann.

Merke

Gute Lean Leader verfügen über die kommunikative Fähigkeit, die Qualität der Tagesgespräche kontinuierlich zu erhöhen.

Wie aus Tagesgesprächen die Kaskade entsteht

Die Tagesgespräche in den einzelnen Teams oder Schichten sind nach unserer Erfahrung ein sehr wirksames Instrument. Werden sie aber allein in den Teams eingesetzt, entfalten sie nicht ihre volle Wirksamkeit. Kommunikationskaskade bedeutet, dass nicht nur auf Teamebene, sondern auch auf den Führungsebenen Tagesgespräche geführt werden. Erst wenn das einzelne Tagesgespräch Teil einer Kaskade wird, die das gesamte Unternehmen umspannt, gelingt es, geschlossene Rückkopplungskreise zu erzeugen.

Ist das Tagesgespräch mit den Teams beendet, gehen die Teamleiter zum Tagesgespräch des Abteilungsleiters und treffen sich dort mit den anderen Teamleitern. Der Abteilungsleiter hat eine ähnliche Agenda. Er geht mit seinen Teamleitern die Abteilungskennzahlen durch (also die kumulierten Teamziele), Abweichungen werden besprochen, Ursachen gesucht und entsprechende Maßnahmen eingeleitet. Die Teamleiter stellen die Themen vor, die die Teams nicht alleine lösen konnten. Gemeinsam mit seinen Teamleitern entscheidet der Abteilungsleiter darüber, ob die auf die Abteilungsleiterebene eskalierten Themen sofort bearbeitet werden sollen oder ob es andere Prioritäten gibt.

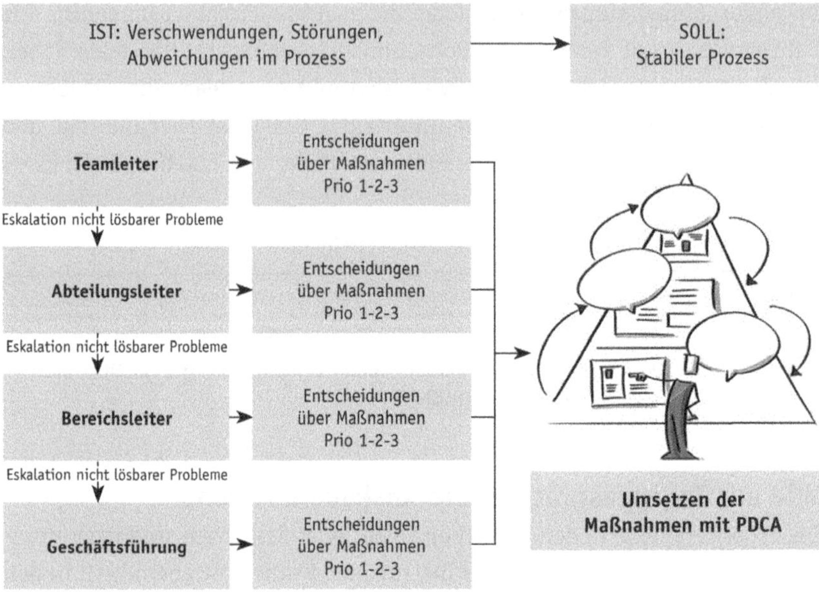

Abbildung 80: Stabiler Wertschöpfungsprozess durch Kommunikationskaskade

Prioritäten zu setzen, ist auf jeder Ebene der Kommunikationskaskade sehr wichtig, um eine Überforderung und Verzettelung durch zu viele gleichzeitige Aktivitäten zu verhindern. Stellt sich heraus, dass das Abteilungsleiterteam ein wichtiges Thema nicht alleine lösen kann, nimmt der Abteilungsleiter es mit zum nächsten Tagesgespräch, das vom Bereichsleiter geführt wird, und eskaliert es so wiederum eine Ebene nach oben.

Der Bereichsleiter entscheidet dann mit seinen Abteilungsleitern, welche der eskalierten Themen auf Bereichsleiterebene die größte Priorität haben, und legt Maßnahmen und Termine fest, um diese Themen zu bearbeiten und zu lösen. Wichtige Entscheidungen (von oben) werden vom Abteilungsleiter daraufhin direkt an seine Teamleiter weitergegeben, über die anderen informiert er sie im Abteilungsleitergespräch am Folgetag.

In den Unternehmen mit Kommunikationskaskade, die wir kennengelernt haben, gibt es auch noch die Eskalationsstufe zur Geschäftsführung. Allerdings begnügt man sich dort mit ein bis zwei Tagesgesprächen pro Woche. Diese Gespräche verlaufen ebenfalls nach demselben Muster: Geschäftsführer und Bereichsleiter priorisieren die Themen, die bearbeitet werden sollen, und treffen die erforderlichen Entscheidungen. Die Erfahrung zeigt: Je höher die Eskalationsstufe, desto umfangreicher und zeitlich aufwendiger sind die Themen, über die entschieden wird.

Merke

Die Kommunikationskaskade sorgt täglich für:

- einen durchgängigen Informationsfluss durch das gesamte Unternehmen,
- das Herausstellen von Abweichungen, Störungen und Problemfeldern im Unternehmen mit Priorisierung der wichtigsten Themen,
- das Eskalieren von Themen auf die nächste Ebene, wenn sie auf der eigenen Ebene nicht alleine gelöst werden können, und
- verschwendungsarme Kommunikation durch kurze, gut strukturierte und vorbereitete Tagesgespräche

Unternehmen, die eine Kommunikationskaskade aufbauen, erleben in der Regel, dass sich die Führungskräfte damit zunächst schwertun. Es ist viel Disziplin erforderlich, denn nur wenn die Tagesgespräche pünktlich beginnen und enden, kann die Kaskade im gesamten Unternehmen zu den beabsichtigten Verbesserungen führen.

In größeren Unternehmen muss deswegen der Vormittag komplett neu organisiert werden. Zwischen 7 und 10 Uhr sind fast alle Führungskräfte in Tagesgespräche involviert. Für andere Besprechungen bleibt am Vormittag keine Zeit mehr. Die Kaskade muss sorgfältig geplant werden, damit alle erforderlichen Querinformationen in den jeweiligen Ebenen vorhanden sind.

Es dauert nach unserer Einschätzung eine geraume Zeit, bis die Kommunikationskaskade störungsfrei eingesetzt werden kann. Aber es lohnt sich, denn wenn sie einmal gut verzahnt funktioniert, bringt sie eine große Dynamik in ein Unternehmen. Handlungs- und Entscheidungsbedarfe werden täglich an die richtige Stelle transportiert und Entscheidungen schneller getroffen.

Durch den schnellen Rückfluss der Informationen in die Teams fühlen sich diese viel besser in die Abläufe und Prozesse eingebunden. Viele Themen wurden zwar auch bisher von den Mitarbeitern angesprochen, sind aber vielfach unbearbeitet geblieben. Mit der Kommunikationskaskade erleben die Teams, dass Themen viel schneller angegangen und umgesetzt werden.

Dazu trägt natürlich auch bei, dass die Themen am Teamboard visualisiert werden und somit jederzeit sichtbar sind. Die Mitarbeiter schätzen es in der Regel sehr, dass Maßnahmen schnell umgesetzt werden, was wiederum ihre Bereitschaft erhöht, täglich weitere Themen zu benennen, bei denen sie Handlungsbedarfe erkennen.

In den Tagesgesprächen auf allen Ebenen der Kommunikationskaskade stehen ausschließlich die Information und Abstimmung im Mittelpunkt. Hier wird nicht diskutiert, wenn Probleme und Konflikte auftauchen, sondern gemeinsam festgelegt, welche Aktivitäten einzuleiten sind.

Dafür wird je ein Verantwortlicher benannt und ein Termin für den nächsten Schritt festgelegt, an dem die beteiligten Personen sich gemeinsam mit dem Problem befassen. Im darauffolgenden Tagesgespräch liegt dann der Vorschlag für die Lösung vor, die besprochen und beschlossen werden kann.

Merke

Diese strenge Trennung von Information und Abstimmung im Tagesgespräch einerseits und der inhaltlichen Themenbearbeitung andererseits ist ein zentraler Erfolgsfaktor für das Gelingen der Kommunikationskaskade. Für die Bearbeitung der Aktivitäten gilt die einfache Regel: So wenig Teilnehmer wie möglich, so viele Teilnehmer wie nötig.

Die Kommunikationskaskade hat zahlreiche weitere Vorteile, die sich im Laufe der Zeit nutzen lassen. Viele Besprechungsarten werden durch die Kommunikationskaskade überflüssig. Und die verbleibenden Besprechungsrunden werden von den Teilnehmern, die sich an den straffen Ablauf der Tagesgespräche gewöhnt haben, hinterfragt und verschlankt:

- Brauchen wir so viele Teilnehmer?
- Ist es notwendig, dafür so viel Zeit zu verschwenden?
- Können wir die Sitzung nicht auch als schnelle Stehung organisieren?

Mit der Zeit entwickelt sich somit durch die Kommunikationskaskade eine Verschlankung der Kommunikation insgesamt. Das Bewusstsein dafür, dass Kommunikation Verschwendung ist, wächst bei den Mitarbeitern.

Wie die Kommunikationskaskade den E-Mail-Verkehr reduziert

Die Frage, ob die tägliche E-Mail-Flut tatsächlich erforderlich ist, taucht fast immer auf, wenn sich ein Unternehmen daran macht, die Kommunikation zu verschlanken. Für viele Mitarbeiter sind die zahlreichen täglichen E-Mails ein großes Ärgernis und der größte Zeitfresser. Es ist deshalb kein Zufall, dass in den Unternehmen, in denen eine Kommunikationskaskade wirkungsvoll eingerichtet wurde, die Anzahl der E-Mails mit der Zeit deutlich reduziert wird. Da man sich sowieso sieht, kann man dem Kollegen sofort sagen, was er wissen muss.

Auch die Anzahl der Rechtfertigungs- und Absicherungs-E-Mails – eine Plage in vielen Unternehmen – wird deutlich reduziert. Die Reduzierung erfolgt zum einen, weil die Themen in den Tagesgesprächen direkt angesprochen werden, zum anderen, weil eine größere Sensibilität dafür entsteht, welche E-Mails sinnvoll sind und welche nicht. Auch steigt die Bereitschaft der Mitarbeiter, Feedback zu geben und Themen lieber im direkten Gespräch anzusprechen, als eine E-Mail zu verfassen. Nicht zuletzt gehen Unternehmen, haben sie die Bedeutung von Kommunikation und Information beim Veränderungsprozesses erst erkannt, bewusster und reflektierter mit Kommunikationsproblemen um. Wir haben die Erfahrung gemacht, dass der Aufbau einer bewussten Feedbackkultur sehr dazu beiträgt, die Kommunikation im Unternehmen zu verbessern.

Monatliche Retrospektive und Dokumentation

Jedes der Teams in der Kaskade muss sich mindestens einmal im Monat Zeit nehmen, um einen Rückblick (Retrospektive) auf das zu werfen, was im letzten Monat gelaufen ist. Dabei sind folgende Leitfragen zu berücksichtigen:

- Hilft das Tagesgespräch bei der Zielerreichung?
- Arbeiten wir an den richtigen Themen?
- Fühlen wir uns gut informiert?
- Gibt es Dinge, die im letzten Monat schlecht gelaufen sind und die wir in Zukunft besser machen müssen?
- Was sind die Lessons learned aus dem letzten Monat?
- Wie können wir die Lessons learned nutzen, um uns im Team weiterzuentwickeln?

Diese Rückblicke in allen Teams und auf allen Ebenen durchzuführen und auch dafür zu sorgen, dass Erfahrungen und Lessons learned an andere Teams weitergegeben werden, ist eine wichtige Aufgabe der Lean Leader.

Dabei empfehlen wir einen dreistufigen Dokumentationsprozess. Die effektivste Möglichkeit der Dokumentation während des Arbeitsprozesses sind die sogenannten Verschwendungskärtchen. Dabei handelt es sich um laminierte Karten im DIN-A5- oder DIN-A6-Format, die mit Magneten an das Teamboard gehängt werden können.

Verschwendungskarte			
Datum	Wer?	Bis wann?	Kostenstelle
Status	Bemerkungen		

Abbildung 81: Beispiel einer Verschwendungskarte

Ist ein Thema endgültig erledigt, wird es einfach von der Karte gewischt, und das nächste Thema kann vermerkt werden. Der Vorteil ist, dass alle innerhalb und außerhalb des Teams einen guten Überblick darüber haben, mit welchen Themen sich das jeweilige Team gerade beschäftigt und ob Termine überfällig sind.

Wurde ein Thema auf die nächste Ebene eskaliert, wird dies auf der Karte entsprechend visualisiert, beispielsweise durch einen roten Blitz. So weiß jeder, dass ein Thema eskaliert worden ist, und sieht, welche Ebene sich nun mit dem Thema beschäftigt.

Nach abgeschlossener Bearbeitung und erfolgreicher Umsetzung des Themas wird das Kärtchen abgehängt. Handelt es sich bei der Bearbeitung um einen PDCA-Zyklus oder ein Projekt, gibt es zusätzlich zur Beschreibung auf der Verschwendungskarte üblicherweise ein A3-Formular des PDCA, wie in den beiden Beispielen in Abschnitt 2.1.

Tagesthemen (ohne Bearbeitung durch PDCA) werden üblicherweise nicht dokumentiert. Wenn allerdings erkannt wird, dass sie öfter entstehen und es ein Muster gibt, wird der PDCA-Zyklus gestartet.

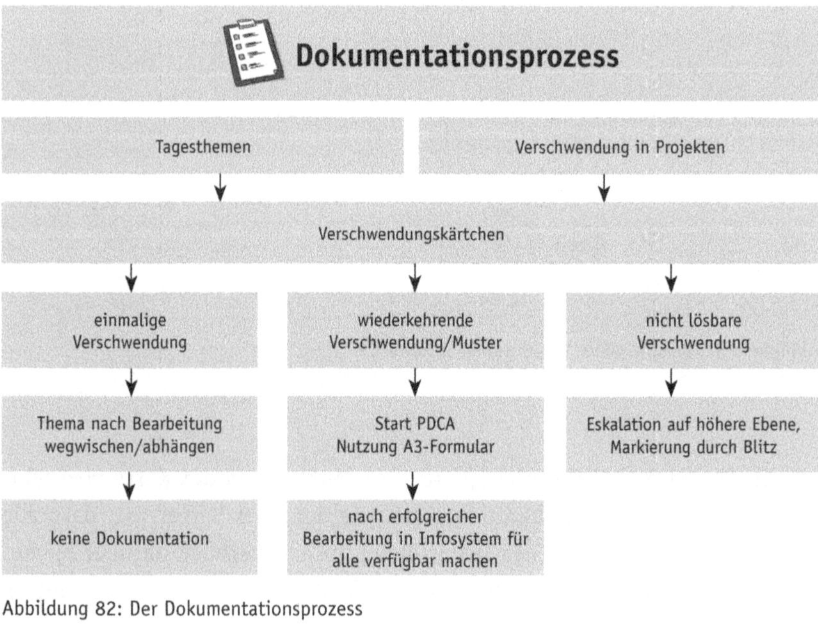

Abbildung 82: Der Dokumentationsprozess

Nach der erfolgreichen Umsetzung eines Themas wird der Inhalt des A3-Formulars in ein Informationssystem eingetragen, auf das alle Mitarbeiter Zugriff haben. Damit wird sichergestellt, dass die Informationen über bearbeitete PDCAs und Projekte im gesamten Unternehmen zur Verfügung stehen. So können die Teamleiter bei neu auftretenden Themen mithilfe des Informationssystems überprüfen, ob dieses Thema bereits in einem anderen Bereich aufgetreten ist und bearbeitet wurde.

4.4 Mit der Coachingkaskade Führungsprozesse durchgängig optimieren

Die Vernetzung der Tagesgespräche hat großen Anteil am Entstehen einer flächendeckenden Lean-Kultur. Eine ähnliche Vernetzungsleistung ist beim Führungsverhalten notwendig. Dieses erreicht eine Coachingkaskade, die einen substanziellen Beitrag leistet, um eine Lean-Kultur zu etablieren.

Coachingkaskade bedeutet die systematische und durchgängige Umsetzung coachenden Führens über die verschiedenen Hierarchieebenen und Funktionsbereiche hinweg. Dabei werden

- alle Mitarbeiter durch ihre Teamleiter,
- alle Teamleiter durch ihre Abteilungsleiter,
- alle Abteilungsleiter durch ihre Bereichsleiter und
- alle Bereichsleiter durch ihre Geschäftsleiter

kontinuierlich coachend geführt. Hierfür werden durchgängige Coachingduos aus Mitarbeiter und Führungskraft etabliert.

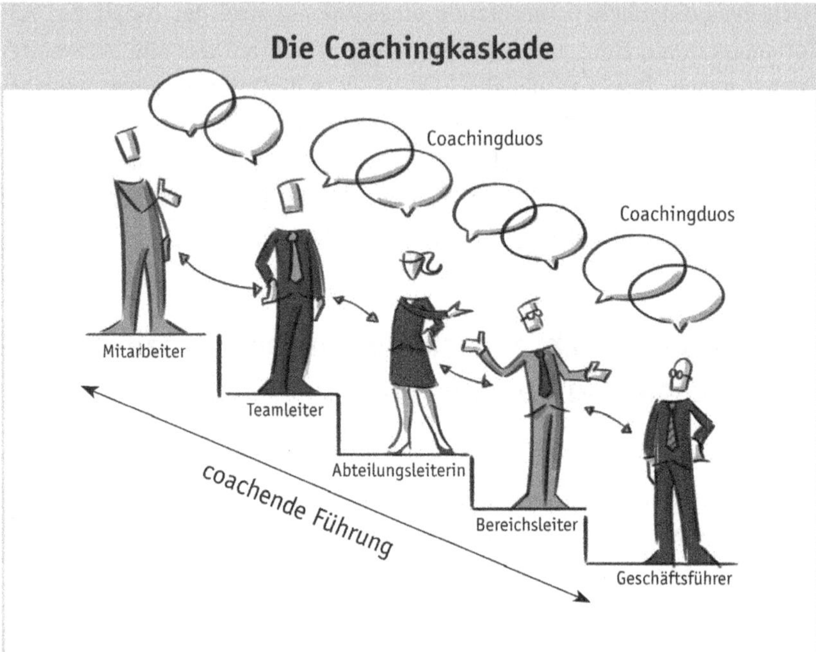

Abbildung 83: Die Coachingkaskade

Besondere Herausforderungen bei der Einführung einer Coachingkaskade

Die Ernsthaftigkeit, Durchdringung und Nachhaltigkeit von Lean als neuer Kultur der Zusammenarbeit ist für die Mitarbeiter häufig mit einer einfachen Fragen gekoppelt: Beteiligt sich das Management?

Die Mitarbeiter schauen genau darauf, wie die Führungskräfte ihr eigenes Verhalten verändern und ob den entsprechenden Aktivitäten eine hohe Priorität beigemessen wird. Ist dies nicht der Fall, drängt sich schnell der Verdacht auf, dass es sich bei Lean doch nur um eine kurzfristig vorangetriebene Modewelle handelt, die überstanden werden will.

Es braucht eine Portion Mut und Entschiedenheit, die Führungskräfte aller Ebenen – und nicht nur die Abteilungsleiter und Teamleiter in der Produktion – zu Lean Leadern zu entwickeln, also auch und vor allem das obere Management in den verschiedenen Funktionsbereichen der Organisation.

Drei Aspekte stellen besondere Herausforderungen in der Einführung und Umsetzung der Coachingkaskade dar. Zunächst bietet das Tagesgeschäft von Führungskräften so gut wie keinen Raum für eigenes Lernen. So fällt es den Führungskräften schwer, zum Beispiel auf Stufe 1 des coachenden Führens (vergleiche Kapitel 3.1) an einem Feedbacktraining teilzunehmen. Je größer der Verantwortungsbereich, desto größer sind erfahrungsgemäß die Managementanteile, und umso weniger Zeit bleibt in der Regel für Weiterbildung, Kommunikation und Mitarbeiterführung. Allerdings:

Merke

Wenn sich die Wirkung der Coachingkaskade voll entfalten soll, müssen alle Führungskräfte eingebunden werden.

Denn auch die Führungskräfte der höheren Hierarchiestufen sollten die praktischen Aspekte und Vorgehensweisen von Problemlösemethoden aus eigener Erfahrung kennen, in der Praxis anwenden und überdies coachendes Führen vor Ort tatsächlich umsetzen können.

Der zweite Aspekt betrifft die Einbindung administrativer und dienstleistender Bereiche. Auch hier gilt: Soll Prozessorientierung nicht nur als Floskel wahrgenommen, sondern wirklich nachhaltig umgesetzt werden, ist es unumgänglich, alle Funktionsbereiche einzubinden. Wird Lean Leadership nur in den produktiven Bereichen eingeführt, entstehen gravierende Unterschiede in der Art und Weise, Probleme und Konflikte zu meistern, die es massiv erschweren, das Ziel durchgängiger und schlüssiger Prozesse im Unternehmen zu erreichen. Denn vor allem an den Schnittstellen liegen häufig die größten Chancen auf Verbesserung und Reduktion von Verschwendung, wie wir in Kapitel 3 bei der Darstellung der Stufe 4 des coachenden Führens aufgezeigt haben.

Die dritte Herausforderung betrifft die beim coachenden Führen deutlich verstärkte Sichtbarkeit von Führung. Es ist nach wie vor eine verbreitete Einschätzung, dass Führung und Management vor allem am Schreibtisch und in Meetings stattfinden, also außerhalb des für jeden einsehbaren Bereichs, etwa an einer Anlage in der Produktion. Doch mit der Coachingkaskade wird Führen vor Ort präsent. Allerdings ist diese Sichtbarkeit für viele Führungskräfte zunächst sehr ungewohnt. Schlimmer noch: Nach herkömmlicher Denkweise wird die Einmischung höherer Vorgesetzter in die Führungsarbeit meist als eklatante Schwäche und Defizit der unmittelbaren Führungskraft interpretiert. Konkretes Beispiel: Schaltet sich der Abteilungsleiter in die Arbeit des Teamleiters ein, wird dies dem Teamleiter als Makel angerechnet – und auch er selbst nimmt dies so wahr.

Coachendes Führen vor Ort bedeutet nun, dass die Zusammenarbeit zwischen den Führungskräften für viele weitere Mitarbeiter sichtbar wird, was einen Teil der Führungskräfte erfahrungsgemäß anfangs abschreckt, sich auf dieses Verhalten einzulassen.

Merke

Nach der ersten Gewöhnungsphase setzt in der Regel die Wirkung ein, dass coachendes Führen und die Zusammenarbeit über mehrere Ebenen hinweg weder eine reine Floskel ist noch einen Makel darstellt, sondern eine effektive und hilfreiche Vorgehensweise zur Organisationsentwicklung im Lean Leadership bedeutet.

Die Existenz einer durchgängigen Coachingkaskade hat weitere vielschichtige Auswirkungen auf das Unternehmen.

Coachingkaskade als Umsetzungsmotor für die lernende Organisation

Ohne ein coachendes Führen auf allen Hierarchie- und Funktionsebenen wird es einem Unternehmen schwerfallen, eine Kommunikationskaskade und eine Zielekaskade erfolgreich mit Leben zu füllen und deren Vorteile und Chancen zu nutzen. Erst die Coachingkaskade gewährleistet, dass sich alle Führungskräfte mit den betreffenden Themen beschäftigen und ihre Mitarbeiter vor Ort unterstützen.

Sie sorgt dafür, dass alle Menschen im Unternehmen Entwicklungsimpulse und die nötige Aufmerksamkeit und Unterstützung erfahren. Sie ist damit der Motor für die lernende Organisation. Mit ihrem Einsatz lassen sich auf jeder Hierarchiestufe und in jedem Funktionsbereich die Entwicklungsbedarfe erkennen und die Entwicklungspotenziale heben.

Eine Folge ist, dass die Zusammenarbeit auf und zwischen den Hierarchiestufen intensiviert wird und neue Beziehungen aufgebaut werden, was häufig dazu führt, dass Konflikte geklärt und kritische Verhaltensmuster und Fronten aufgebrochen werden müssen. Es kommt einerseits zu Reibungen und Spannungen, andererseits eröffnen sich viele Chancen zur Weiterentwicklung auch auf der persönlichen Ebene.

Coachingkaskade befördert gemeinsames Führungsverständnis

Bei der Verwirklichung von Lean spielen die Führungskräfte eine zentrale Rolle. Sie übersetzen mit und in ihrer Führungsrolle die Vision, die Ziele und die Kultur des Unternehmens. Ihre Verhaltensweisen, ihr Auftreten und ihre Botschaften beeinflussen das Verhalten aller Beteiligten. Und je stärker sich die Führungskräfte dieser Rolle und Wirkung bewusst sind und sie diese an- und wahrnehmen, umso eher lassen sich kontraproduktive Auswirkungen auf Mitarbeiterebene vermeiden und stattdessen konstruktive und ergebnisorientierte Arbeitsgewohnheiten aufbauen.

Merke

Die Coachingkaskade ermöglicht einerseits eine Zusammenarbeit auf Augenhöhe und bietet andererseits den Rahmen und den Raum für jede Führungskraft, sich zum Lean Leader zu entwickeln.

Die Coachingkaskade befähigt die Führungskräfte dazu, die Lean-Kultur vorzuleben, ihre Mitarbeiter zu begeistern und zum eigenständigen Denken und Handeln zu inspirieren – und zwar völlig unabhängig davon, in welchem Bereich eine Führungskraft tätig ist.

Lean-Kultur und Werte einspielen und Schlupflöcher stopfen

Die Durchgängigkeit bis zur Geschäftsführung bringt die Möglichkeit mit sich, Werte und Normen, die der Geschäftsführung wichtig sind, top-down über die Coachingkaskade in das gesamte Unternehmen zu transportieren. Einen Beitrag dazu leisten insbesondere die Beziehungen, die in den Coachingduos entstehen. Betont die Geschäftsleitung zum Beispiel die Vorteile von Lean, die gewünschte Art der Zusammenarbeit und gibt diese direkt an ihre Bereichsleiter weiter, schafft sie damit ein lebendiges Wertesystem. Zudem erfährt sie, an welchen Stellen etwa der Aufbau von Vertrauen oder die Übertragung von Verantwortung nicht funktioniert.

Abbildung 84: Transport von Werten über die Coachingkaskade

Die Durchgängigkeit – auch in der Breite, also über die Funktionsbereiche hinweg – zeigt der Geschäftsleitung auf, welche Führungskräfte im Unternehmen den Anforderungen eines Lean Leaders dauerhaft nicht gewachsen sind oder nicht entsprechen wollen. Es ist wichtig, auf solche Erkenntnisse zu reagieren, denn wenn in einigen Teilen die unterstützende Haltung fehlt, hat das meist negative Auswirkungen auf die Mitarbeiter und auch auf die Zielerreichung. Zur Veranschaulichung dient das folgende Beispiel:

- Ein Bereich schert immer wieder aus dem Zielkorridor aus und bekommt die Probleme mit den zur Verfügung stehenden Möglichkeiten nicht alleine in den Griff.
- Die Kommunikationskaskade sorgt dafür, dass das Problem bis zur Geschäftsleitung hocheskaliert wird.

- Ein Weg, dem Problem auf den Grund zu gehen, kann darin bestehen, top-down durch die Coachingkaskade gezielt darauf zu schauen, wie der Abteilungsleiter mit den Teamleitern des betreffenden Bereiches umgeht.
- Fehlt dort etwa die unterstützende Haltung, wirkt sich dies über die Teamleiter auch auf die Mitarbeiter aus.
- Es besteht nun aber die Möglichkeit, über die Kaskade wichtige und glaubhafte Impulse von der Geschäftsleitung in die unteren Hierarchiestufen zu geben.

Coachingduos in der Praxis – die Doppelrolle aus Coachee und Coach

Viele Lean Leader haben in der Coachingkaskade eine Doppelrolle – sie werden von ihrer Führungskraft gecoacht und coachen wiederum selbst ihre Mitarbeiter. In dieser Doppelrolle liegen viele Chancen.

Die Doppelrolle im coachenden Führen

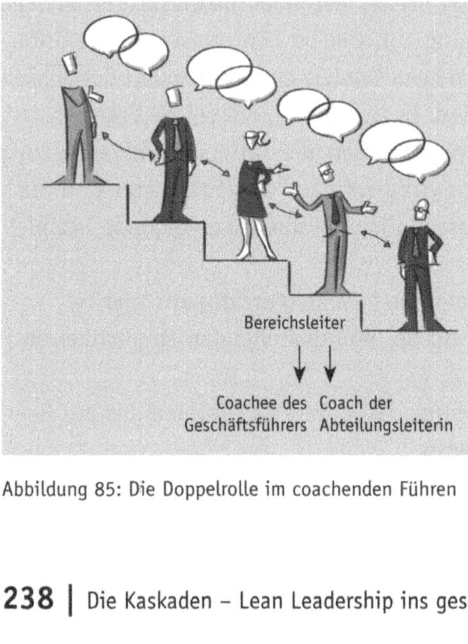

- als Coachee Sammeln von Anregungen für die eigene Rolle als Coach
- Verständnis für die Einschätzung der Coachees durch persönliche Erfahrungen
- Entwicklen eines einheitlichen Führungsstils im gesamten Unternehmen
- Verbesserung der Abstimmungs- und Ergebnisqualität in Verbindung mit der Kommunikationskaskade
- Bilden einer stabilen Basis für die konstruktive Klärung widersprüchlicher Ziele

Abbildung 85: Die Doppelrolle im coachenden Führen

So kann beispielsweise ein Abteilungsleiter aus den Coachinggesprächen mit seinem Bereichsleiter für sich selbst viele Anregungen mitnehmen, was direkten Einfluss auf seine Rolle als Coach seiner Teamleiter hat. Auch entwickelt er so ein Gefühl dafür, wie sich einer seiner Teamleiter als Coachee fühlt, weil er die Erfahrungen selbst gemacht hat. So entwickelt sich mit der Zeit ein einheitlicher Stil, nicht nur in der Produktion, sondern auch in den Funktionsbereichen.

Gerade in Bezug auf die Optimierung der gesamten Prozesskette über Schnittstellen hinweg führt die Coachingkaskade zu unterstützenden, erleichternden Effekten. In Verbindung mit einer konsequenten Kommunikationskaskade wird die Abstimmungs- und Ergebnisqualität deutlich erhöht. Denn durch die regelmäßigen Kontakte und die damit geübte sichere Kommunikation bildet sich eine stabile Basis für die konstruktive Klärung widersprüchlicher und unterschiedlicher Zielsetzungen. Die Energie richtet sich eher auf die Sachebene und ermöglicht damit echte Prozessverbesserung ohne Ablenkungen etwa durch Kommunikationsstörungen, die unerkannt auf der Beziehungsebene für Unruhe sorgen könnten. Dies führt dazu, dass konstruktiver an den Schnittstellen und im Sinne eines effektiven Gesamtprozesses gearbeitet werden kann.

Das Beispiel zeigt nochmals, wie wichtig es ist, dass auch die Mitglieder der Geschäftsführung und der Bereichsleitung ihre Rollen als Coaches wahrnehmen und gestalten und sich der Auswirkung ihrer Coachingarbeit auf die Entwicklung der gesamten Organisation bewusst sind.

Take-aways

Es bringt viele Vorteile, Ziele gemeinsam im Team zu erarbeiten. Überlegen Sie, wie Sie diesen Ansatz in Ihrem Verantwortungsbereich nutzen können.

In Kapitel 4.2 beschreiben wir, wie im Managementteam Ziele optimal aufeinander abgestimmt werden. Überlegen Sie, wie weit Sie in Ihrem Unternehmen in der Abstimmung der Ziele sind. Sind Sie damit zufrieden oder gibt es Verbesserungspotenzial?

Wenn Sie noch keine Tagesgespräche eingeführt haben, probieren Sie es aus. Welche sinnvollen Gestaltungsmöglichkeiten gibt es für Tagesgespräche in ihrem Verantwortungsbereich?

Gestalten Sie für Ihren Verantwortungsbereich die bestmögliche Kommunikationskaskade. Gibt es in Ihrem Verantwortungsbereich eine Eskalation von Themen? Wenn Sie damit nicht zufrieden sind, nutzen Sie den in Abbildung 80 abgebildeten Mechanismus und probieren Sie ihn aus.

Durchgängige, konstruktive Coachingduos im Unternehmen erleichtern es, coachendes Führen als selbstverständliche Form der Führung anzusehen. Wie ist es bei Ihnen und Ihrer Führungskraft? Erlebt Ihre Führungskraft Sie im Umgang mit Ihren Mitarbeitern oder in Führungssituationen? Und gibt sie Ihnen aktiv Feedback dazu? Wenn nein, holen Sie sich Feedback aktiv ein!

Überlegen Sie, welche Reaktionen sichtbares coachendes Führen in Ihrem Arbeitsbereich vermutlich auslöst. Wie können Sie positive Reaktionen aktiv fördern?

5.
Lean Leadership im Unternehmen einführen

Was Sie in diesem Kapitel erfahren

Sie erhalten Anregungen, Tipps und Handlungsempfehlungen, wie Sie Lean Leadership im Unternehmen einführen, sich zum Lean Leader entwickeln und Hindernisse, die Ihnen auf dem Weg zu Lean Leadership begegnen, konstruktiv bewältigen können.

Mit Shop Floor Management beginnen

Sie möchten Lean Leadership in Ihrem Unternehmen einführen? Prima! In einem Industriebetrieb empfehlen wir Ihnen, mit Shop Floor Management zu beginnen. Warum? Es ist relativ einfach, die ersten Schritte zu gehen und sich dann allmählich an die Feinheiten heranzutasten. Shop Floor Management beginnt vor Ort, am Ort der Wertschöpfung, wo auch Lean Leadership stattfindet. Dort erzielen Sie die beste Wirkung, dort lassen sich schnell Erfolge erzielen, durch die Ihre Mitarbeiter weiter motiviert werden.

Tipp 1: Holen Sie im Vorfeld alle Führungskräfte ins Boot.

Bringen Sie zunächst die Führungskräfte zusammen und erarbeiten Sie mit ihnen gemeinsam Ziele und Rahmenbedingungen für das einzuführende Shop Floor Management. Wir haben die besten Erfahrungen mit Workshops zum Thema Führung und Kommunikation gemacht, an denen das gesamte Management teilgenommen hat. Weiterhin ist es wichtig, dass die Beteiligten wirklich selbst Ziele und Rahmenbedingungen erarbeiten, denn dann sind es nicht mehr die Vorgaben der Geschäftsleitung, sondern gemeinsame Zielvorstellungen.

- Machen Sie gemeinsam eine Bestandsaufnahme und beleuchten Sie Stärken, Schwächen, Chancen und Risiken (SWOT-Analyse).
- Arbeiten Sie heraus, mit welchen Zielen Sie Führung und Kommunikation verbessern möchten.
- Stellen Sie das Shop-Floor-Management-Konzept ausführlich vor.

- Prüfen Sie gemeinsam, ob Shop Floor Management das richtige Konzept ist, die Ziele zur Verbesserung von Führung und Kommunikation zu erreichen.
- Nehmen Sie sich Zeit, um sorgfältig Vorteile und Nachteile gegeneinander abzuwägen und zu einer von allen getragenen Entscheidung zu kommen.
- Versuchen Sie, eine motivierende Aufbruchsstimmung zu erzeugen.

Tipp 2: Starten Sie in Pilotbereichen.
Nehmen Sie sich nicht zu viel vor. Es hat sich weltweit bewährt, bei der Einführung von Lean-Managementmethoden mit Pilotbereichen zu starten. Für die Auswahl der Pilotbereiche empfehlen sich folgende Kriterien:

- Wählen Sie ein nicht zu großes Team aus (maximal zwölf Personen).
- Je prozessorientierter der Arbeitsbereich des Teams gestaltet ist, desto höher ist die Eignung für Shop Floor Management.
- Der Teamleiter sollte kein bekennender Gegner von Shop Floor Management, sondern Neuem gegenüber aufgeschlossen sein.

Tipp 3: Holen Sie die Mitarbeiter des Pilotbereichs zusammen und sprechen Sie mit Ihnen über die Ziele.
Ebenso wie auf Führungsebene steht und fällt der Erfolg mit der Beteiligung aller Mitarbeiter. Teilhabe ist für die Identifikation und das Warhnehmen von echter Verantwortung wichtig. Nehmen Sie sich auch in Ihrem Pilotteam die Zeit, gemeinsam mit Ihren Mitarbeitern Stärken und Schwächen, Chancen und Risiken (SWOT-Analyse) herauszuarbeiten. Erarbeiten Sie mit dem Team Handlungsbedarfe und formulieren Sie gemeinsam Ziele, die das Team mit seinem Teamleiter erreichen möchte.

Tipp 4: Wählen Sie für die Pilotgruppe zu den Zielen passende Kennzahlen.
Die Kennzahlen sollen einfach und verständlich sein, das Team muss sie beeinflussen können und die Kennzahlen als bedeutsam erleben. Beteiligen Sie die Mitarbeiter des Teams an der Entwicklung und Erprobung der Kennzahlen.

Tipp 5: Streben Sie anfangs nicht die perfekte Kennzahl an.
Wir haben die Erfahrung gemacht, dass die Kennzahlen, mit denen gestartet wird, zu einem späteren Zeitpunkt häufig noch verändert werden. Das Entscheidende zu Beginn ist, dass sich das Team in der Kennzahl wiederfindet und diese zugleich eine gute Messgröße für das Teamziel darstellt.

- Die Kennzahl muss täglich ausgewiesen werden, damit sie wirksam sein kann. Wöchentlich oder monatlich ausgehängte Kennzahlen haben einen deutlich geringeren positiven Effekt, weil sich die Mitarbeiter schlicht nicht mehr genau erinnern können, was vor einer Woche oder einem Monat war.
- Die tägliche Besprechung führt zu einer Vertrautheit der Mitarbeiter mit der Kennzahl und den Zusammenhängen, durch die die Kennzahl beeinflusst wird.
- Die Kennzahl muss täglich aktuell sein und korrekt bestimmt werden.
- Die Kennzahl sollte handschriftlich vor den Augen der Teammitglieder eingetragen werden, weil dann der Identifikationsgrad gegenüber einem ausgehängten Ausdruck größer ist.

Tipp 6: Animieren Sie das Team dazu, erkannte Abweichungen, Störungen und Probleme, aber auch Ideen zur Verbesserung aufzuschreiben.
Wenn ein Team ein Ziel hat und anhand der passenden Kennzahl das Ziel täglich konsequent verfolgt, dann wird es auf dem Weg zur Zielerreichung rasch auch den entsprechenden Problemen begegnen und sich mit ihnen auseinandersetzen müssen. Wenn das Team ermutigt wird, aus der Beob-

achtung seiner täglichen Arbeit heraus Themen zu benennen und diese Themen konsequent im Sinne der systematischen Problemlösung zu bearbeiten, werden die Leistungen fast automatisch besser.

Tipp 7: Jedes Team braucht ein Teamboard, das groß genug ist, um alle erforderlichen Informationen aufzunehmen. Dies gilt nicht nur für Produktions-, sondern auch für Administrationsbereiche.
Das Teamboard stellt das Kommunikationszentrum des Teams dar. Dort finden sich täglich alle relevanten und aktuellen Informationen. Es ist Aufgabe des Teamleiters, die Informationen aktuell zu halten und seine Mitarbeiter im Tagesgespräch zu informieren, aber auch die benötigten Informationen vom Team anzufordern.

Tipp 8: Sorgen Sie dafür, dass der Teamleiter genügend Zeit für seine Führungs- und Verbesserungsaufgaben hat.
Die Erfahrung zeigt, dass ein Teamleiter nur dann seine Aufgaben gut erfüllen kann, wenn er sich 5 Prozent seiner Arbeitszeit um sein Team kümmern kann. Er muss ausreichend Zeit haben, um vor Ort bei seinen Mitarbeitern zu sein und zu erleben, welche Hindernisse die Zielerreichung erschweren, an welchen Stellen sich die Mitarbeiter mit ihrer Arbeit schwertun, wo unterschiedliche Arbeitsweisen durch Standards ersetzt werden sollten und wo es Verbesserungsansätze gibt, die von den Mitarbeitern selbst nicht erkannt werden.

Muss sich der Teamleiter zu viel um operative Aufgaben oder Troubleshooting kümmern, kann das Team seine Potenziale nicht voll entfalten und wird sowohl seine eigenen Erwartungen als auch die der Führung nicht erfüllen.

Tipp 9: Sorgen Sie dafür, dass Teamleiter und Team die angegangenen Themen schnellstmöglich umsetzen.
Umsetzungsgeschwindigkeit ist einer der größten Erfolgsfaktoren von Shop Floor Management. Erkennen die Mitarbeiter, dass ihre Anregungen und Themen schnellstmöglich umgesetzt werden, erleben sie dies als Erfolg und Bestätigung. Umgekehrt führen Verzögerungen in der Umsetzung zu Demotivation. Deshalb ist es besser, nur wenige Themen anzugehen, diese aber konsequent, schnell und richtig.

Tipp 10: Bleiben Sie konsequent: Sorgen Sie dafür, dass ein Tagesgespräch niemals ausfällt.
Kontinuität ist ein weiterer zentraler Erfolgsfaktor für Shop Floor Management. Teamleiter und Team müssen am Ball bleiben. Fallen die täglichen Informationsrunden nur einmal aus, weil gerade so viel zu tun ist, setzt die Erosion ein: Nach einiger Zeit gibt es dann keine regelmäßigen Tagesgespräche und keine systematische Problembearbeitung mehr. Sorgen Sie deshalb dafür, dass die Tagesgespräche bei Abwesenheit des Teamleiters durch einen Stellvertreter durchgeführt werden.

Agiles Projektmanagement im zweiten Schritt einführen

Gibt es in Ihrem Unternehmen viele Projekte, die umfangreiche Personalressourcen binden, ist vermutlich neben Shop Floor Management der Einsatz agiler Projektmanagementmethoden sinnvoll. Auch wenn es Projekte gibt, die mit klassischem Projektmanagement besser organisiert werden können – die Konstellationen, in denen agile Vorgehensweisen die bessere Wahl sind, sind erheblich. Weiterhin beobachten wir, dass sowohl bei agilen Methoden wie beim Shop Floor Management ein Wandel hin zu einer echten lernenden Organisation erfolgt.

Tipp 1: Wenn in Ihrem Unternehmen noch keine Erfahrungen mit agilem Projektmanagement vorliegen und Sie eine Softwareentwicklung haben, so beginnen Sie dort.
Die meisten agilen Methoden stammen aus dem Bereich der Softwareentwicklung. Software und IT-Projekte sind deswegen dafür besonders gut geeignet, um Erfahrungen mit agilen Arbeitsweisen zu sammeln.

Eine häufige Erfolgsformel können wir Ihnen mit auf den Weg geben: Bleiben Sie möglichst nah an den Vorgaben der Methodiken. Scrum entfaltet seine positiven Wirkungen nur, wenn die Regeln und Rahmenbedingungen von allen Beteiligten eingehalten werden.

Tipp 2: Nutzen Sie die bei der Softwareentwicklung gemachten Erfahrungen für Projekte aus anderen Bereichen und mit anderen Zielstellungen.
Setzen Sie für Projekte mit anderen Zielstellungen erfahrene Teammitglieder aus den ersten agilen Projekten ein. Diese können ihre Erfahrungen dann an die anderen Kollegen weitergeben. Auch dies ist wieder ein Vorgehen hin zu einer lernenden Organisation.

Tipp 3: Gibt es in Ihrem Unternehmen keine Softwareentwicklung, finden Sie ein Pilotprojekt für agiles Projektmanagement.
Kriterien für ein Projekt, das mit agilen Projektmethoden gut bearbeitet werden kann, sind Folgende:

- Es gibt einen (externen) Kunden, der klare Vorstellungen für das Projektergebnis hat.
- Der Kunde kann aktiv in das Projekt eingebunden werden.
- Das Projektteam besteht aus veränderungsaffinen Menschen.
- Das Projekt kann sinnvoll in Teilprojekte gegliedert werden, aus denen jeweils ein Teilprodukt entsteht.

Tipp 4: Geben Sie den beteiligten Führungskräften die Chance, sich mit der neuen Form der Projektarbeit vertraut zu machen.
Die Erfahrung zeigt, dass sich viele Führungskräfte sehr schwer mit agilem Projektmanagement tun. Gerade die Führungskräfte, die es gewohnt sind, direkt und aktiv ins Geschehen einzugreifen, werden fremdeln, wenn von ihnen erwartet wird, das Projektteam laufen zu lassen und sich darauf zu beschränken, die vorgesehenen Kommunikationsrunden zu nutzen. Es hilft sehr, wenn diese Führungskräfte während dieses Prozesses von ihrem Chef gecoacht werden, sofern dieser Erfahrung mit agilem Projektmanagement hat. Alternativ kann auch ein professioneller Coach eingesetzt werden, der weiß, worauf es beim agilen Projektmanagement ankommt.

Tipp 5: Stellen Sie sicher, dass das Projektteam mit dem agilen Projektmanagement nicht überfordert ist.
Genau wie die beteiligten Führungskräfte ihre Probleme mit den ungewohnten Methoden und Instrumenten haben, werden sich auch die Mitglieder des Projektteams zunächst schwertun. Geben Sie diesen die Chance zur Reflexion und sorgen Sie dafür, dass die Mitarbeiter unterstützt werden. Hilfreich ist, wenn es einen erfahrenen Projektleiter gibt, der weiß, worauf es im agilen Projektmanagement ankommt. Steht ein solcher nicht zur Verfügung, holen Sie sich beim Pilotprojekt Unterstützung von einem externen Profi.

Tipp 6: Werten Sie die Erfahrungen aus dem Pilotprojekt sorgfältig mit allen Beteiligten aus. Sorgen Sie dafür, dass die Lessons learned klar formuliert werden und die aktive Nutzung der Lerneffekte in weiteren Projekten möglich ist.
Es ist noch kein Meister vom Himmel gefallen. Aller Anfang ist schwer – das gilt gewiss auch für das agile Projektmanagement. Es ist ein Kern aller agilen Methoden, gelassen mit Fehlern umzugehen und es beim nächsten Mal besser zu machen. Entscheidend ist, dass Sie sich nicht entmutigen lassen und konsequent weitere Erfahrungen sammeln, ohne die Führungskräfte und Mitarbeiter zu überfordern.

Sorgen Sie dafür, dass die Ergebnisse des Pilotprojektes sachlich untersucht werden. Geben Sie dem Neuen eine Chance. Die Wahrscheinlichkeit ist sehr gering, dass direkt beim ersten Mal alles läuft wie am Schnürchen. Nutzen Sie das Pilotprojekt konsequent zum Lernen und sorgen Sie dafür, dass die Erkenntnisse in Ihrem Unternehmen weit gestreut werden.

Tipp 7: Verbinden Sie Shop Floor Management und agiles Projektmanagement. Die Verbindung der Vorteile beider Konzepte bringt einen großen Mehrwert mit sich.
Während Shop Floor Management dazu beiträgt, die operativen Geschäftsprozesse zu optimieren und zu verschlanken, führt das agile Projektmanagement bei der Bearbeitung von Einzelprojekten zu demselben Effekt. Für Lean Leader, die Shop Floor Management kennen und nutzen gelernt haben, bedeutet es keine Umstellung in ihrem Führungsverhalten, wenn sie als Projektleiter agile Projekte übernehmen. Umgekehrt gilt dies genauso. In beiden Systemen geht es darum, Mitarbeitern Freiräume einzuräumen, die Eigenverantwortung zu vergrößern, immer weiterzulernen, Erfahrungen zu sammeln, Neues zu wagen und sich weiterzuentwickeln. In beiden Fällen kommt der Führungskraft eine dienende Rolle für das Team zu.

Die Zielekaskade einführen

In vielen Unternehmen wird bereits mit Zielen gearbeitet und auch Zielekaskaden sind bereits eingeführt. Deshalb empfehlen wir Ihnen zunächst einen Blick darauf, was bei Ihnen im Unternehmen schon gelebte Praxis ist. Je mehr Elemente Sie bereits vorfinden, desto schneller werden Sie eine für Lean Leadership passende Zielekaskade aufbauen können.

Tipp 1: Machen Sie eine Bestandsaufnahme zum Thema Ziele.
Stellen Sie fest, welche Elemente der Zielekaskade im Unternehmen bereits vorhanden sind. Gibt es bereits ein Zielesystem, so können Sie dieses als Ausgangspunkt nutzen. Werden Mitarbeitergespräche geführt, fragen Sie sich, ob dieses System wirklich gut funktioniert, ob es tatsächlich eine

wirksame Unterstützung für Führungskräfte und Mitarbeiter bietet und ob es die konsequente Weiterentwicklung des Unternehmens tatsächlich vorantreibt.

Seien Sie dabei selbstkritisch und stellen Sie ganz nüchtern die positiven und negativen Aspekte gegenüber. Für die Bestandsaufnahme empfehlen wir folgende Leitfragen:

- Gibt es bereits ein geschlossenes System zur Zielformulierung und -verfolgung?
- Sind strukturierte Mitarbeitergespräche Teil dieses Zielesystems?
- Werden die systematischen Mitarbeitergespräche sinnvoll zur Entwicklung des Unternehmens und der Mitarbeiter genutzt?
- Sind die Ziele SMART?
- Gibt es zu den Zielen aussagefähige Kennzahlen?
- Kennen alle Mitarbeiter die Unternehmensziele und ihre Teamziele?
- Werden Ihre Mitarbeiter durch diese Ziele motiviert?

Wenn Sie auf einzelne dieser Fragen mit Nein antworten müssen, nehmen Sie sich Zeit, gemeinsam ein wirkungsvolles Zielesystem für Ihr Unternehmen zu schaffen.

Tipp 2: Sprechen Sie mit Ihren Mitarbeitern über die Ziele Ihres Unternehmens.
Fragen Sie Ihre Mitarbeiter, ob sie die Unternehmensziele kennen, welche persönlichen Ziele sie haben und ob sich diese mit den Unternehmenszielen in Übereinstimmung bringen lassen. Wenn Sie mit Ihren Mitarbeitern über die Ziele reden und kein Leuchten in ihren Augen wahrnehmen, wissen Sie, dass noch Handlungsbedarf besteht. Nur der Mitarbeiter, der voller Freude und Begeisterung von seinen Zielen spricht, wird die Energie aufbringen, sie mit Nachdruck voranzutreiben. Nehmen Sie kein Leuchten wahr, dann sprechen Sie darüber, welche Ziele für Ihren Mitarbeiter bedeutsam sind. Geben Sie Ziele nicht vor, sondern beteiligen Sie Ihre Mit-

arbeiter bei der Formulierung der Ziele. Je mehr sich der Mitarbeiter in den Zielformulierungen wiederfindet, desto größer wird seine Motivation sein.

Tipp 3: Achten Sie auf Zielkonflikte in Ihrem Unternehmen.
Nehmen Sie Zielkonflikte in Ihrem Unternehmen wahr? Wenn ja, nehmen Sie sich die Zeit und sprechen Sie mit Ihren Mitarbeitern darüber. Analysieren Sie, wie die Zielkonflikte entstanden sind und welche Auswirkungen sie haben. Versuchen Sie, die Folgen von Zielkonflikten mit der Verschwendungsbrille zu betrachten und einzuschätzen, wie viel Verschwendung durch die Zielkonflikte verursacht wird. Warnsignale für Zielkonflikte sind:

- Streit zwischen Abteilungen oder Teams
- endlose Diskussionen über die gleichen Themen
- frustrierte Äußerungen von Mitarbeitern wie etwa »Gegen die Abteilung XY kommen wir nicht an« oder »Wir können ja sagen, was wir wollen, es passiert ja doch nichts.«
- gereizte Stimmung zwischen Abteilungs- oder Bereichsleitern

In all diesen Fällen lohnt es sich, festzustellen, woher diese negativen Verhaltensweisen kommen und welche Rolle dabei die Zielkonflikte spielen.

Tipp 4: Nutzen Sie Ihr Managementteam, um gemeinsam die Ziele für das nächste Jahr festzulegen.
Wenn Sie zur Zeit die Ziele mit Ihren Mitarbeitern individuell vereinbaren, probieren Sie es einmal damit, mit Ihrem gesamten Team die Ziele für das folgende Jahr zu erarbeiten. Gehen Sie dabei immer vom Rückblick des vergangenen Jahres aus und reflektieren Sie gemeinsam die Erfahrungen, die mit den Zielen gemacht worden sind: Gab es Zielkonflikte? Wodurch sind diese entstanden?

Tipp 5: Schaffen Sie einen geschlossenen Rückkopplungskreis in Bezug auf die Ziele im Unternehmen.
Beginnen Sie gerade damit, konsequent mit Zielen zu arbeiten, wählen Sie zunächst den Top-down-Weg. Haben Sie bereits einige Jahre Erfahrung im Umgang mit Zielen, integrieren Sie den Bottom-up-Pfad in Ihren Zielfindungsprozess. Bottom-up bedeutet, dass der Teamleiter mit seinem Team als ersten Schritt im Zielentwicklungsprozess über die Zielvorstellungen für das nächste Jahr nachdenkt und die aus Sicht des Teams wünschenswerten Ziele ausformuliert.

In einem zweiten Schritt nimmt der Teamleiter die Zielvorstellungen seines Teams mit in die Runde, in der seine Teamleiterkollegen mit dem Abteilungsleiter über die Zielvorstellungen für die Abteilungen nachdenken. Die Teamleiter diskutieren ihre Zielvorstellungen aus und kommen so zu gemeinsamen Abteilungszielen. Nach gleichem Muster nimmt der Abteilungsleiter die Vorstellungen für die Abteilungsziele mit in die Diskussion mit den Bereichsleitern über die Bereichsziele des nächsten Jahres.

Wenn dann im Managementteam Geschäftsführer und Bereichsleiter gemeinsam über die Ziele für das nächste Jahr beraten, bringen die Geschäftsführer ihre Vorstellungen über die Ziele aus Unternehmenssicht ein, während alle Bereichsleiter die Zielvorstellungen aller Mitarbeiter ihres Bereichs in verdichteter Form in den Prozess integrieren.

Auf diese Weise entstehen Ziele, die im Normalfall sehr gut zueinander passen und in denen sich die Mitarbeiter zu großen Teilen wiederfinden können. Damit schaffen Sie die besten Voraussetzungen dafür, dass die Mitarbeiter in Ihrem Unternehmen mit großer Intensität und hoch motiviert an der Umsetzung der Ziele arbeiten.

Die Kommunikationskaskade einführen

Die Kommunikationskaskade unterstützt Lean Leadership nicht nur, sondern hebt die Kommunikation in einem Unternehmen auf ein völlig neues Niveau. Die Kommunikationskaskade bringt Beschleunigung und Dynamik in Ihre Kommunikation und schafft die Voraussetzung dafür, dass Ihre Mitarbeiter motiviert und engagiert an Verbesserungsthemen arbeiten. In vielen Unternehmen beschäftigt man sich zwar mit Shop Floor Management, das Thema Kommunikationskaskade jedoch wird dabei häufig vernachlässigt.

Tipp 1: Berücksichtigen Sie bei der Gestaltung von Shop Floor Management von Anfang an die Kommunikationskaskade.
Beschränken Sie Ihre Überlegungen zu Shop Floor Management nicht auf die Mitarbeiterebene, sondern gestalten Sie das Konzept gleich auch für die weiteren Führungsebenen bis hin zur Geschäftsführung.

Die Einführung der Kommunikationskaskade stellt für das gesamte Unternehmen eine große Herausforderung dar, weil mit ihr ein weitreichender Kulturwandel einhergeht. Je mehr es Ihnen gelingt, alle Führungsebenen von vornherein in diesen Kulturwandel miteinzubeziehen, desto größer ist die Akzeptanz. Zudem können sich alle einbezogenen Führungskräfte direkt an die neue Form der Kommunikation gewöhnen.

Tipp 2: Gehen Sie die Kommunikationskaskade schrittweise im Unternehmen an.
Wenn Sie Piloten für die Einführung von Shop Floor Management planen, sehen Sie gleich auch einen Piloten auf der nächsten Führungsebene vor. Dann können alle einbezogenen Führungskräfte Erfahrungen mit Shop Floor Management und der Kommunikationskaskade sammeln und dabei erkennen, welche Voraussetzungen erforderlich sind, um eine Kommunikationskaskade erfolgreich durchzuführen.

Beziehen Sie auch diejenigen Führungskräfte von vornherein in den Aufbau der Kommunikationskaskade ein, die in der Pilotphase nicht beteiligt sind. Die beste Möglichkeit dazu ist, sie an den Tagesgesprächen der Kollegen auf ihrer Ebene teilnehmen zu lassen. In der Regel kommt es dann zu einer Art Ansteckungseffekt. Einmal überzeugt davon, welche Vorteile Tagesgespräche bringen, werden viele Führungskräfte damit beginnen, ihre eigene Kommunikation nach den Mustern der Tagesgespräche zu gestalten. Sorgen Sie dann aber dafür, dass kein Wildwuchs entsteht, sondern stellen Sie sicher, dass von Anfang an ein zum Unternehmen passendes Gesamtsystem entwickelt wird und sich die Kollegen schrittweise einklinken können.

Tipp 3: Nutzen Sie konsequent die Hilfsmittel in allen Tagesgesprächen und schaffen Sie Mindeststandards für die Kommunikationskaskade.

Da in der Ausbaustufe der Kommunikationskaskade mehr oder weniger alle Führungskräfte und Mitarbeiter einbezogen werden, geben wir Ihnen den Rat, von Anfang an Mindeststandards für die Tagesgespräche zu erarbeiten und allen zur Verfügung zu stellen. Dazu gehören:

- eine Agenda für das Tagesgespräch, idealerweise durchgängig und identisch im gesamten Unternehmen und am Ort des Tagesgesprächs fest installiert,
- ein Gestaltungskonzept für die Teamboards mit Zielen, Kennzahlen, Verschwendungskärtchen und Visualisierungsmaterial (zum Beispiel rote und grüne Magnete),
- so viel Visualisierung und so wenig Text wie möglich, um Einfachheit und Klarheit zu erreichen, und
- ein Zeitlimit – wir empfehlen zehn Minuten. Hängen Sie an jedes Board eine Uhr.

Tipp 4: Schaffen Sie es, innerhalb der ersten Woche nach Aufnahme der Tagesgespräche mit zehn Minuten auszukommen.
Wahrscheinlich wird es Ihnen nicht gelingen, direkt beim ersten Tagesgespräch mit zehn Minuten auszukommen. Es ist noch unklar, welche Themen ins Tagesgespräch gehören und welche nicht. Sie wissen noch nicht, wie viel Zeit Sie für die einzelnen Themen brauchen. Die Teilnehmer werden überdies zu Beginn noch nicht gut genug vorbereitet sein. Lassen Sie sich nicht entmutigen. Wenn Sie es schaffen, Diskussionen und Abschweifungen zu vermeiden, sind Sie schon auf dem richtigen Weg. Folgende Aspekte helfen Ihnen, die begrenzte Zeitdauer für das Tagesgespräch einzuhalten:

- Setzen Sie Prioritäten bei den Themen.
- Besprechen Sie Themen, die nur wenige Teilnehmer betreffen, außerhalb des Tagesgesprächs.
- Wählen Sie vor dem Tagesgespräch bereits die wichtigen Themen aus.
- Es gibt keine Diskussionen innerhalb des Tagesgesprächs, wohl aber die Festlegung, wer was bis wann macht.

Sollte sich dann zeigen, dass Sie wirklich 15 Minuten brauchen und Ihnen jedes angesprochene Thema wichtig ist, dann dauert es eben 15 Minuten – aber nicht mehr. Denken Sie immer daran, auch Kommunikation ist Verschwendung. Tagesgespräche sollten von allen Beteiligten als effizient und effektiv erlebt werden.

Bitte versuchen Sie jedoch im Umkehrschluss auch nicht, das Tagesgespräch in Rekordgeschwindigkeit durchzuziehen. Wer nach 32 Sekunden mit seinem Tagesgespräch fertig ist, hat es souverän geschafft, das Zeitlimit einzuhalten, aber es hat sicherlich seinen Sinn verfehlt, weil in dieser Zeitspanne kein Thema sinnvoll angegangen werden kann. Es kommt darauf an, die richtige Balance aus sparsamem Umgang mit der Zeit und hilfreicher Arbeit an den als wesentlich erlebten Themen und Problemen zu finden.

Tipp 5: Vermeiden Sie sinnloses Geklapper.
Es ist eine Herausforderung für jede Führungskraft, das Tagesgespräch jeden Tag sinnvoll zu gestalten. Sorgen Sie dafür, dass die Führungskräfte es schaffen, die wichtigen Dinge anzusprechen und die Teilnehmer zur aktiven Mitarbeit zu motivieren. Es gibt nichts Öderes als ein Tagesgespräch, das von allen Teilnehmern als schematisches Abarbeiten der Pflichtpunkte erlebt wird. Wie bei allen anderen Tools im Lean Leadership besteht auch hier die Hauptaufgabe des Lean Leaders darin, es den Mitarbeitern zu ermöglichen, Sinn zu erleben. Daher sollte der Vorgesetzte im Rahmen des coachenden Führens immer darauf achten, ob ein Teamleiter seine Mitarbeiter nicht langweilt, und gemeinsam mit ihm daran arbeiten, das Tagesgespräch lebendig und sinnvoll zu gestalten.

Tipp 6: Denken Sie an die Dokumentation der Themen aus den Tagesgesprächen.
Bei der Dokumentation der im Tagesgespräch behandelten Themen besteht die Kunst darin, die richtige Balance zwischen minimalem Aufwand und größtmöglichem Nutzen für die Organisation zu finden.

Entwickeln Sie direkt zu Beginn von Lean Leadership ein schlüssiges unternehmensübergreifendes Dokumentationskonzept. Die Dokumentation sollte digital und so einfach und transparent wie möglich gestaltet sein. Halten Sie Ihre Leute zu Disziplin an. Jede Führungskraft im Unternehmen ist für die Dokumentation aus den Tagesgesprächen selbst verantwortlich. Machen Sie das Thema Dokumentation bewusst zum Gegenstand der Verbesserungsarbeit in Ihrem Unternehmen.

Tipp 7: Haben Sie Geduld: Die Kommunikationskaskade mit Leben zu füllen, braucht Zeit.
Der Aufbau einer Kommunikationskaskade stellt eine große Herausforderung für alle Mitarbeiter und Führungskräfte im Unternehmen dar. Das erfordert Disziplin, Konsequenz und Durchhaltevermögen. Sorgen Sie dafür, dass Tagesgespräche immer und zu jedem geplanten Termin stattfinden.

Sorgen Sie dafür, dass jede Führungskraft mindestens einen Stellvertreter hat, der an ihrer Stelle das Tagesgespräch vorbereiten, leiten und dokumentieren kann.

Nur so wird die Kommunikationskaskade mit Leben gefüllt und kann allmählich zur Gewohnheit im Unternehmen werden. Trotzdem werden erfahrungsgemäß immer wieder Zweifel auftauchen, ob die Kommunikationskaskade wirklich durchzuhalten ist. Bleiben Sie dran, erkennen Sie die Probleme und stellen Sie sie schrittweise ab.

Die große Herausforderung ist die Durchgängigkeit im gesamten Unternehmen. Das gilt zum Beispiel für Außendienstmitarbeiter im Vertrieb und im Service. Auch für diese Mitarbeiter müssen Sie sinnvolle und einfache Lösungen finden, um sie am Kommunikationsfluss und am Kommunikationsaustausch aktiv zu beteiligen. Dazu ist Fantasie erforderlich und die Bereitschaft, ungewohnte Wege zu gehen.

Nehmen Sie sich nicht alles auf einmal vor, sondern bauen Sie die Kommunikationskaskade Schritt für Schritt auf. Das kann in einem großen Unternehmen mehrere Jahre dauern und bedeutet viel Aufwand. Am Ende werden Sie damit belohnt, dass alle am Unternehmen Beteiligten sich aktiv einbringen, sich gut informiert fühlen und Verbesserungsthemen schnell und wirkungsvoll in allen Unternehmensbereichen umgesetzt werden.

Die Coachingkaskade einführen

Um die systematische Umsetzung coachenden Führens über die verschiedenen Hierarchieebenen und Funktionsbereiche hinweg zu garantieren, ist die Einführung der Coachingkaskade notwendig.

Tipp 1: Erläutern Sie Ihre Beweggründe für das sichtbare coachende Führen vor dem Start der Coachingkaskade.
Neue Vorgehensweisen im Führungsverhalten werden von Mitarbeitern aufmerksam beobachtet. Bevor sich über einen unkontrollierten Flurfunk zu viele Hypothesen und Mutmaßungen ausbreiten, empfiehlt es sich, über die neue Linie und die Veränderungen zu informieren und das Vorgehen und die Zielsetzungen zu erläutern.

Nutzen Sie dabei das Argument, dass Führung eine unterstützende und dienstleistende Funktion hat und somit Führungskräfte einen Bezug zum Geschehen vor Ort brauchen, wenn sie der Rolle der dienstleistenden Führung gerecht werden wollen. Überlegen Sie sich Erläuterungen und Sprachregelungen, bei denen die Mitarbeiterperspektive Berücksichtigung findet.

Tipp 2: Starten Sie in einem Pilotbereich und nutzen Sie die Beteiligten als Multiplikatoren.
Suchen Sie Führungskräfte, die die Idee des coachenden Führens aktiv befürworten und die begeistert Mitarbeiter entwickeln. Starten Sie in deren Bereichen. Wie bei allen Changeprojekten gilt auch hier: Erfolge und begeisterte Menschen stecken an und nehmen den Skeptikern ein wenig den Wind aus den Segeln.

Tipp 3: Beteiligen Sie sich selber aktiv.
Je mehr konkrete erlebbare Anschauungsbeispiele die Mitarbeiter und Führungskräfte erleben, umso klarer formt sich in der Regel das eigene Bild. Die Umsetzung wird damit für jede Führungskraft deutlich einfacher. Zudem ist dies der einzige Weg, um zu verdeutlichen, dass Sie es ernst meinen.

Tipp 4: Stimmen Sie sich als Vertreter des Managements mit jeder Ihrer Führungskräfte über die Umsetzung und Vorgehensweise individuell ab.

Wenn Sie Fragen, erste Reaktionen und Vorstellungen der Beteiligten von Beginn an einbauen, bedeutet dies zwar Aufwand, führt in der Praxis jedoch auch zu erheblichen Erleichterungen. Und nur so wird es gelingen, die für die jeweilige Führungskraft notwendige und passende Unterstützung bei der Weiterentwicklung zu erreichen.

Tipp 5: Schaffen Sie Trainings- und Reflexionsmöglichkeiten für die beteiligten Führungskräfte

Am Anfang üben noch alle. Das birgt zuweilen das Risiko, dass die Vorgehensweisen und Grundprinzipien des coachenden Führens nicht sofort perfekt umgesetzt werden. Damit die erste Lernphase nicht zu seltsamen Irrläufern führt, braucht es für alle Beteiligte Foren, in denen Fragen und Anlaufschwierigkeiten konstruktiv und ohne Eskalationsstufen diskutiert und gelöst werden können. Moderierte Workshops und der Austausch mit externen Coaches helfen dabei.

Tipp 6: Binden Sie die Personalabteilung und den Betriebsrat aktiv im Vorfeld ein.

Mit der Intensivierung des Führungsverhaltens tauchen durchaus kritische Fragen zur Vorgehensweise und Zielsetzung auf. Wenn die Funktionsbereiche HR und Betriebsrat vor dem Start aktiv eingebunden sind und das Vorgehen unterstützen, lassen sich solche Fragen und skeptischen Einwände meist deutlich einfacher und klarer beantworten. Je nach Situation bieten sich mit Einbindung dieser Funktionen mehr Lösungs- und Vorgehensalternativen an, und damit erhöht sich die Wahrscheinlichkeit, dass konstruktive Lösungen gefunden werden.

Tipp 7: Achten Sie auf die Durchgängigkeit der Coachingduos und lassen Sie keine Schlupflöcher zu.
Individuelle Abstimmung bedeutet: keine offene Hintertür! Stimmen Sie sich konkret über Zeiten, Themen und Möglichkeiten der Begleitung ab, also über das Wie, aber keinesfalls über das Ob. Zu einer Weiterentwicklung der Führungskultur werden Sie nur gelangen, wenn die konsequente Umsetzung über alle Hierarchie- und Funktionsstufen hinweg gelingt.

Tipp 8: Erkennen Sie die Grenzen der Coachingkaskade an und bleiben Sie ausdauernd dabei.
Verhaltensweisen zu ändern und neue Gewohnheiten aufzubauen, braucht Regelmäßigkeit und Wiederholung in kurzen Zyklen. Und auch eine durchgängige Coachingkaskade ist kein Allheilmittel für jede herausfordernde Ausgangssituation im Unternehmen. Schwierige Rahmenbedingungen, strukturelle Ungereimtheiten oder persönliche Vorbehalte bei Beteiligten können die Effekte spürbar reduzieren.

Nicht alle Rahmenbedingungen und Einschränkungen lassen sich schnell und parallel verändern. Coachendes Führen erfordert eine Zeitinvestition. Wird nicht ausreichend Zeit investiert, wird coachendes Führen wenig Wirkung zeigen. Generell helfen schrittweises Bearbeiten und abgestimmte Prioritäten, den roten Faden zu behalten. Lässt dies die Organisationsstruktur nicht zu, wird es auch Coachingduos nur schwer gelingen, volle Wirksamkeit zu erzielen. Bei individuellen stärkeren Unstimmigkeiten empfiehlt sich zur Klärung der passenden Vorgehensweise eine Einzelfallbetrachtung. Vermittler, Vertrauenspersonen oder Mediatoren leisten in solchen Fällen hilfreiche Unterstützung.

5.1.6 Unterstützungsstruktur aufbauen

Wenn Sie sich auf den Weg zu Lean Leadership machen wollen, stellt das für Ihr Unternehmen eine große Herausforderung dar. Jede Führungskraft wird sich zu Beginn schwer damit tun, die neuen Anforderungen zu verstehen, und noch schwerer damit, diese Anforderungen auch umzusetzen.

Wir empfehlen deshalb allen Unternehmen, geeignete Mitarbeiter aus den eigenen Reihen auszuwählen und für die Aufgabe auszubilden, den Prozess der Einführung von Lean Leadership zu unterstützen. Die Aufgaben der Unterstützer sind:

- Sie unterstützen die Führungskräfte bei ihrer Weiterentwicklung zum Lean Leader.
- Sie unterstützen die Führungskräfte dabei, zeitliche Freiräume für ihre Führungs- und Verbesserungsaufgaben zu erhalten.
- Sie geben systematisch Feedback an alle Beteiligten und sorgen so dafür, dass eine Feedbackkultur im Unternehmen entsteht.
- Sie leben Lean-Verhalten vor.
- Sie moderieren den Prozess der systematischen Problemlösung in der Anfangsphase und begleiten später das selbstständige systematische Problemlösen durch die Führungskräfte.
- Sie machen sich nach und nach selbst überflüssig. Das heißt, sie unterstützen Führungskräfte und Mitarbeiter so lange, bis diese Lean-Verhalten leben, und ziehen sich dann zurück.

Besonders geeignet für die Aufgabe als Unterstützer bei der Einführung von Lean Leadership sind junge Mitarbeiter, die das Potenzial dazu haben, künftig wichtige Rollen im Unternehmen zu übernehmen. Gleichwohl eignen sich für diese Aufgaben nicht alle Potenzialträger, denn das Anforderungsprofil für diese Unterstützer ist sehr anspruchsvoll:

- Sie verfügen über eine gute Kommunikationsfähigkeit.
- Sie denken und handeln strukturiert.
- Sie haben ein Faible für systematische Problemlösungen.
- Sie sind herausragende Teamplayer.
- Sie widerstehen der Gefahr, die Dinge stets selbst erledigen zu wollen, und unterstützen stattdessen die Führungskräfte und Mitarbeiter dabei, ihre Aufgaben möglichst selbstständig zu bewältigen.

- Sie haben eine hohe Frustrationstoleranz und ein hohes Maß an Beharrlichkeit.
- Sie besitzen eine »freundliche Penetranz«.
- Sie sind Organisationstalente.
- Sie werden von Führungskräften und Mitarbeitern akzeptiert und als hilfreich erlebt.

Tipp 1: Schaffen Sie sich eine Unterstützungsstruktur für Ihre Führungskräfte.
Wenn Sie in Ihrem Unternehmen bereits Lean-Methoden oder Methoden des agilen Managements eingeführt haben, werden Sie vermutlich bereits eine Unterstützungsstruktur aufgebaut haben. Entscheiden Sie, ob die Unterstützer und die Organisation, die Sie zur Unterstützung aufgebaut haben, auch für die Realisierung von Lean Leadership geeignet sind.

Sind Sie noch nicht so weit, dann brauchen Sie eine solche Struktur, um Lean Leadership einen guten Anschub zu geben, die Führungskräfte wirkungsvoll zu unterstützen und die Nachhaltigkeit der eingeführten Maßnahmen sicherzustellen. Wenn Sie noch keine Erfahrung im Bereich Lean-Management und Lean Leadership besitzen, ziehen Sie externe Spezialisten hinzu. Diese stellen sicher, dass der Einführungsprozess sinnvoll gestaltet wird und grobe Fehler und Fallstricke vermieden werden.

Tipp 2: Machen Sie regelmäßig eine Statuserhebung.
Wir empfehlen Ihnen, Ihre Mitarbeiter vor, während und nach der Einführung von Lean Leadership in regelmäßigen Abständen danach zu fragen, wie sie in den wesentlichen Aspekten den Fortschritt (oder Rückschritt) durch Lean Leadership erleben. Eine anonyme Befragung gewährleistet Objektivität und gibt den Führungskräften Anregungen, an welchen Faktoren sie weiterarbeiten müssen, um zufriedene und motivierte Mitarbeiter zu erhalten, die sich sinnvoll beteiligen und einbringen können.

Tipp 3: Schaffen Sie Transparenz.
Shop Floor Management und agiles Projektmanagement zielen beide darauf ab, ein hohes Maß an Transparenz zu erreichen. Dazu gehören das Aushängen von Zielen und Kennzahlen, das Bescheidwissen über die Situation des Unternehmens und der offene Umgang mit Fehlern und Problemen. Je mehr die Mitarbeiter erleben, dass das Unternehmen ihnen volle Transparenz gewährt, desto eher werden auch sie bereit sein, ihrerseits offen mit Problemen umzugehen.

6.

Von der Führungskraft zum Lean Leader

Was Sie in diesem Kapitel erfahren

- Sie finden Tipps und Anregungen, wie Sie die Führungstätigkeit des Lean Leaders wirklich leben können.
- Sie erfahren, wie Sie die Führungsaufgaben Managen, Inspirieren und Coachen im Sinne von Lean Leadership mit Leben füllen, um sich selbst und ihren Verantwortungsbereich weiterzuentwickeln.

Shop Floor Management und agiles Projektmanagement sind eine sehr gute Basis, um echtes Lean Leadership im Unternehmen aufzubauen. Die drei Kaskaden – Ziele-, Coaching- und Kommunikationskaskade – geben Lean Leadership Struktur, Zusammenhalt und eine Grundordnung. Darüber hinaus gibt es aber noch die konkreten Führungsaufgaben, denen sich jeder Lean Leader stellen muss.

Die Kenntnis und Anwendung dieser Methoden und Vorgehensweisen ist für alle Führungsverantwortlichen unabdingbar, denn über das Anwenden und Tun ändert sich auch die Haltung. Im Folgenden gehen wir noch einmal speziell auf die unterschiedlichen Dimensionen der Führungstätigkeit eines Lean Leaders ein und geben Tipps, wie Lean Leadership von Führenden wirklich gelebt werden kann.

6.1 Führungsaufgabe Managen realisieren

In Kapitel 3.2 über die Führungsaufgabe Managen haben wir ausführlich beschrieben, wie wichtig die traditionellen Aufgaben des Managens auch für Lean Leader sind. Darum möchten wir Ihnen konkrete Tipps dazu geben, wie Sie diese klassischen Aufgaben als Lean Leader im Sinne von Lean Leadership sinnvoll nutzen, um sich selbst, Ihre Mitarbeiter und Ihren Verantwortungsbereich weiterzuentwickeln.

Tipp 1: Lernen Sie, Ihren Verantwortungsbereich mit den Augen des Kunden zu sehen, und sorgen Sie dafür, dass Ihre Mitarbeiter ihre Arbeit ebenfalls durch die Kundenbrille betrachten.

Folgende Fragen sind hierfür hilfreich:

- Wer sind Ihre Kunden?
- Was wollen Ihre Kunden?
- Wofür stehen Ihre Kunden?
- Was ist Ihren Kunden wichtig?
- Warum hat Ihr Kunde Ihr Unternehmen gewählt?
- Was erwarten Ihre Kunden von Ihnen?
- Womit sind Ihre Kunden zufrieden?
- Womit sind Ihre Kunden nicht zufrieden?
- In welche Richtung entwickeln sich Ihre Kunden?
- Werden Sie auch in Zukunft noch die Erwartungen der Kunden erfüllen?

Finden Sie gemeinsam mit Ihren Mitarbeitern Antworten auf diese Fragen und reflektieren Sie regelmäßig Ihren Verantwortungsbereich durch die Kundenbrille: Was würde der Kunde zu unseren Aktivitäten sagen? Sorgen Sie dafür, dass bei der Entscheidung über Verbesserungsaktivitäten die Kundenzufriedenheit immer ein maßgebliches Kriterium ist.

Tipp 2: Definieren Sie einen Zielzustand für die Planung Ihres Verantwortungsbereichs und sorgen Sie dafür, dass alle Ihre Mitarbeiter diesen Zielzustand kennen und zum Maßstab für die Qualität ihrer Arbeit machen.

Einen Zielzustand vor Augen zu haben, ist außerordentlich wichtig für die Weiterentwicklung. Das gilt für Prozesse genauso wie für die Mitarbeiter und die Produkte. Wenn Sie keinen klaren Zielzustand vor Augen haben, werden Sie sich schwertun, ihn sich vorstellen zu können. Und wenn Sie sich nicht vorstellen können, wie der Zielzustand tatsächlich ist, werden Sie ihn wahrscheinlich nicht erreichen. Weiterhin können Sie den Zielzustand nicht Ihren Mitarbeitern vermitteln und nehmen diesen damit die Chance, aktiv am Zielzustand zu arbeiten. Nehmen Sie sich daher gemeinsam mit Ihren Mitarbeitern die Zeit, den Zielzustand zu erarbeiten. Eine gemeinsame konkrete Ausgestaltung des Zielzustandes hilft, eine gemeinsame Ausrichtung und Begeisterung für das angestrebte Ziel zu entwickeln.

Tipp 3: Trainieren Sie sich selbst und Ihre Mitarbeiter darin, Szenarien für den Umgang mit unterschiedlichen möglichen Abweichungen vom Plan zu entwickeln. Schaffen Sie die Voraussetzungen dafür, dass diese Szenarien im Bedarfsfall schnellstmöglich umgesetzt werden können.

Entwickeln Sie mit Ihren Mitarbeitern gemeinsam einen Plan, wie Sie Ihre Ziele erreichen wollen. Beschreiben Sie gemeinsam mit Ihren Mitarbeitern, welche Voraussetzungen erfüllt sein müssen, damit der Plan funktioniert. Besprechen Sie mit Ihren Mitarbeitern aber auch Alternativen für den Fall, dass Ihr Plan nicht aufgeht oder bei der Umsetzung Ihres Plans Schwierigkeiten auftreten. Was geschieht, wenn

- mehrere Mitarbeiter krank werden oder ausfallen?
- Maschinen oder technische Hilfsmittel ausfallen?
- Ihr Kunde den Auftrag storniert?
- während des Projektes Zeitverzögerungen auftreten?
- sich das angestrebte Ziel mit den vorgesehenen Schritten nicht umsetzen lässt?

Warum ist es sinnvoll, solche Szenarien zu entwickeln, ohne zu wissen, ob sie jemals benötigt werden? Ist das nicht Verschwendung? Nein, denn wenn ein solcher Fall eintritt, ist die Verschwendung beziehungsweise der Schaden noch viel größer, sodass es sich lohnt, sich bereits im Vorfeld mit möglichen Lösungen auseinanderzusetzen, um für den Fall des Eintretens schnellstmöglich reagieren zu können.

Tipp 4: Arbeiten Sie mit Ihren Mitarbeitern fortwährend daran, größtmögliche Transparenz in Ihrem Verantwortungsbereich zu schaffen. Nutzen Sie alle Möglichkeiten der einfachen und anschaulichen Visualisierung, um Abweichungen sofort zu erkennen beziehungsweise zu erkennen, wo der Zielzustand erreicht worden ist.
Transparenz ist eine wesentliche Voraussetzung für eigenverantwortliches, selbstständiges Arbeiten aller Mitarbeiter. Betrachten Sie Ihren Verantwortungsbereich unter folgenden Aspekten: Wo ist Transparenz hilfreich, um

- schnellstmöglich zu erkennen, wo es Abweichungen gibt?
- immer das Ziel vor Augen zu haben?
- Problemschwerpunkte anschaulich zu machen?
- Erreichtes sichtbar für alle darzustellen?
- aktuelle Informationen schnellstmöglich zugänglich zu machen?

Trainieren Sie Ihre Mitarbeiter darin, Visualisierungshilfsmittel in ihrer täglichen Arbeit aktiv zu nutzen und selbst sinnvolle Visualisierungsmöglichkeiten zu entwickeln.

Tipp 5: Treffen Sie Entscheidungen, wo Entscheidungen erforderlich sind, und überlegen Sie bei jeder Entscheidung, welche Voraussetzungen Sie schaffen müssen, damit die Mitarbeiter in Zukunft die Entscheidung selbst treffen können.
Ein Grundsatz von Lean-Management heißt: Bringe die Entscheidung so nah wie möglich an den Wertschöpfungsprozess und den ausführenden Mitarbeiter. Überprüfen Sie Ihre eigenen Entscheidungen nach folgenden Kriterien: Handelt es sich A) um eine Entscheidung, die ich auch in Zukunft selbst treffen muss, oder handelt es sich B) um eine Entscheidung, die meine Mitarbeiter in Zukunft alleine treffen können?

- Wenn A zutrifft: Habe ich meine Mitarbeiter bei der Entscheidung genügend einbezogen? Habe ich die vorhandene Kompetenz in meinem Verantwortungsbereich gut genutzt? Habe ich meine Entscheidung gut kommuniziert und erläutert?
- Wenn B zutrifft: Welcher meiner Mitarbeiter hätte diese Entscheidung treffen können? Welche Voraussetzungen muss ich schaffen, damit dieser Mitarbeiter die Entscheidungen selbst trifft? Wie muss dieser Mitarbeiter geschult werden, damit er diese Entscheidung fundiert treffen kann? Wen muss ich darüber informieren, dass diese Entscheidungen in Zukunft von meinen Mitarbeitern getroffen werden?

Tipp 6: Setzen Sie Prioritäten und sorgen Sie dafür, dass die Mitarbeiter diese Prioritäten kennen und bei ihrer Arbeit berücksichtigen.
Wir empfehlen allen werdenden Lean Leadern, eine Bewertungsmatrix zu nutzen. Listen Sie die von Ihnen und Ihrem Team zu bearbeitenden Themen vollständig auf und bewerten Sie jedes dieser Themen nach den folgenden Kriterien:

1. Wichtigkeit
2. Dringlichkeit
3. Relevanz für die Weiterentwicklung des Bereichs

Verteilen Sie jeweils die Ziffern 1 bis 3 (1 = hohe Bedeutung, 2 = mittlere Bedeutung, 3 = geringe Bedeutung). Zählen Sie die Werte der drei Spalten zusammen. Die niedrigste Zahl gibt größte Priorität an. Führen Sie die Bewertung gemeinsam mit Ihren Mitarbeitern durch. Das erhöht die Akzeptanz für die gesetzten Prioritäten.

Arbeiten Sie systematisch mit einer solchen Bewertungsmatrix und trainieren Sie Ihre Mitarbeiter darin, systematisch mit der Matrix zu arbeiten. Legen Sie eine Anzahl von Themen fest, die Sie maximal bearbeiten, und halten Sie sich daran.

Prioritäten setzen mit der Bewertungsmatrix					
Thema	**Wichtigkeit**	**Dringlichkeit**	**Relevanz für Entwicklung des Bereichs**	**Summe**	**Priorität**
Thema 1	2	3	1	6	2
Thema 2	1	1	1	3	1
Thema 3	2	3	3	8	3

Abbildung 86: Mit Bewertungsmatrix Prioritäten setzen

Tipp 7: Sorgen Sie dafür, dass bei erkannten Problemen, Abweichungen und Verbesserungsideen die beschlossenen Maßnahmen so schnell wie möglich umgesetzt werden.

Einer der wichtigsten Erfolgsfaktoren bei Lean ist die schnelle Umsetzung von Maßnahmen zum Abstellen erkannter Probleme. Wenn Sie ein Thema angehen, bedenken Sie, dass Sie das Thema schnell bearbeiten müssen, wenn Sie Akzeptanz für die Verbesserungsarbeit bekommen wollen. Erkannte Probleme sollten möglichst am selben Tag gelöst werden. So können Dynamik und Motivation in die Verbesserungsarbeit einfließen. Gehen Sie besser eine Maßnahme gründlich und schnell an, als mehrere Maßnahmen, die sich dann aber nicht kurzfristig umsetzen lassen. Trainieren Sie Ihre Mannschaft, schnell zu agieren. Planen Sie bei sich und bei Ihren Mitarbeitern Zeit ein, um bei unvorhersehbaren Themen schnell eine Lösung zu erreichen. Sorgen Sie für die hundertprozentige Termineinhaltung bei allen definierten Maßnahmen.

Tipp 8: Haben Sie die Kosten im Blick und sorgen Sie dafür, dass der Nutzen immer erheblich größer ist als der Aufwand.

Kostenbewusstsein gehört zu den Grundanforderungen an einen Lean Leader. Alle Maßnahmen, die Sie ergreifen, müssen in ihrer Gesamtheit dazu beitragen, dass Ihr Verantwortungsbereich wirtschaftlich arbeitet. Deshalb gehört das Abwägen von Kosten und Nutzen zu Ihren täglichen Aufgaben. Sorgen Sie für Transparenz in allen relevanten Kostenfaktoren. Befähigen Sie Ihre Mitarbeiter dazu, bei allen Ideen auch immer den Kostenaspekt mit zu berücksichtigen. Stellen Sie sicher, dass Ihre Mitarbeiter den Überblick über die Kosten haben und verstehen, welche Kosten von ihnen direkt beeinflussbar sind und welche nicht. Nur so können Ihre Mitarbeiter die beeinflussbaren Kosten in die Verbesserungsarbeit einbeziehen.

Tipp 9: Nehmen Sie konsequent den Kampf gegen Troubleshooting auf – zunächst in Ihrem eigenen Arbeitsbereich, danach bei Ihren Mitarbeitern. Nehmen Sie sich immer nur eine Ursache von Troubleshooting vor und gehen Sie diese konsequent an.
Ziehen Sie täglich am Ende Ihres Arbeitstages ein Resümee über die von Ihnen geleistete Arbeit. Legen Sie eine Checkliste der Aufgaben an, die Sie am Tag bewusst erledigen wollen. Nehmen Sie aber auch alle die Tätigkeiten auf, die Sie nicht geplant hatten, die aber Ihre Arbeitszeit beansprucht haben, und dokumentieren Sie die dafür benötigte Zeit.

Planen Sie für den jeweils nächsten Tag Tätigkeiten ein. Nehmen Sie sich einen Typ Troubleshooting vor, den Sie am nächsten Tag systematisch reduzieren wollen. Überlegen Sie sich Maßnahmen für das Abstellen der Ursachen. Sorgen Sie dafür, dass der Anteil Ihrer geplanten Aufgaben, den Sie tatsächlich schaffen, erkennbar steigt.

Tagesaufgaben dokumentieren						
Aufgabe	**Tätigkeit**	**geplante Zeit**	**benötigte Zeit (Min)**	**Erfüllungsgrad**	**Bewertung**	**Maßnahme**
geplante Aufgabe 1						
geplante Aufgabe 2						
geplante Aufgabe 3						
geplante Aufgabe 4						
geplante Aufgabe 5						
geplante Aufgabe 6						
geplante Aufgabe 7						

Abbildung 87: Anti-Troubleshooting-Checkliste 1: Tagesaufgaben

Ungeplante Aufgaben dokumentieren						
Aufgabe	**Tätigkeit**	**Trouble-shooting?**	**benötigte Zeit (Min)**	**Wessen Aufgabe übernommen?**	**Bewertung**	**Maßnahme**
ungeplante Aufgabe 1						
ungeplante Aufgabe 2						
ungeplante Aufgabe 3						
ungeplante Aufgabe 4						
ungeplante Aufgabe 5						
ungeplante Aufgabe 6						
ungeplante Aufgabe 7						

Abbildung 88: Anti-Troubleshooting-Checkliste 2: Ungeplante Aufgaben beachten

Tipp 10: Trainieren Sie sich und Ihre Mitarbeiter darin, systematische Problemlösung in Ihrem Verantwortungsbereich heimisch zu machen. Verbringen Sie keinen Tag ohne Arbeit an der systematischen Problemlösung.

Systematische Problemlösung heißt vor allem, den PDCA-Zyklus als Instrument konsequent anzuwenden. Arbeiten Sie kontinuierlich an jeweils einem Verbesserungsthema oder einer Problemlösung. Verzetteln Sie sich nicht. Gehen Sie als gutes Beispiel voran und predigen Sie PDCA nicht nur, sondern nutzen Sie dieses Instrument auch selbst kontinuierlich. Seien Sie Vorbild bei der systematischen Problemlösung. Beziehen Sie geeignete Mitarbeiter bei der Arbeit an PDCAs mit ein und trainieren Sie sie darin, diese selbstständig durchführen zu können.

Tipp 11: Richten Sie den Blick nicht ausschließlich auf Abweichungen, sondern werfen Sie täglich einen Blick über den Tellerrand und geben Sie kreativen Ideen eine Chance.

Think outside the box! Lösen Sie sich bewusst vom heutigen Zustand und denken Sie sich Ihren Bereich neu. Stellen Sie sich Ihren Verantwortungsbereich auf der grünen Wiese vor. Wie wäre er gestaltet, wenn Sie völlig freie Hand hätten? Was können Sie schon heute tun, um sich schrittweise an den Idealzustand heranzutasten? Wie sähen die Prozesse aus, wenn es keinerlei Historie gäbe?

Denken Sie nach vorne und beziehen Sie dabei Ihre Mitarbeiter mit ein. Führen Sie mindestens einmal im halben Jahr einen Zukunftsworkshop durch, in dem Sie zunächst das Erreichte des letzten halben Jahres positiv hervorheben, sich die Erfolgsgeschichten erzählen und dann die nächsten Verbesserungsschritte für die kommenden sechs Monate vordenken und planen. Vermeiden Sie dabei bewusst die Thematisierung der Fehlschläge und Versäumnisse. So schaffen Sie ein konstruktives Klima für Veränderungen und Verbesserungen.

6.2 Führungsaufgabe Inspirieren realisieren

Eine der Grundbotschaften dieses Buches lautet: Schaffen Sie Sinn! Bei der Führungsaufgabe Inspirieren geht es darum, Ihnen selbst und Ihren Mitarbeitern zu verdeutlichen, was Sinn bedeutet, wie Ihre Mitarbeiter und Sie Sinn erlebbar machen können und wie aus diesem Erleben Kreativität, Eigenverantwortung und Motivation entstehen.

Tipp 1: Überprüfen Sie sich selbst: Bin ich selbst inspiriert? Wirke ich auf meine Mitarbeiter und mein Umfeld inspirierend?
Wenn Sie sich fragen, ob Sie inspiriert sind, dann beginnen Sie mit den Grundlagen:

- Gehe ich gerne zur Arbeit oder sehne ich mich nach dem Feierabend?
- Stehe ich hinter der Firma und ihren Produkten?
- Bin ich stolz auf meine Mitarbeiter und mein Team?
- Macht mir die Arbeit mit meinen Leuten Spaß?

Fragen Sie dann auch nach dem Warum – anstatt nach dem Wie und nach dem Was:

- Gibt es einen tieferen Grund für unsere Zusammenarbeit, der über den normalen Arbeitsrahmen hinausgeht?
- Vertreten wir die gleichen Werte? Teilen wir die gleichen Überzeugungen?
- Welche gemeinsamen Wurzeln haben wir?

Wenn Sie überzeugt sind und sich voll und ganz für die gemeinsame Sache einsetzen, dann können Sie auch andere inspirieren. Aus folgenden Aspekten können Sie ableiten, ob Sie inspirierend wirken:

- Ihre Mitarbeiter kommen mit ihren Sorgen und Nöten zu Ihnen.

- Ihre Mitarbeiter haben keine Angst vor negativen Konsequenzen, wenn sie einen Fehler machen.
- Ihre Mitarbeiter haben keine Angst, Ihnen negatives Feedback zu geben.
- Ihre Mitarbeiter kommen oft und gerne mit ihren Ideen zu Ihnen, weil Sie wissen, dass Sie sich intensiv mit ihnen auseinandersetzen und das Arbeiten an einer guten Idee vorantreiben.

Tipp 2: Sprechen Sie mit Ihren Mitarbeitern: Erleben die Mitarbeiter ihre Arbeit als sinnvoll? Bietet ihre Arbeit genügend Herausforderungen? Sind die Mitarbeiter stolz auf ihre Arbeit? Sind die Mitarbeiter engagiert?
Die nebenstehende Tabelle hilft Ihnen, das Engagement Ihrer Mitarbeiter zu ermitteln. Entsteht bei Ihrer Erfassung der Eindruck, ein Mitarbeiter habe innerlich gekündigt, dann nehmen Sie sich besonders viel Zeit für ihn. Suchen Sie in einem Vieraugengespräch nach der Ursache der innerlichen Kündigung. Fragen Sie ihn, wie er seine Arbeit sieht, und versuchen Sie, seine ehrliche Meinung herauszufinden. Erarbeiten Sie gemeinsam, welche positiven Veränderungen sich einstellen müssen, damit er die Arbeit als sinnvoll empfindet. Sehen Sie seine Vorschläge als realistisch an, erarbeiten Sie Maßnahmen und beginnen Sie sofort mit der Umsetzung. Kümmern Sie sich um diesen Mitarbeiter, geben Sie ihm Feedback in Echtzeit und ermutigen Sie ihn, seinen Weg zu gehen. Sehen Sie hingegen keine Chance, die Bedingungen des Mitarbeiters zu erfüllen, überlegen Sie sich mit ihm gemeinsam Alternativen.

Auch bei einem Mitarbeiter, dessen Engagementlevel sich im Bereich 0 befindet und der Gleichgültigkeit für seine Arbeit empfindet, ist es sinnvoll, seine Situation im Vieraugengespräch zu besprechen und die Ursachen herauszufinden. Auch bei diesen Mitarbeitern, stellen Sie die Frage, was geschehen muss, dass sie sich wieder engagieren und sie Sinn in ihrer Arbeit erleben. In der Regel sind die Erfolgschancen größer, wenn ein Mitarbeiter von der inneren Kündigung noch deutlich entfernt ist.

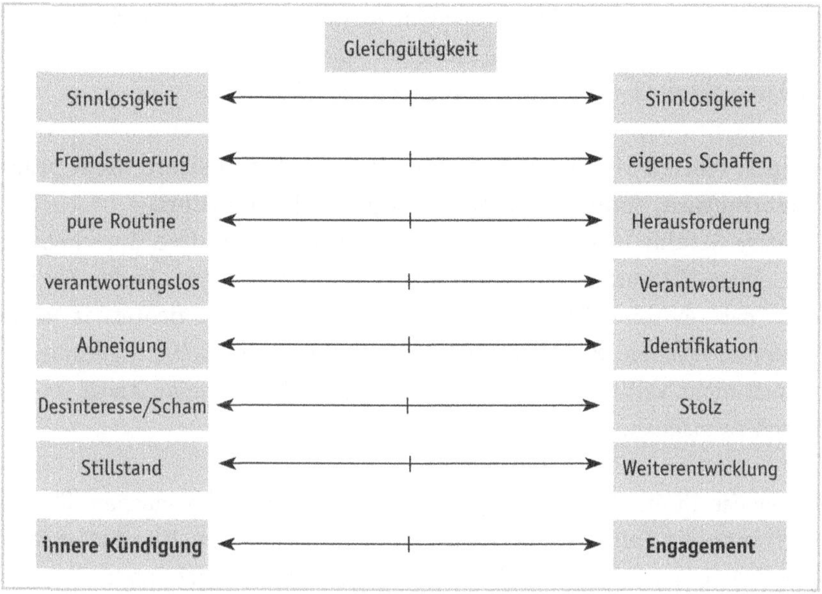

Abbildung 89: Mitarbeiterengagement ermitteln

Unsere Empfehlung für solche Gespräche: Versuchen Sie, sich in Ihren Mitarbeiter hineinzuversetzen. Versuchen Sie zudem zu verstehen, was ihn antreibt, und zu ergründen, warum es an Engagement und Erleben von Sinn fehlt. Geben Sie Ihren Mitarbeitern zu verstehen, dass Sie sich mit ihnen gemeinsam auf den Weg machen wollen, ihre Möglichkeiten und Potenziale weiterzuentwickeln und möglichst optimal zu nutzen.

Entwickeln Sie ein Gespür für die Schnittmenge zwischen persönlichen Interessen des Mitarbeiters und den Erfordernissen des Unternehmens. Stellt sich bei der Erfassung heraus, dass manche Ihrer Mitarbeiter ein hohes Niveau an Engagement in ihrer Arbeit zeigen, bestärken Sie sie und überlegen mit ihnen gemeinsam, wie ihre Fähigkeiten sinnvoll weiterentwickelt werden können. Arbeiten Sie gemeinsam mit ihnen heraus, was ihre Ziele sind und welche Bedingungen geschaffen werden müssen, um ihre kreativen Potenziale bestmöglich zu nutzen. Zelebrieren Sie Erfolge, um ein positives Anstecken zu erreichen, aber vermeiden Sie, dass sich die anderen Mitglieder des Teams zurückgesetzt fühlen.

Tipp 3: Führen Sie Ihre Gespräche mit Ihren Mitarbeitern nicht problemorientiert, sondern lösungs- und potenzialorientiert.
Positive Gefühle wirken deutlich motivierender als negative. Sprechen Sie mit einem Mitarbeiter nur über Fehler und Abweichungen, laufen Sie Gefahr, dass er seine Bemühungen ausschließlich darauf richtet, ja keine Fehler zu machen. Mit einer solchen Einstellung wird sich ein Mitarbeiter jedoch nicht verbessern, sondern es wächst lediglich seine Angst, etwas falsch zu machen.

Geben Sie Ihren Mitarbeitern das Gefühl, dass sie Fehler machen dürfen, und wenn ein Fehler passiert ist, sprechen Sie mit dem Mitarbeiter über mögliche Lösungen, durch die der Fehler nicht mehr auftreten kann.

Fehler sind immer eine Chance zur Weiterentwicklung der Potenziale. Gewöhnen Sie Ihre Mitarbeiter daran, sich selbst Lösungen zu überlegen und mit ihren Ideen zu Ihnen zu kommen. Nehmen Sie die Probleme Ihrer Mitarbeiter nicht als die Ihren an. Suchen Sie selbst die bestmögliche Lösung für den Mitarbeiter, hat dies erlernte Hilfslosigkeit zur Folge.

Bestärken Sie Ihre Mitarbeiter stattdessen darin, selbstständig nach Lösungen zu suchen und diese zu erproben. Lernen Sie, in Ihrem Mitarbeiter mehr zu sehen, als er ist, nämlich das, was er werden kann, wenn er alle seine Potenziale nutzt. Die Formel Fördern und Fordern drückt diesen Sachverhalt gut aus. Nutzen Sie jeden Tag die sich bietenden Chancen, zu lernen und an den Aufgaben zu wachsen. Bieten Sie Ihren Mitarbeitern ebenfalls die Möglichkeit, sich weiterzuentwickeln.

Tipp 4: Ermächtigen Sie Ihre Mitarbeiter dazu, ihre Intelligenz und ihr Urteilsvermögen aktiv und selbstständig zu nutzen.
Der Lean Leader führt nicht aus, sondern er führt seine Mitarbeiter. Er schafft die Bedingungen dafür, dass seine Mitarbeiterteams in größtmöglicher Selbstständigkeit ihre Arbeiten ausführen können. Der Lean Leader kontrolliert nicht jeden Arbeitsschritt, sondern vertraut darauf, dass die Mitarbeiter ihre Tätigkeiten in hoher Qualität ausführen, ihre Arbeit sehr gut kennen und in der Lage sind, selbst die bestmögliche Lösung für die anstehenden Probleme und Aufgaben zu finden. Der Lean Leader ist also verantwortlich für seine Leute, und seine Leute sind verantwortlich für die Aufgaben. Dies stellt für jede Führungskraft eine große Herausforderung dar, ganz besonders für diejenigen, die fachlich sehr tief in der Materie stecken.

Die Versuchung ist dann häufig groß, sich doch selbst in die Aufgaben hineinzuknien. Deswegen braucht jede Führungskraft, die Lean Leader werden möchte, den Mut, ihre bisherigen Aufgaben loszulassen und sich darauf zu konzentrieren, ihre Mitarbeiter Schritt für Schritt weiterzuentwickeln.

Tipp 5: Nehmen Sie Veränderungen für sich selbst als Entwicklungschance wahr und lassen Sie Veränderungen bei Ihren Mitarbeitern zu beziehungsweise fördern Sie deren Veränderung.
Sehen Sie Veränderungen grundsätzlich positiv und als Chance, sich und Ihren Verantwortungsbereich weiterzuentwickeln. Auch wenn die Veränderungen nicht von Ihnen initiiert sind: Nehmen Sie die Herausforderung an und machen Sie von außen hereingetragene Veränderungen zu Ihren eigenen. Hierzu ein Beispiel: Ihr Unternehmen entscheidet sich zu einer Strukturveränderung. Die Abteilungen werden neu zugeschnitten. Es handelt sich um die dritte Strukturveränderung in fünf Jahren. Ihre Kollegen äußern ihren Unmut über den aus ihrer Sicht sinnlosen Schritt lautstark vor Ihren Mitarbeitern.

Sie als Lean Leader denken zunächst einmal über die geplante neue Struktur nach und erkennen die positiven Aspekte des Vorschlags. Sie konzentrieren sich auf die Chancen und erklären diese Ihren Mitarbeitern, sodass auch sie die Möglichkeiten der Veränderung erkennen und konstruktiv an der Umsetzung arbeiten.

Andererseits aber ist eine Veränderung auch zum Beispiel eine Änderung in der Einstellung und den Erwartungen, etwa bei den jungen Mitarbeitern. Positiver Umgang mit Veränderungen bedeutet für den Lean Leader auch, sich auf diese unterschiedlichen Einstellungen und Erwartungen einzustellen und den Mitarbeitern das Vertrauen entgegenzubringen, ihre Andersartigkeit zu leben.

Die Kunst des Lean Leaders besteht darin, die richtige Balance zu finden zwischen den Anforderungen des Unternehmens auf der einen Seite und den besonderen Eigenschaften der Mitarbeiter auf der anderen Seite. Der gute Lean Leader führt neue Mitarbeiter schrittweise an die Erfordernisse des Unternehmens heran, nutzt aber gleichzeitig ihre spezifischen Stärken, um den eigenen Verantwortungsbereich gezielt weiterzuentwickeln. Problematische Eigenschaften wie zum Beispiel Ungeduld oder eine geringe Aufmerksamkeitsspanne fängt der Lean Leader auf, indem er Verständnis zeigt, die Notwendigkeiten erklärt und diese Mitarbeiter dabei unterstützt, die bestmögliche Balance zu finden.

Tipp 6: Geben Sie Ihren Mitarbeitern Anerkennung und Feedback in Echtzeit.

Nehmen Sie sich viel Zeit, bei Ihren Mitarbeitern zu sein. Erleben Sie Ihre Mitarbeiter live während ihrer Arbeit. Achten Sie genau darauf, wie Ihre Mitarbeiter arbeiten, was sie tun, mit welchen Problemen sie sich herumplagen und was sie demotiviert. Nehmen Sie sich Zeit, Ihren Mitarbeitern diese Beobachtungen mitzuteilen, und zwar unmittelbar nach Ihrer Beobachtung. Nach vier Wochen kann ein Mitarbeiter ein Feedback sehr viel schlechter nutzen, um daraus zu lernen. Erfolgt das Feedback unmittelbar aus einer konkreten Situation heraus, wird es eher wirken, weil die Beteiligten noch mitten im Thema stecken und alle Rahmenbedingungen präsent sind. Bei Abweichungen kann gewünschtes Verhalten sofort vor Ort erklärt und gegebenenfalls angeleitet werden. Fehler lassen sich unmittelbar korrigieren, sodass sie sich nicht zu falschen Gewohnheiten entwickeln.

Positives Feedback wiederum hat unmittelbar ausgesprochen eine bestärkende und motivierende Wirkung. Positives Verhalten und die richtige Arbeitsweise werden beibehalten. Hinzu kommt, dass die Mitarbeiter mitbekommen, dass ihre Führungskraft unmittelbar erlebt, was in ihrer Arbeit los ist. Dann kann gemeinsam daran gearbeitet werden, die Prozesse weiterzuentwickeln. Feedback und Anerkennung in Echtzeit bieten Bestätigung und helfen dem Mitarbeiter, seine Arbeit als bedeutsam und sinnvoll zu erleben. Dadurch wird bei Ihren Mitarbeitern zudem das Bedürfnis nach Wertschätzung befriedigt.

Durch Feedback in Echtzeit erkennen Sie zudem, was den Mitarbeitern an Wissen und Training fehlt. Ein weiterer Vorteil Ihrer Präsenz vor Ort ist, dass Sie nicht nur den einzelnen Mitarbeiter beobachten können, sondern auch, wie das Team als Ganzes funktioniert. Geben Sie auch dem Team positive Rückmeldungen, wenn Sie zum Beispiel sehen, dass die Teammitglieder füreinander einstehen. Das fördert den Teamgeist und die Zusammenarbeit. Gleichzeitig können Sie spiegeln, dass etwa die Möglichkeiten des Teams nicht voll ausgeschöpft werden, und können dabei helfen, die Abläufe zwischen den Mitarbeitern zu verbessern.

Tipp 7: Seien Sie bewusst Vorbild für Ihre Mitarbeiter.
Ein Vorbild zu sein, hat mehrere Dimensionen. Das, was Sie von Ihren Mitarbeitern erwarten, leben Sie selbst vor: Sie sind pünktlich, legen in Besprechungen das Smartphone weg, schreien nicht herum und stellen Ihre Mitarbeiter nicht vor anderen bloß.

Vorbild sein bedeutet aber auch, sich als normaler Mensch zu geben, obwohl man der Vorgesetzte ist. Stehen Sie zu Ihren Fehlern und lernen Sie erkennbar aus ihnen. Seien Sie Mensch, in all Ihrer Emotionalität, Unvollkommenheit und Verletzlichkeit. Zeigen Sie Ihre Enttäuschung, anstatt abgebrüht über den Dingen zu stehen. Geben Sie sich vor allem nicht als Einzelkämpfer, der alles alleine entscheidet, sondern nutzen Sie die Intelligenz Ihrer Mitarbeiter und transportieren Sie Ihre Überzeugung, dass Ihr Team gemeinsam die besten Ideen und Lösungen entwickelt.

Seien Sie greifbar. Ihre Mitarbeiter müssen wissen, wofür Sie stehen. Vertreten Sie Ihre Meinung auch in schwierigen Situationen – Führungspersönlichkeiten sind keine Wendehälse, die die jeweils aktuelle Meinung ihrer Vorgesetzten kritiklos übernehmen. Konkret empfehlen wir Ihnen:

1. Traue Sie sich, Sie selbst zu sein.
2. Haben Sie den Mut, zu Ihrer eigenen Meinung zu stehen.
3. Entwickeln Sie die Haltung: »Ich bin nicht perfekt, aber ich arbeite jeden Tag daran, ein besserer Lean Leader zu werden.«
4. Machen Sie sich auf den Weg!

6.3 Führungsaufgabe Coachen realisieren

Im Mittelpunkt der Führungsaufgabe Coachen steht das coachende Führen. Nutzen Sie die folgenden Tipps, um dieses Konzept zu verwirklichen.

Tipp 1: Trainieren Sie den Einsatz von offenen Fragen, aufmerksamem Zuhören und konstruktivem Feedback.
Die positive Wirkung von konstruktivem Gesprächsverhalten und Kommunikation auf Augenhöhe ist nicht beschränkt auf das berufliche Umfeld – sie gilt bei allen sozialen Kontakten. Damit gibt es eine Vielzahl von Übungssituationen, auch außerhalb des eigenen Arbeitsbereiches. Nutzen Sie Ihre Chancen! Probieren Sie bewusst das Vertrauensdreieck als Ge-

sprächsverhalten aus und beobachten Sie die Wirkung auf Ihren Gesprächspartner und die Gesprächsatmosphäre.

Tipp 2: Reflektieren Sie herausfordernde Situationen und Ihre Rolle als coachende Führungskraft.
Im Rahmen der Entwicklung zum Lean Leader ergeben sich bei vielen Führungskräften sehr individuelle und persönliche Fragestellungen, die den Umgang mit eigenen Unsicherheiten in der Rolle als coachende Führungskraft betreffen. Zahlreiche Situationen im Coachingprozess können zu Unruhe, Unsicherheit oder Betroffenheit bei der coachenden Führungskraft selbst führen. Um in solchen Situationen, die oftmals mit starken emotionalen Eindrücken einhergehen, die eigene klare Linie und Überzeugungskraft zu erhalten, ist es sinnvoll, die eigenen Eindrücke und Interpretationsmuster aktiv zu reflektieren. Folgende Fragen helfen Ihnen dabei:

- Was geschieht in diesem Moment?
- Was tue ich?
- Was fühle und denke ich in dieser Situation?
- Wie kann ich eine konstruktive Perspektive und Haltung wiedergewinnen oder beibehalten?
- Mit wem kann ich mich über mögliche Handlungsoptionen austauschen?
- Was hält mich davon ab, das zu tun, was nötig wäre? Wie stehe ich mir selbst im Weg? Mit welchen Schritten komme ich zurück auf meinen Weg?

Um die gewonnenen Erkenntnisse in zukünftigen Coachingsituationen zu nutzen, sind folgende Fragen hilfreich:

- Was genau habe ich über mich selbst erfahren und von mir gelernt?
- Welche schwierigen Coachingsituationen mit meinen Mitarbeitern könnte es deswegen in der Zukunft geben?

- Welche präventiven Strategien könnte ich einsetzen oder entwickeln, um mit solchen kritischen Situationen künftig besser zurechtzukommen?
- Welche meiner Schwächen muss ich akzeptieren, an welchen lohnt es sich, zu arbeiten?
- Habe ich ausbaufähige Stärken, die es zu kultivieren lohnt?
- Welche Teilerfolge sehe ich?

Tipp 3: Holen Sie sich aktiv Feedback zur Wirkung Ihres Kommunikationsverhaltens ein.
Ergänzend zur Selbstreflexion: Bauen Sie Ihre Datenbasis zur Selbsteinschätzung aus. Nur dann werden Sie Selbst- und Fremdeinschätzung im Laufe der Zeit in eine gute Übereinstimmung bringen können. Bitten Sie Kollegen, Ihnen zu ausgewählten Situationen aus Ihrem beruflichen Alltag, zum Beispiel zur Leitung eines Meetings, Feedback zu geben.

Tipp 4: Holen Sie Rückmeldungen von »betroffenen« Mitarbeitern ein.
Haben Sie den Mut und fragen Sie Ihren Mitarbeiter offen, ob Ablauf, Form und Inhalt der coachenden Führung für ihn angemessen und passend sind. Eine positiv bestätigende Antwort tut sicherlich einfach gut, eine eher kritische und skeptische Reaktion kann Ihnen weiterhelfen! Denn mit der Art und Weise, wie Sie mit einer solchen Rückmeldung umgehen, geben Sie wiederum ein Beispiel für mögliche Verhaltensweisen. Wenn Sie selbst interessiert reagieren, aufmerksam zuhören und Rechtfertigungen vermeiden, kann sich Ihr Mitarbeiter an Ihnen ein Beispiel für konstruktive Reaktionen auch in eigenen kritischen Situationen nehmen!

Tipp 5: Verabschieden Sie sich vom großen »Müsste-rium«.
Holen Sie Ihren Mitarbeiter da ab, wo er steht – nicht dort, wo Sie denken, dass er stehen müsste. Vermeiden Sie das Müsste-rium. Beziehen Sie sich bei der Erarbeitung nächster Schritte auf die tatsächliche Ausgangslage und auf die Einschätzung des Mitarbeiters und ermuntern Sie zu neuen

Schritten. Bestärken Sie den Mitarbeiter im Ausprobieren und fördern Sie Beweglichkeit. Setzen Sie das Tempo jedoch nicht zu hoch, um Frustrationen und Demotivation zu verhindern. Trainieren Sie den Perspektivwechsel. Je stärker Sie die Sichtweise Ihres Gegenübers nachvollziehen können, umso eher werden Sie passende neue Schritte anregen können.

Tipp 6: Tauschen Sie Ihre Erfahrungen mit Kollegen aus.
Nutzen Sie den Effekt, dass Führungskräfte stark voneinander und von ihren Erfahrungen profitieren. Der Austausch zu den neuen Erfahrungen des coachenden Führens passiert nicht immer von selbst. Geben Sie jedoch einen aktiven Anstoß, läuft es in der Regel sehr dynamisch und wie von selbst weiter. Bleiben Sie beim persönlichen Austausch auf der konstruktiven Schiene, denn damit unterstützen Sie den Aufbau einer gemeinsam getragenen Lean-Leadership-Kultur!

Tipp 7: Denken Sie nicht für Ihren Mitarbeiter, sondern mit ihm.
Durch coachendes Führen kommt es häufig dazu, dass Mitarbeitern Entscheidungen abgenommen werden, anstatt sie zu befähigen, eigenverantwortlich zu handeln. Das ist eine große Stolperfalle! Holen Sie sich dazu Feedback ein und vergegenwärtigen Sie sich regelmäßig Ihren eigenen Auftrag: Mitarbeiter entwickeln und befähigen, Kompetenzen beim Mitarbeiter aufbauen und Hilfe zur Selbsthilfe bieten.

Tipp 8: Zeigen Sie aktiv Interesse am Führungs- beziehungsweise Arbeitsalltag Ihrer direkten Mitarbeiter und lernen Sie, die positiven Seiten wahrzunehmen.

In der menschlichen Wahrnehmung neigen wir dazu, negativen Ereignissen mehr Raum zukommen zu lassen. Im Kontext von Prozessoptimierungen und aktiver Problemlösung beschäftigt man sich zwangsläufig mit Störungen, Abweichungen und Hindernissen. Da passiert es leicht, dass überall Probleme und Schwierigkeiten an die Oberfläche kommen und sich negativ auf die Stimmung auswirken.

Der Ausgleich passiert nicht von allein. Neben der konstruktiven Kommunikation in diesen Aufgaben der Optimierung – nach dem Grundsatz »Lösungen finden statt Schuldige benennen« – ist es wichtig, positive Entwicklungen, das Erreichen von Zielsetzungen und erfreuliche Ereignisse wahrzunehmen und Erfolge zu feiern.

Tipp 9: Vermeiden Sie inhaltsleere Floskeln und Pauschalisierungen.
Oft schleichen sich unbewusst Formulierungen, Redewendungen und Worthülsen in den eigenen Sprachgebrauch ein, die wir selbst nicht mehr wahrnehmen. Mitarbeitern und Kollegen fallen diese jedoch sehr schnell auf. Ihre Aussagen wirken dann abgedroschen und Ihre Authentizität leidet. Beobachten Sie daher aktiv Ihr Vokabular und Ihre Ausdrucksweise, holen Sie sich Feedback ein und versuchen Sie, so präzise wie möglich zu formulieren.

Tipp 10: Nutzen Sie einfache Dokumentationstools, die den Entwicklungsprozess sichtbar machen.
Da das coachende Führen hautsächlich auf persönlichen Gesprächen basiert, ist es besonders wichtig, die Ergebnisse und vereinbarten nächsten Schritte kurz und übersichtlich festzuhalten. Entwicklungsprozesse laufen in der Regel schleichend ab, und darum ist vielen nicht bewusst, was sie schon erlernt oder in ihrem Arbeitsverhalten verändert haben. Die schriftliche Zusammenfassung ermöglicht den Beteiligten, die Entwicklungsschritte präsent zu halten und einen Überblick über bereits Geleistetes und die künftigen Ziele und Maßnahmen zu erhalten.

Dokumentation Entwicklungsprozess				
Mitarbeiter:		Abteilung/Team:		
Funktion:		Führungskraft:		
Istzustand:				
Zielzustand:				
Datum Gespräch	**nächster Schritt/Erwartung**	**Termin/Ort**	**Schlüsse und Gelerntes aus dem letzten Schritt**	**Klärungspunkte/offene Fragen**

Abbildung 90: Dokumentation Entwicklungsprozess

7.
Hindernisse auf dem Weg überwinden

Was Sie in diesem Kapitel erfahren

- Sie erhalten Anregungen, wie Sie sich Zeit für Lean freischaufeln können.
- Wir beschreiben Strategien, wie Sie mit Führungskräften umgehen können, die sich mit Lean schwertun.
- Sie lernen, wie Sie nützliche Routinen aufbauen und so die Entwicklung neuer Gewohnheiten unterstützen.
- Sie erhalten Audits, mit denen Sie sowohl Ihren eigenen Entwicklungsstand als auch den Entwicklungsstand von Teams beleuchten und Handlungsbedarfe ableiten können.

Das größte und häufigste Hindernis auf dem Weg zu Lean Leadership ist die Zeit. Die häufigste Frage lautet daher folgerichtig: Wie soll ich in meinem vollgepackten Arbeitstag Zeit für Lean Leadership finden? Im Folgenden geht es darum, wie Sie den Stolperstein Zeit und andere Hindernisse aus dem Weg räumen.

7.1 Zeit finden für Lean Leadership

Auf dem Weg zu Lean Leadership müssen gleichzeitig zwei Pfade beschritten werden:

1. Setzen Sie sich mit der Frage auseinander, was Lean für Ihren Verantwortungsbereich und Sie bedeutet: Wie sieht die Kombination von beidem aus: gelebtes Lean Leadership durch mich selbst?
2. Nutzen Sie die Prinzipien von Lean für Ihren eigenen Arbeitsalltag, beseitigen Sie die Verschwendung in Ihren Abläufen und Aufgaben und arbeiten Sie intensiv daran, dieser wichtigen Aufgabe mehr Zeit zu widmen.

Diese Wege beinhalten, sich konsequent Zeit für Lean freizuschaufeln. Zeitmangel kennt wohl jede Führungskraft. Unterbrechungen, Meetings, Unvorhergesehenes, Störungen – jeden Tag begegnen uns zahlreiche Ereignisse, die uns davon abhalten, uns den wesentlichen Aufgaben und Themen zu widmen.

Abhilfe versprechen zahlreiche Methoden, die unser Zeitmanagement unterstützen und optimieren. Wesentlich dabei ist, die passenden Methoden zu finden. Klassiker wie die Eisenhower-Methode oder das Pareto-Prinzip sind den meisten Führungskräften schon einmal begegnet. Sie leisten einen sehr guten Beitrag dazu, den Überblick über die Aufgaben zu behalten, sie zu priorisieren und sich so den richtigen Themen und Aufgaben zu widmen.

Wichtig ist ebenfalls, Störfaktoren zu minimieren, die durch die Nutzung von Smartphones immer weiter zunehmen. Schalten Sie die Notifications ab und schaffen Sie Zeitfenster ohne Störungen. Gleichsam ist es wichtig, in den Zeiträumen erreichbar zu sein, in denen Sie in der Regel am häufigsten kontaktiert werden. Berücksichtigen Sie weiterhin Ihre persönliche Leistungskurve und die eigene Konzentrationsfähigkeit.

7.2 Strategien für den Umgang mit Führungskräften, die sich schwertun

Es gibt Führungskräfte, die bei Lean Leadership sofort Feuer und Flamme sind. Lean Leadership passt perfekt zu ihnen, sie setzen es schnell, gründlich und erfolgreich um und nehmen ihre Mitarbeiter dabei in vorbildlicher Weise mit. Aber nicht jede Führungskraft ist der geborene Lean Leader.

Wir stellen Ihnen nun unterschiedliche Führungstypen vor, die sich schwer damit tun, Lean Leadership für sich zu erschließen und es in ihrer Führungspraxis umzusetzen. Und natürlich beschreiben wir auch Strategien, wie Sie mit diesen Führungskräften umgehen sollten.

Typ 1: Die Führungskraft ist von Lean Leadership nicht überzeugt.
Vor allem Führungskräfte, die schon lange im Unternehmen sind und die eine eher patriarchalische Form der Führung pflegen, tun sich schwer damit, Lean Leadership als sinnvoll anzusehen. Sie setzen sich zwar mit Lean Leadership auseinander (weil es ihr Vorgesetzter so möchte), aber die Mitarbeiter merken schnell, dass sie dabei nicht gerade vor Begeisterung sprühen.

Die bestehenden Vorbehalte sind deutlich zu spüren, die Führungskräfte setzen sich nur zögerlich mit Methoden, Instrumenten und insbesondere der Denkweise von Lean Leadership auseinander. Es fehlt ihnen an Inspiration und somit können sie auch ihre Mitarbeiter nicht inspirieren.

Was tun in diesem Fall? Wenn Sie der Vorgesetzte einer solchen Führungskraft sind, geben Sie ein deutliches Feedback zum Verhalten, versuchen Sie, die Gründe für die Vorbehalte zu erfahren, und besprechen Sie, wie eine Begeisterung für Lean Leadership entstehen kann.

Begeisterung entsteht bei Erfolg. Helfen Sie dieser Führungskraft in ihrem Bereich dabei, mit Hilfe von Lean unerwartete Erfolge zu erzielen. Zeigen Sie vorbildliche Umsetzungen von Lean und Lean Leadership und erörtern Sie gemeinsam, was diese Erfolge ermöglicht hat.

Für den Fall, dass sich trotz Unterstützung keine Begeisterung wecken lässt, ist es sinnvoll, den Mitarbeitern eine andere Aufgabe im Unternehmen zu geben, in der sie ihre fachlichen Fähigkeiten voll einbringen können, ohne allerdings Führungsverantwortung zu übernehmen.

Typ 2: Die Führungskraft löst sich nicht vom Troubleshooting.
Gerade unter den Teamleitern und Meistern finden sich viele Führungskräfte, die deswegen zur Führungskraft gemacht wurden, weil sie besonders gut darin sind, sich um Probleme zu kümmern, also Troubleshooting zu betreiben.

Leider fehlt diesen Führungskräften meistens die Fähigkeit, das Troubleshooting zu hinterfragen, die Ursachen herauszufinden und zu beseitigen. Insgeheim befürchten diese Führungskräfte, dass ihnen Lean und Lean Leadership ihre Aufgaben wegnehmen. Sie halten beharrlich an den bestehenden Zuständen fest, arbeiten nicht mit vollem Einsatz an der Beseitigung der Problemursachen – und das nehmen die Mitarbeiter sehr genau wahr. Letztlich fehlt damit auch diesen Führungskräften die echte Begeisterung für Lean und Lean Leadership.

Wie beim ersten Typ kann es auch hier schwierig sein, wirkliche Begeisterung für Lean zu erreichen.

Wiederum ist das deutliche Feedback durch den Vorgesetzten erforderlich und eine genaue Analyse, warum es der betreffenden Führungskraft so schwerfällt, Troubleshooting mit anderen Augen zu betrachten und andere Verhaltensweisen zu entwickeln.

Erfahrungsgemäß ist in diesen Fällen eine sehr enge Betreuung durch den Vorgesetzten erforderlich. Wie bei Typ 1 gilt es auch hier, Erfolgserlebnisse mit Lean Leadership zu schaffen, die Sinnhaftigkeit transportieren und eine Einstellungsänderung ermöglichen. Gelingt das nicht, müssen diese Führungskräfte ersetzt werden und eine andere Aufgabe erhalten, für die sie besser geeignet sind.

Typ 3: Die Führungskraft ist überzeugt von Lean Leadership, schafft es aber nicht, die erforderlichen Verhaltensweisen zu entwickeln.
Diese Führungskräfte erfassen den Sinn von Lean und Lean Leadership, erkennen die Vorteile und wissen theoretisch sehr genau, wie Lean Leadership anzugehen ist. Leider schaffen sie es aber dennoch nicht, die dafür erforderlichen Verhaltensweisen zu entwickeln.

Auch in diesem Fall ist es wieder die Aufgabe des Vorgesetzten, direktes Feedback zu geben, die Schwierigkeiten anzusprechen und sinnvolle Möglichkeiten der Unterstützung zu finden. Auch bei diesem Führungstyp braucht der Vorgesetzte wieder viel Zeit zur Beobachtung und für persönliche Gespräche.

Zielführend sind beispielsweise spezielle Trainings und Coachings vor Ort durch einen Spezialisten, der hilft, die Defizite schrittweise abzubauen, und Sie konsequent dabei unterstützt, bei der Führungskraft die Kompetenzen eines Lean Leaders aufzubauen. Erfahrungsgemäß besteht bei diesem Führungstyp eine hohe Chance, die gewünschten Verhaltensweisen mit der Zeit zu entwickeln und aufzubauen. Das allerdings erfordert von allen Seiten Ausdauer und Durchhaltevermögen, ohne kontraproduktiven Druck aufzubauen.

Typ 4: Die Führungskraft gibt vor, Lean und Lean Leadership umzusetzen, tut es aber nicht wirklich.
Nicht selten treffen wir auf Führungskräfte, die im Gespräch ihre Begeisterung für Lean Leadership kundtun, die durchaus engagiert an der Erarbeitung der Konzepte beteiligt sind, aber in der Umsetzungsphase an ihren altbewährten Verhaltensweisen festhalten.

Zwar kann es für Sie als Vorgesetzten zu einer schwierigen Aufgabe werden, diese Mimikry zu enttarnen, wenn Sie sich aber die Zeit nehmen, genauer hinzusehen, werden Sie erkennen, dass sich im Verantwortungsbereich dieser Führungskraft keine Entwicklung abzeichnet. Das Team wird bei der Zielerreichung nicht gut vorankommen, die Kennzahlen werden oft Abweichungen aufzeigen, es wird wenige PDCAs geben und die Mitarbeiter werden nicht motiviert sein. An diesen Kriterien ist gut zu erkennen, was die betreffende Führungskraft umsetzt und was nicht.

Im Gegensatz zu den anderen bereits beschriebenen Führungstypen müssen Sie damit rechnen, dass die Führungskraft schlicht leugnet, nicht auf dem Weg zum Lean Leader zu sein. Sie wird sich in Rechtfertigungen und Ausflüchte retten und die Verantwortung für die fehlende Entwicklung nicht annehmen.

Häufig führen Führungskräfte dieses Typs zu Recht an, doch täglich am Teamboard ein Tagesgespräch zu führen, die Ziele und Kennzahlen zu pflegen und Verbesserungsthemen ans Board zu schreiben. Jedoch geben sie nicht zu, dass ihre Arbeit wenig Wirksamkeit entfaltet, weil die innere Überzeugung und Begeisterungsfähigkeit fehlen. Auch diesen Führungskräften sollte die Chance geboten werden, sich zu entwickeln.

Bleiben Sie ebenso wie bei den Typen 1 und 2 täglich dran und bieten Sie keine Chance, auszuweichen. Es besteht durchaus die Chance, Führungskräfte dieses Typs zu einem überzeugten Lean Leader zu entwickeln. Anderenfalls muss diese Führungskraft ausgetauscht werden.

7.3 Durchgängigkeit von Lean Leadership über alle Ebenen erreichen

In vielen Unternehmen beschränkt sich bis heute Lean-Management auf die Produktion und die produktionsnahen Bereiche. Auch Shop Floor Management findet zumeist nur am Shop Floor statt, also in der Werkstatt. In den administrativen Bereichen wird Lean-Management nur selten konsequent vorangetrieben.

Shop Floor Management eignet sich aber nach den vielfältigen Erfahrungen, die wir in den letzten Jahren gesammelt haben, auch sehr gut für Büroteams. Ob Vertrieb, Entwicklung und Konstruktion, Planung, Logistik oder Service, in allen Schritten des Geschäftsprozesses erreicht Shop Floor Management einen erheblich verbesserten Informationsfluss, ein hohes Maß an Transparenz und eine große Beschleunigung in der Bearbeitung von Verbesserungsthemen.

Je prozessorientierter die Büros gestaltet sind und die Teams arbeiten, desto größer sind die Vorteile von Shop Floor Management. Teamboards und Tagesgespräche entfalten in den Bürobereichen dieselbe Wirksamkeit wie in der Produktion. Nicht immer ist es erforderlich, sich jeden Tag zu treffen. Wenn sich Aufgaben nicht so schnell verändern, reicht es oft auch, sich zweimal in der Woche zu besprechen.

Der größte Vorteil von unternehmensweitem Shop Floor Management besteht darin, dass überall im Unternehmen der Informationsfluss sehr schnell und direkt ist und Verbesserungsthemen schnell angegangen werden. Voraussetzung hierfür ist eine unternehmensweit aufgebaute Kommunikationskaskade. Sie sorgt für die perfekte Vernetzung zwischen allen Unternehmensbereichen und ermöglicht es, auch die besonders verschwendungsreichen Schnittstellen zwischen den einzelnen Unternehmensbereichen und Abteilungen konsequent in die Optimierungsarbeit einzubeziehen.

Merke

Je geschlossener die Wertschöpfungsketten im Unternehmen in das Shop Floor Management eingebunden sind, desto wirksamer greifen die Lean-Prinzipien. Dann sind alle Teams in die Optimierung der Prozesse eingebunden und es gibt jeden Tag erkennbare und erlebbare Verbesserungen in allen Bereichen. Das erzeugt einen ungeheuren Schub an Verbesserungen in der Arbeit und auch in der Motivation der Mitarbeiter.

Allerdings ist es unserer Erfahrung nach in den administrativen Bereichen deutlich schwieriger, die Bereitschaft der Mitarbeiter zu gewinnen, sich auf die Arbeit mit Tagesgesprächen und Teamboards einzulassen. »Das mag ja in der Produktion sinnvoll sein, aber für uns bringt das nichts, wir sehen uns doch sowieso den ganzen Tag!« – so oder so ähnlich lauten die Kommentare der Mitarbeiter, häufig verbunden mit einer ausgeprägten Abwehrhaltung.

Stellen Sie gemeinsam mit den Mitarbeitern fest, was Ihnen wichtig ist, und leiten Sie daraus Ziele ab. In den Angestelltenbereichen ist es oft schwieriger als in der Produktion, geeignete Kennzahlen zu finden. Viele Unternehmen neigen dann dazu, mit perfektionistischem Anspruch komplexe Kennzahlen aus den vorhandenen Systemen zu ziehen. Das ist häufig langwierig und die Teams verlieren viel Zeit dabei.

Wir empfehlen, das Ganze locker anzugehen. Anfangs reicht es, wenn es für die Ziele des Teams einfache Indikatoren gibt, an denen sich die Tendenz ablesen lässt, ob es in Richtung Zielerreichung geht oder nicht. Oft reicht dafür zu Beginn eine einfache Strichliste. Entscheidend ist, dass die Mitarbeiter sich täglich vor Augen halten, wo sie stehen und ob sie auf dem richtigen Weg sind. Wenn die Mitarbeiter einmal erfahren haben, dass ihnen die zehn Minuten Tagesgespräch an anderer Stelle des Tages viel Zeit einsparen, sie sich gut und schnell informiert fühlen und sich effizient abstimmen können, werden die Einwände schnell weniger werden.

Merke

Es ist viel einfacher, sich Schritt für Schritt ein zum Team passendes System aufzubauen und es zu erproben, als gleich zu Beginn alles auf einmal zu gestalten und dann erst zu starten. Erleben die Mitarbeiter, dass es ihr System ist, was da entsteht, und können sie die Gestaltung nach ihren Anforderungen und Bedürfnissen übernehmen, werden sie sich stärker identifizieren, und die veränderte Art, zu arbeiten, wird schnell zu einer neuen Gewohnheit.

Ähnliches gilt für das agile Projektmanagement. Der Kern unterscheidet sich nur unwesentlich vom Shop Floor Management. Auch hier geht es um Transparenz und Schnelligkeit im Informationsfluss. Auch vom agilen Projektmanagement müssen die Mitarbeiter zunächst einmal überzeugt werden. Sie müssen die Methodik verstehen, erlernen und die Sinnhaftigkeit erkennen können. Und sie müssen experimentieren dürfen. Es ist wie beim PDCA: Zunächst gilt es, die Ausgangslage zu verstehen und sich einen Ansatz zu überlegen. Und dann wird gecheckt, ob der Ansatz taugt.

Unserer Erfahrung nach ist das die fundamentale Voraussetzung für das Gelingen jeder Neuerung: Fühlen sich die Mitarbeiter in die Planung und Gestaltung einbezogen, erkennen sie den Sinn, können sie sich ausprobieren innerhalb eines definierten Freiraums, machen die Mitarbeiter die Veränderung zu ihrer eigenen Sache und wollen erfolgreich sein. Haben sie hingegen das Gefühl, ihnen werde etwas aufgezwungen, wird es nicht nachhaltig funktionieren.

Die Aufgabe der Führung ist es daher, den Mitarbeitern das Neue mit psychologischem Geschick nahezubringen, im Gespräch gemeinsam das Neue zu gestalten sowie bei der Realisierung immer nah dran zu sein und darüber zu reflektieren, was bereits gut funktioniert und was nicht. Schließlich wird dann gemeinsam überlegt, wie man gemeinsam weiter vorankommt.

7.4 Sinnvolle Routinen für Lean Leadership entwickeln

Ein Erfolgsgeheimnis beim Aufbau einer Lean-Kultur und bei der Entwicklung von Lean Leadership ist der Aufbau neuer Gewohnheiten. Gewohnheiten stehen Veränderungen nicht nur im Wege – Gewohnheiten und Routinen erleichtern in erheblichem Maße das Leben. Die Kunst besteht darin, die Gewohnheiten den jeweils aktuellen Gegebenheiten anzupassen, damit sie in der Bewältigung des sich verändernden Alltags zu einer Entlastung führen (vgl. Best/Hurtz 2014: 45ff.). Für den Aufbau einer Lean-Kultur sind vor allem sinnvolle und wiederkehrende Routinen hilfreich. Es hilft, wenn Sie diesen Effekt bewusst nutzen:

- Tagesgespräche finden jeden Tag statt, und zwar ohne Ausnahme.
- Tagesgespräche finden jeden Tag um dieselbe Uhrzeit statt.
- Für das Tagesgespräch gibt es eine feste Agenda, die eingehalten wird.
- Die Kennzahlen werden täglich per Hand eingetragen.
- Immer wenn eine Abweichung erkannt wird, wird eine Verschwendungskarte ausgefüllt und an das Teamboard gehängt.
- Es ist immer ein PDCA-Thema in Bearbeitung.
- Themen, die nicht selbstständig gelöst werden können, werden eskaliert.
- Bei eskalierten Themen wird schnell entschieden, ob das Thema sofort angegangen wird oder später. Die Entscheidung wird schnell an die Betroffenen weitergegeben.

Zudem sollten Sie weitere Effekte positiver Gewohnheiten nutzen:

- Nehmen Sie sich feste Tageszeiten vor, an denen Sie vor Ort zu Ihrem Team gehen und die Arbeit beobachten.
- Definieren Sie bei Ihrem Rundgang eine feste Reihenfolge.
- Geben Sie nach jeder Beobachtungsphase direkt Feedback.
- Halten Sie die dabei besprochenen Maßnahmen fest und überprüfen Sie deren Umsetzung.
- Nehmen Sie sich vor, jedem Ihrer Mitarbeiter jeden Tag ein fundiertes und auf konkreter Beobachtung basierendes konstruktives Feedback zu geben, um den Mitarbeiter kontinuierlich weiterzuentwickeln.
- Erstellen Sie dazu für jeden Mitarbeiter einen festen Coachingplan und halten Sie diesen konsequent ein.
- Halten Sie jeden Termin eisern ein.
- Wenn Sie an der Reduzierung von Troubleshooting arbeiten, nehmen Sie sich immer nur eine Ursache vor und arbeiten Sie konsequent an deren Beseitigung.

- Bauen Sie in den Jahreszyklus feste Termine ein, um gemeinsam mit Ihren Mitarbeitern Reviews durchzuführen. Definieren Sie dafür eine feste Agenda.
- Das Gleiche gilt für die Zielentwicklung für das kommende Jahr. Legen Sie hierfür ebenfalls einen festen Zeitraum im Jahreskalender fest und definieren Sie eine Agenda.

Merke

Neben den beschriebenen Verhaltensgewohnheiten empfiehlt es sich, auch die Denk- und Gefühlsgewohnheiten in den Blick zu nehmen.

Ihre Denkgewohnheiten werden von Ihren Werten und persönlichen Einstellungen bestimmt, aber auch von Ihrem Selbstbild sowie der Einschätzung Ihrer Fähigkeiten und Kenntnisse. Häufig haben sich im Laufe der Zeit unbewusst Glaubenssätze entwickelt, die erst ins Bewusstsein gelangen, wenn sie tangiert werden. Sind Sie ein Problemdenker und haben beispielsweise Glaubenssätze wie »Ich kann in unserem Unternehmen nichts bewegen!« oder »Das Problem taucht immer wieder auf, daran kann ich nichts ändern!« verinnerlicht, werden Sie sehr wahrscheinlich auch dann nichts ändern, wenn es objektiv die Möglichkeit dazu gibt.

Lean und Lean Leadership brauchen jedoch Lösungsdenker mit anderen Denkgewohnheiten. Gelingt es Ihnen, Glaubenssätze wie »Ich kann im Unternehmen etwas verändern, vor allem in meinem eigenen Zuständigkeitsbereich, und tue das auch!« oder »Ich finde eine Lösung gemeinsam mit meinem Team!« zu entwickeln, werden Sie sich selbst zutrauen, Lösungen zu finden und diese auch erfolgreich umzusetzen.

Es ist sehr hilfreich, sich mit den eigenen Denkgewohnheiten und Glaubenssätzen zu beschäftigen und vor allem zu erkennen, an welchen Stellen diese hinderlich sind. Es lohnt sich, daran zu arbeiten, positive Denkgewohnheiten zu entwickeln. Dann geht so manches leichter von der Hand und Sie erfahren Erfolgserlebnisse, die Sie dazu motivieren, weitere Probleme erfolgreich zu lösen.

Gefühlsgewohnheiten sind wiederum sehr stark von der Persönlichkeit abhängig und beschreiben die Tendenz, in bestimmten Situationen dieselben Gefühle zu entwickeln. Solche Gefühlsgewohnheiten treten zutage, wenn Sie zum Beispiel mit einem Fehler konfrontiert werden. Typische negative Gefühlsgewohnheiten beim Auftauchen eines Fehlers sind beispielsweise die Angst vor seiner Entdeckung und vor den damit verbundenen Konsequenzen, Schamgefühle oder die Tendenz, den Fehler zu verdrängen.

Merke

Lean braucht positive emotionale Verhaltensmuster (Gewohnheiten). Im Umgang mit einem Fehler ist dies beispielsweise der Drang, Maßnahmen zu entwickeln, damit er nicht mehr auftritt. Positive Erfahrungen im Umgang mit Fehlern und das Erleben von Selbstwirksamkeit helfen Mitarbeitern, konstruktive Herangehensweisen zu verankern.

Werden Sie sich Ihrer Gefühlsgewohnheiten bewusst, reflektieren Sie sie und arbeiten Sie konsequent daran. Negative Gefühlsgewohnheiten abzustellen und durch positive zu ersetzen, erfordert Mut und Offenheit, denn Sie können Gefühlsgewohnheiten nur schwer alleine abstellen. Das gelingt viel besser gemeinsam mit Ihren Mitarbeitern und Kollegen und auch in den Coachinggesprächen mit Ihrem Vorgesetzten.

Vor allem die Entwicklung einer positiven Fehlerkultur gelingt nur gemeinsam: Fehler als Chance zu interpretieren, besser zu werden, und sie als gemeinsame Aufgabe anstatt als individuelle Schande zu sehen.

7.5 Lean Leadership auditieren

Eine gute Möglichkeit, sich auf den Weg zu Lean Leadership zu machen, bietet das nachfolgende Audit. Es ermöglicht Ihnen, sich selbst daraufhin zu prüfen, in welchem Maße Sie heute bereits ein Lean Leader sind und in welchen Aspekten Sie noch an sich arbeiten können. Sprechen Sie, nachdem Sie Ihre Selbsteinschätzung gemacht haben, auch mit Ihren Mitarbeitern, Kollegen und Ihrem Vorgesetzten über das Audit und überprüfen Sie, ob sich Ihre eigene Einschätzung mit der Einschätzung Ihres Umfeldes deckt. Wir haben bewusst die Spalte Handlungsbedarf eingefügt, mit der Sie für sich selbst festlegen können, womit Sie sich erfolgreich in Richtung Lean Leadership weiterentwickeln können. [☺ = erfüllt und ☹ = nicht erfüllt]

Audit für Shop Floor Management und agiles Projektmanagement ◐

Team:	Datum:		
Prüfpunkt	☺	☹	**Handlungsbedarf**
Ziele und Kennzahlen bestimmen			
Die Kennzahlen am Teamboard sind jeweils aktuell.	☺	☹	
Jeder Mitarbeiter des Teams kennt und versteht die Kennzahlen.	☺	☹	
Jeder Mitarbeiter des Teams kennt die Ziele und kann diese erklären.	☺	☹	
Visualisierung und Gestaltung des Teamboards			
Das Teamboard ist dem Standard entsprechend gestaltet.	☺	☹	
Alle Informationen am Teamboard sind aktuell.	☺	☹	
Jede Abweichung ist nach dem Ampelprinzip mit rot oder grün gekennzeichnet.	☺	☹	
Der Lean Leader macht täglich einen Rundgang in seinem Verantwortungsbereich, dabei markiert er Abweichungen und verzeichnet sie in der Ereignisliste.	☺	☹	
Kommunikationskaskade aufbauen			
Die tägliche Besprechung findet jeden Tag am vorgesehenen Ort mit den vorgesehenen Teilnehmern statt.	☺	☹	
Die Verschwendungskarten sind tagesaktuell und richtig zugeordnet.	☺	☹	
Alle Führungskräfte sind über die Kommunikationskaskade täglich in den Informationsfluss einbezogen.	☺	☹	
Jeder Mitarbeiter des Teams ist aktuell über die Entscheidungen aus der Kommunikationskaskade informiert.	☺	☹	
Die Lean Leader füllen ihre Rolle als Informationsdrehscheibe effizient aus – jeder Mitarbeiter des Teams hat täglich Kontakt mit dem Teamleiter.	☺	☹	

Team:	Datum:		
Prüfpunkt	☺	☹	**Handlungsbedarf**
Systematische Problemlösung mit dem PDCA-Zyklus			
Das Team arbeitet effizient mit dem PDCA-A3-Formular.	☺	☹	
Der Lean Leader wendet PDCA sinnvoll an und zeigt dies an ausgewählten Beispielen auf.	☺	☹	
Die Mitarbeiter werden vom Lean Leader beim Aufzeigen und nachhaltigen Abstellen der Probleme eingebunden.	☺	☹	
Verschwendung eliminieren und Prozesse im eigenen Bereich verbessern			
Das Team kennt die Verschwendungsarten.	☺	☹	
Das Team benennt Beispiele für Verschwendung im eigenen Bereich.	☺	☹	
Das Team zeigt Prozessoptimierungen im eigenen Bereich auf und erkennt, welche nachhaltigen Effekte die Optimierung gebracht hat.	☺	☹	
Das Team kennt die definierten Standards und hält sie ein.	☺	☹	
Das Team wägt Gesamtaufwand und Gesamtnutzen von PDCAs ab.	☺	☹	
Kunden-Lieferanten-Beziehungen und Schnittstellen optimieren			
Jeder Mitarbeiter des Teams kennt den jeweiligen Ansprechpartner und dessen Vertreter bei Abwesenheit.	☺	☹	
Die Schnittstellen zwischen Team und Dienstleistern werden kontinuierlich verbessert – mit messbaren Ergebnissen (Zeit/Kosten).	☺	☹	
Für die optimierten Schnittstellen ist jeweils ein Standardprozess festgelegt, der eingehalten wird.	☺	☹	
Es gibt für jede Schnittstelle definierte Rollen (Wer ist verantwortlich? Wer wirkt mit? Wer muss informiert werden?) Jeder der einbezogenen Dienstleister kennt seine Aufgaben in Bezug auf das Team.	☺	☹	

Team:	Datum:		
Prüfpunkt	☺	☹	**Handlungsbedarf**
Vorhandene Standardprozesse kontinuierlich verbessern			
Die für das Team geltenden Anweisungen und Standardprozesse werden eingehalten.	☺	☹	
Der Teamleiter kennt die für seinen Verantwortungsbereich geltenden Anweisungen und Standardprozesse.	☺	☹	
Für das Team bestehende Anweisungen oder Standardprozesse werden kontinuierlich optimiert – mit nachweisbaren Ergebnissen in den Prozessen.	☺	☹	
Agiles Projektmanagement			
Projekte werden auf ihre Eignung für agiles Projektmanagement hin überprüft: • direkter Kundenkontakt – extern oder intern • Aufteilung des Gesamtprojektes in Teilprojekte/iterativer Entwicklungsprozess mit Sprints • unscharfe Anforderungen zu Beginn • Änderungen an Anforderungen während des Projektverlaufes sind eingeplant • fortlaufende Prozessverbesserungen • strikte Termineinhaltung	☺	☹	
Das Projekt wird von selbstorganisierten Teams bearbeitet.	☺	☹	
Das Team sitzt zusammen in einem Raum und ist auf ein Projekt fokussiert.	☺	☹	
Aufgaben werden selbstständig übernommen.	☺	☹	
Gezielte Nutzung der informellen (osmotischen) Kommunikation.	☺	☹	
Stand-up-Meetings werden täglich durchgeführt.	☺	☹	
Die Retrospektiven werden kontinuierlich eingehalten.	☺	☹	

Team:	Datum:		
Prüfpunkt	☺	☹	**Handlungsbedarf**
Agiles Projektmanagement			
Bei den Reviews wird der Kunde einbezogen und gibt Feedback zu den Teilprodukten/Teilergebnissen.	☺	☹	
Visualisierung (Taskboards, Burn-Down-Charts) wird systematisch und kontinuierlich benutzt.	☺	☹	
Use Cases und User Stories werden genutzt, um die Anforderungen aus Kundensicht präzise zu beschreiben.	☺	☹	
Agile Methoden (Scrum, Scrum But) werden soweit möglich genutzt.	☺	☹	
Die agilen Projekte werden in einer Gesamtübersicht verfolgt und miteinander abgeglichen.	☺	☹	
Nach Abschluss eines agilen Projektes erfolgt eine ausführliche Auswertung, die Lernerfahrungen werden herausgearbeitet, schriftlich festgehalten und für neue agile Projekte systematisch genutzt.	☺	☹	

Audit für Lean Leadership und agile Führung ❶

Team:	Datum:		
Prüfpunkt	☺	☹	**Handlungsbedarf**
Umgang mit Mitarbeitern			
Ich achte auf die individuellen Werte meiner Mitarbeiter.	☺	☹	
Ich fördere das eigenverantwortliche Handeln meiner Mitarbeiter.	☺	☹	
Ich gewähre meinen Mitarbeitern den Entscheidungsspielraum, den sie für ein selbstständiges Arbeiten benötigen.	☺	☹	
Ich erkenne die Potenziale meiner Mitarbeiter und sorge dafür, dass sie sich kontinuierlich weiterentwickeln.	☺	☹	
Ich sorge für ein offenes Lernklima und unterstütze die Lernprozesse in meinem Verantwortungsbereich.	☺	☹	
Ich beteilige meine Mitarbeiter an der Entwicklung der Ziele in meinem Verantwortungsbereich und sorge dafür, dass sie die Strategie und die Ziele des Unternehmens kennen.	☺	☹	
Ich sorge dafür, dass meine Mitarbeiter flexibel arbeiten können.	☺	☹	
Ich lege großen Wert auf Teamarbeit und lebe Teamarbeit vor.	☺	☹	
Ich sorge für einen vertrauensvollen Umgang untereinander.	☺	☹	
Ich sorge dafür, dass meinen Mitarbeitern schnellstmöglich alle für ihre Arbeit erforderlichen Informationen zur Verfügung stehen.	☺	☹	

Team:	Datum:		
Prüfpunkt	☺	☹	**Handlungsbedarf**
Kennzahlen			
Ich entwickle gemeinsam mit meinen Mitarbeitern verständliche und aussagefähige Kennzahlen, mit deren Hilfe wir die Arbeit an unseren Zielen mit großer Transparenz verfolgen können.	☺	☹	
Ich stelle sicher, dass die wichtigsten Kennzahlen für meinen Verantwortungsbereich täglich per Hand am Teamboard eingetragen werden.	☺	☹	
Ich achte darauf, dass mein Team bei Abweichungen die Ursachen systematisch analysiert und Maßnahmen zu deren nachhaltiger Abstellung einleitet.	☺	☹	
Strukturen und Prozesse			
In meinem Verantwortungsbereich wird kontinuierlich an der Optimierung der Prozesse gearbeitet.	☺	☹	
Meine Mitarbeiter und ich arbeiten täglich an der Erhöhung der Wertschöpfung beziehungsweise der Eliminierung von Verschwendung.	☺	☹	
Ich achte täglich darauf, dass die Qualitätsstandards eingehalten werden und bei Qualitätsabweichungen die Ursachen herausgearbeitet und Abstellmaßnahmen eingeleitet werden.	☺	☹	
Meine Mitarbeiter und ich arbeiten daran, dass Strukturen und Prozesse so transparent wie möglich sind, jeder genau weiß, was er zu tun hat und wann er sich Unterstützung holen muss.	☺	☹	
Ich arbeite fortwährend daran, dass erkannte Verbesserungspunkte und Abweichungen so schnell wie möglich in erfolgreiche Lösungen umgesetzt werden können.	☺	☹	

Team:	Datum:		
Prüfpunkt	☺	☹	**Handlungsbedarf**
Strukturen und Prozesse			
Ich sorge dafür, dass meine Mitarbeiter alle Möglichkeiten der Zusammenarbeit, des Erfahrungsaustausches und des gemeinsamen Lernens kontinuierlich nutzen.	☺	☹	
Ich arbeite mit meinen Mitarbeitern stets daran, neue Impulse, neues Wissen und neue Erfahrungen zu erkennen und für unseren Verantwortungsbereich so gut wie möglich zu nutzen.	☺	☹	
Ich nutze alle Möglichkeiten des Shop Floor Managements, um wiederkehrende Aufgaben und das normale operative Geschäft kontinuierlich zu verbessern.	☺	☹	
Für Projektaufgaben nutze ich agiles Projektmanagement, teile Projekte in sinnvolle Teilprojekte und strebe eine größtmögliche Erfüllung der Kundenwünsche an.	☺	☹	
Umgang mit Veränderung			
Ich sorge dafür, dass meine Mitarbeiter die Veränderungen in den für uns relevanten Märkten kennen und die daraus entstehenden Folgen für unseren Verantwortungsbereich abschätzen können.	☺	☹	
Meine Mitarbeiter und ich arbeiten fortwährend daran, unseren Verantwortungsbereich so weit wie möglich an Marktschwankungen anzupassen, ohne dabei unsere Leistung zu verringern.	☺	☹	
Hinsichtlich der Veränderungen im Marktgeschehen passen wir unsere Geschäftspraktiken vorausschauend und nicht reaktiv an.	☺	☹	
Ich sorge dafür, dass alle Mitarbeiter in meinem Verantwortungsbereich Veränderung als selbstverständliche Normalität erleben.	☺	☹	
Ich sorge dafür, dass meine Mitarbeiter und ich den Fokus auf die Chancen von Veränderungen legen.	☺	☹	

Team:	Datum:		
Prüfpunkt	☺	☹	**Handlungsbedarf**
Umgang mit Veränderung			
Ich fördere Experimentierfreude und Kreativität in meinem Verantwortungsbereich und lebe es selbst vor.	☺	☹	
Ich achte darauf, dass meine Mitarbeiter Chancen und Risiken hinsichtlich interner Veränderungen in unserem Unternehmen sorgfältig abwägen.	☺	☹	
Ich sorge dafür, dass meine Mitarbeiter Strukturen, Prozesse und Arbeitsweisen in meinem Verantwortungsbereich als veränderbar erleben.	☺	☹	
Ich arbeite mit meinen Mitarbeitern permanent an kontinuierlichen Veränderungen und sorge dafür, dass dies zum festen Bestandteil unserer Kultur wird.	☺	☹	
Ich sorge dafür, dass wir in meinem Verantwortungsbereich immer schneller zur Umsetzung von als sinnvoll erkannten Maßnahmen kommen.	☺	☹	
Das gesamte Führungsteam und ich nehmen uns täglich Zeit für die Umsetzung von Verbesserungsideen.	☺	☹	
Ich stelle sicher, dass die Umsetzung der Verbesserungen schnell und unbürokratisch nach dem 80:20 Prinzip erfolgt.	☺	☹	
Ich sorge dafür, dass meine Mitarbeiter genug Zeit haben, um regelmäßig an Verbesserungen zu arbeiten.	☺	☹	

Team:	Datum:		
Prüfpunkt	☺	☹	**Handlungsbedarf**
Lean Leadership und agile Führung			
Ich verstehe Führung als Dienstleistung am Mitarbeiter, mit dem Ziel, diesen zu seiner Arbeit bestmöglich zu befähigen.	☺	☹	
Ich verstehe und lebe Führung als Rolle und nicht als hierarchische Position.	☺	☹	
Ich handle entsprechend den Erfordernissen der jeweiligen Situation und dem Reifegrad meiner Mitarbeiter (= situatives Führen).	☺	☹	
Ich lege genauso viel Wert auf Wertschöpfung wie auf Wertschätzung.	☺	☹	
Ich schaffe ein Klima der Leistung und der Menschlichkeit.	☺	☹	
Ich sehe meine Aufgabe darin, die bestmöglichen Rahmenbedingungen für die Arbeit meiner Mitarbeiter zu schaffen.	☺	☹	
Ich schaffe ein Klima der Sicherheit und des Vertrauens, in dem meine Mitarbeiter bereit sind, sich auf Neues einzulassen.	☺	☹	
Ich schaffe eine konstruktive Fehlerkultur, in der meine Mitarbeiter keine Angst davor haben, Fehler zu machen, sondern aus gemachten Fehlern lernen.	☺	☹	
Ich stehe zu meinen eigenen Fehlern und lerne aus ihnen.	☺	☹	
Ich biete meinen Mitarbeitern Möglichkeiten zur Weiterentwicklung und fordere lebenslanges Lernen.	☺	☹	
Ich sorge für Orientierung und inspirierende Ziele, damit meine Mitarbeiter ihre Arbeit als sinnvoll, herausfordernd und befriedigend erleben.	☺	☹	
Mein Ziel ist, dass meine Mitarbeiter ihre Arbeit als einen wertvollen Beitrag zum Gesamtziel wahrnehmen, und ich sorge dafür, dass sie stolz auf sich und auf das gemeinsam Erreichte sind.	☺	☹	

Team:	Datum:		
Prüfpunkt	☺	☹	**Handlungsbedarf**
Lean Leadership und agile Führung			
Ich bin Firestarter und sorge dafür, dass meine Mitarbeiter Sinnhaftigkeit in ihrer Arbeit erleben und wissen, welche Bedeutung ihre Arbeit im Gesamtkontext hat.	☺	☹	
Ich halte mich nicht mit Troubleshooting auf, sondern versuche umgehend, die Ursachen zu finden und abzustellen.	☺	☹	
Ich stehe zu meiner eigenen Verletzlichkeit und versuche nicht, den Starken zu spielen.	☺	☹	
In meinem Führungsverhalten wird deutlich, dass Lean eine strategische Säule des Unternehmens ist und von mir und dem gesamten Führungsteam eingefordert und unterstützt wird.	☺	☹	
Das gesamte Führungsteam und ich sorgen dafür, dass die Kommunikationskaskade über alle Ebenen hinweg täglich durchgeführt wird.	☺	☹	
Das gesamte Führungsteam und ich haben eine gemeinsame Strategie und gemeinsame Ziele, an deren Erreichung wir alle arbeiten.	☺	☹	
Ich arbeite aktiv daran, dass im Führungsteam vertrauensvoll zusammengearbeitet wird.	☺	☹	
Ich arbeite aktiv daran, dass in unserem Führungsteam die Unternehmensinteressen vor den Abteilungsinteressen berücksichtigt werden.	☺	☹	
Ich bemerke die Sorgen und Probleme meiner Kollegen im Führungsteam, nehme Rücksicht darauf und unterstütze meine Kollegen aktiv dabei, Probleme zu bewältigen.	☺	☹	
Ich trage meine Kritik in unserem Führungsteam konstruktiv vor und begreife die Kritik meiner Kollegen als Unterstützung.	☺	☹	
Ich trage dazu bei, dass alle Mitglieder des Führungsteams Freude an der Arbeit haben.	☺	☹	

Team:	**Datum:**		
Prüfpunkt	☺	☹	**Handlungsbedarf**
Lean Leadership und agile Führung			
Meine Leistungen im Führungsteam sind auf der Höhe der gestellten Anforderungen.	☺	☹	
Ich profiliere mich nicht auf Kosten meiner Kollegen im Führungsteam.	☺	☹	
Ich übernehme in unserem Führungsteam die Verantwortung für das gesamte Unternehmen und vermeide Abteilungsdenken.	☺	☹	
Ich qualifiziere mich kontinuierlich, um in meinem Verantwortungsbereich stets auf dem Laufenden zu sein.	☺	☹	
Ich mache Vorschläge zur Erreichung der Ziele im gesamten Unternehmen und engagiere mich bei deren Umsetzung über die Grenzen meines eigenen Verantwortungsbereiches hinaus.	☺	☹	

8.

Ermutigung: Haben Sie keine Angst vor der Umsetzung

Es lohnt sich!

Wenn Sie es bis hier geschafft haben, dann haben Sie jede Menge gelernt, hoffentlich viel Neues erfahren und zahlreiche Anregungen erhalten. Wir haben Sie hoffentlich animiert, sich auf den Weg zum Lean Leader zu machen oder auf Ihrem Weg zu Lean Leadership konsequent weiterzugehen. Wir sind überzeugt davon, dass es sich lohnt, die Instrumente und Methoden auszuprobieren, die wir in diesem Buch vorgestellt haben.

Ihr großer Vorteil ist, das sie meistens ziemlich einfach sind. Sie brauchen keine theoretischen Vorkenntnisse, keine ellenlangen Betriebsanleitungen. Sie müssen einfach nur machen. Es wird sicherlich nicht gleich auf Anhieb alles gelingen und jedes Vorhaben die volle Wirkung entfalten, aber das macht nichts. Das Entscheidende ist, anzufangen und konsequent dranzubleiben.

Haben Sie keine Angst vor der Umsetzung und vor dem Ausprobieren. Organisationsstrukturen, Methoden und Vorgehensweisen wie Shop Floor Management, Scrum, PDCA, Dayly Scrum, Retrospektive erleichtern die tägliche Arbeit und den Umgang miteinander ungemein. Denn sie organisieren letztlich in hohem Maße die Möglichkeit aller, sich einzubringen und Verantwortung zu übernehmen. Sie erreichen aber noch mehr: Es entsteht eine dynamischer Prozess. Über das Erleben von Teilhabe und Selbstwirksamkeit verändern sie die Haltung in den Köpfen der Mitarbeiter mehr, als es ein einzelne Führungskraft könnte. Für jeden, der Lean und lernende Unternehmen wirklich gestalten möchte, sind sie damit so etwas wie der große Zauberkasten, der Veränderung erfolgreich und nachhaltig gelingen lässt.

Das Einzige, was Lean Leadership nicht verträgt, sind Halbherzigkeit und Inkonsequenz. Sie brauchen Ausdauer, Durchhaltevermögen und Beharrlichkeit. Und Sie brauchen den Geist der Verbesserung – lernen Sie aus dem, was schiefgegangen ist, und verstärken Sie das, was gut geklappt hat.

Vervollkommnen Sie immer weiter das, was Sie begonnen haben. Das ist der Weg zu Lean Leadership.

Wir wünschen Ihnen viel Spaß, viele tolle Erlebnisse und viel Erfolg auf Ihrem Weg zu Lean Leadership und der Schaffung echter lernender und flexibler Unternehmen. Es lohnt sich!

Literatur- und Quellenverzeichnis

Ariely, Dan (2012): What makes us feel good about work. Ted talk. www.ted.com/talks/dan_ariely_what_makes_us_feel_good_about_our_work.

Bailey, James R.: The Leadership Vector. 10. Juni 2015. www.lessonsonleadership.org/the-leadership-vector.

Bailey, James R. (2016): Leadership. The Difference between Good Leaders and Great Ones. Harvard Business Review, Boston. https://hbr.org/2016/09/the-difference-between-good-leaders-and-great-ones.

Best, Daniela; Hurtz, Albert (2014): Raus aus der Lean-Falle. Lean erfolgreich zur Gewohnheit machen. BusinessVillage, Göttingen.

Brandes, Ulf; Gemmer, Pascal; Koschek, Holger; Schültken, Lydia (2014): Management Y – Agile, Scrum, Design Thinking & Co. So gelingt der Wandel zur attraktiven, zukunftsfähigen Organisation. Campus, Frankfurt am Main.

Cockburn, Alistair (2004): Crystal Clear – A Human-Powered Methodology for Small Teams. Addison-Wesley Professional, Boston.

Dweck, Carol: Mindset (2007): The New Psychology of Success. Ballantine Books, New York.

Fintz, Anette Suzanne (2014): Leading by Meaning – Die Generation Maybe Sinnorientiert führen. Springer Gabler, Wiesbaden.

Gallup Institut: Die Veröffentlichungen zum Engagement Index sind abrufbar unter: www.gallup.de/183104/engagement-index-deutschland.aspx.

Glogler, Boris; Rösner, Dieter (2014): Selbstorganisation braucht Führung – Die einfachen Geheimnisse agilen Managements. Hanser, München.

Grün, Anselm (2016): Menschen führen – Leben wecken. dtv, München.

Haas, Oliver (2015): Corporate Happiness als Führungssystem – Glückliche Menschen leisten gerne mehr. ESV, Berlin.

Hersey, Paul; Blanchard, Ken; Johnson, D. E. (1977): Management of organizational behavior: utilizing human resources. Prentice-Hall, Upper Saddle River, NJ.

Hurtz, Albert; Stolz, Martina (2013): Shop Floor Management. Wirksam führen vor Ort. BusinessVillage, Göttingen.

Informationen zu der Scrum-Methode. www.scrumguides.org.

Janssen, Bodo (2016): Die stille Revolution – Führen mit Sinn und Menschlichkeit. Ariston, München.

Kim, Chan; Mauborgne, Renée: Blue Ocean Leadership. In: Harvard Business Manager, 06/2014.

Kotrba, Veronika; Miarka, Ralph (2015): Agile Teams lösungsfokussiert coachen. dpunkt, Heidelberg.

Liker, Jeffrey K.; Trachilis, George (2012): Lean Leader auf allen Management-Ebenen entwickeln: Ein praktischer Leitfaden. Lean Leadership Institute Publications, Winnipeg.

Liker, Jeffrey K. (2009): Die Toyota-Kultur. FinanzBuch Verlag, München.

Lindinger, Christoph; Zeisel, Nora (2013): Spitzenleistung durch Leadership – Die Bausteine ergebnis- und mitarbeiterorientierter Führung. Springer Gabler, Wiesbaden.

Maslow, A. H.; Frager, R. (1987): Motivation and personality. Harper and Row, New York.

McGregor, Douglas (1960): The human side of enterprise. McGraw-Hill, New York.

Meister, Jeanne C.; Willyerd, Karie: Mentoring für Millennials. Harvard Business Manager 07/2010. https://hbr.org/2010/05/mentoring-millennials.

Morgan, Jacob (2014): The Future of Work – Attract new Talent, Build Better Leaders, and Create a Competitive Organization. Wiley, New Jersey.

Morison, Robert; Erickson, Tamara J.; Dychtwald, Ken (2006): Managing Middlescence. Harvard Business Review, Boston. https://hbr.org/2006/03/managing-middlescence.

Nowotny, Valentin (2016): Agile Unternehmen. Nur was sich bewegt, kann sich verbessern. Business Village, Göttingen.

Pfläging, Niels (2015): Organisation für Komplexität – Wie Arbeit wieder lebendig wird – und Höchstleistung entsteht. Redline, München.

Preußig, Jörg (2015): Agiles Projektmanagement – Scrum, Use Cases, Task Boards & Co. Haufe.

Purps-Pardigol, Sebastian (2015): Führen mit Hirn. Mitarbeiter begeistern und Unternehmenserfolg steigern. Campus Verlag, Frankfurt am Main.

Schweer, Martin: Wer es einmal genießt, sollte es nicht verspielen. Interview zum Thema Vertrauen. In: direkt informiert, Schwerpunkt: Vertrauen, Ausgabe 03/2016, Seite 7.

Sinek, Simon (2014): Frag immer erst: Warum. Wie Topfirmen und Führungskräfte zum Erfolg inspirieren. Redline, München. (Titel des Originals: Start with Why: How Great Leaders Inspire Everyone to Take Action).

Sinek, Simon (2016): How to get people to follow you. Inside Quest, https://www.youtube.com/watch?v=ldh8E6LCLhM.

Sinek, Simon (2014): Why good leaders make you feel safe. Ted talk. www.ted.com/talks/simon_sinek_why_good_leaders_make_you_feel_safe.

Sprenger, Reinhard K. (2014): Mythos Motivation. 20. Auflage, Campus Verlag, Frankfurt am Main.

Talgam, Itay (2009): Lead like the great conductors. Ted talk. www.ted.com/talks/itay_talgam_lead_like_the_great_conductors.

Torres, Roselinde (2014): Was eine Führungspersönlichkeit ausmacht. www.ted.com.

Washburn, Nathan T.; Galvin, Benjamin (2016): Make sure your employees have good things to say about you behind your back. Harvard Business Review, Boston. https://hbr.org/2016/09/make-sure-your-employees-have-good-things-to-say-about-you-behind-your-back.

Stichwortverzeichnis

Symbole

1 Stück Fluss 36
5×-Warum-Methode 73
 12, 68, 213, 229, 230, 273, 275, 279, 289, 305, 309

A

Abteilungsdenken 217 f., 315
Abweichungen 39 f., 59 ff., 81 f., 176 f., 246
Achtsamkeit 22, 25, 30
Act, Act-Phase 64, 67, 69, 72
Administration 42, 220
administrativen Bereich 70, 77, 223
Agiles Projektmanagement 42, 96 ff., 248 f., 305 ff., 311
Aufmerksames Zuhören 133, 142
Ampel, Ampelprinzip 59 f., 83, 305
Anerkennung, Anerkennungskultur 93, 173, 282
Audit 304 f.
Aufmerksamkeit 47
Augenhöhe 17, 31, 121 f., 127 ff., 130, 139, 236, 284
Auslastung 76

B

Begeisterung 91, 93, 191 f., 294 ff.
Bestandsaufnahme 244, 251 f.
Big Data 179
Bottom-up 46, 221, 237, 254
Burn-Down-Chart 110 f., 308

C

Check-Phase 67, 69, 71 f.
Coach 33, 123, 145, 152, 238 f., 250
Coachee 238 f.
Coachen 97, 118, 120, 123 f., 138, 140, 146, 163, 178, 268, 284
Coachendes Führen 47, 121 ff., 127, 136, 139, 144, 148, 203, 234, 262
Coachingduo 150
Coachingkaskade 35, 45, 47, 95, 208 f., 23 ff., 259 ff.
Coachingprozess 136, 153, 285
Controlling 163 f., 172 f.

D

Daily Scrum 110 f.
Development-Team 110
Diamond Model 31 f.
Dienende Führung 28
Dokumentation 68 ff., 228 f., 258
Dokumentationsprozess 229 f.
Do, Do-Phase 33, 64, 67, 69, 71
Durchlaufzeit 36, 162

E

Entscheidungen treffen 169
Emotionale Bindung 180
Erproben 25
Eskalation 221, 224, 230, 241
Experimentieren 25

F

Feedback 90, 93, 133 f., 136, 151, 215, 282 ff., 286
Fehlerkultur 85 ff., 303, 313
Firestarter 20 f., 34, 82, 185, 204, 314
first pass yield 81
first time right 27, 81
Führungsaufgaben 117 ff., 268 ff.
Führungsverständnis 11, 27, 43 f., 96, 235

G

Generation X 184
Generation Y 179, 184, 191
Gesundheit 25 f.
Globalisierung 179
Go and connect 147, 158 ff.
Go and look ahead 147, 154 ff.
Go and see 32, 142 ff.
Go and support 147 ff., 154
Golden Circle 188 f.
Growth Mind Set 86

H

Hierarchische Kommunikation 129
Hilfe zur Selbsthilfe 121 f., 287
Hilfreiche Fragen 134
Hoshin Kanri 33

I

Ich-Botschaften 136
Identifikation 155, 194 ff., 245, 279
Impulsgeber 21
Inspiration 26, 82, 178 f., 190 ff., 200
Inspirieren 118 f., 178 f., 187 ff., 192 f., 277
Internet of things 179
Ishikawa-Fischgrät-Diagramm 73
Istzustand 37 ff., 289
Iteration 100, 104, 111

K

Kanban 112 f., 220
Kanban-Board 112 f.
Kaskaden 45, 205, 209, 211, 268
Kaskadenstruktur 44, 206
Kennzahlen 16, 50, 58 ff., 83, 215, 220 f., 246, 299, 301, 305 ff.
Key Performance Indicator 58
Klassisches Projektmanagement 103
Klassisches Zielsystem 212
Kommunikation auf Augenhöhe 125 ff., 128 ff., 147
Kommunikationskaskade 35, 44 ff., 208 f., 219, 222 ff., 235 ff., 255 ff., 298, 305, 314
Kompetenzkatalog 213
Kompetenzmanagement-Programm 213
Komplexität 105, 120 f., 158, 321
Konkurrierende Ziele 217
Können × Wollen × Dürfen 89
Kontinuierliche Verbesserung 18, 175, 163
Kunden-Lieferanten-Beziehungen 306
Kundenorientierung 19, 141, 158 f., 161 f., 166

L

Lähmschicht 206 f.
Lean-Kultur 34, 85, 147 f., 231, 236, 300 f.
Lean-Management 18 f., 86, 271
Lean-Methoden 29, 112, 141, 143, 264
Lean-Prinzipien 11, 29, 35, 141 f., 145, 298
Lehmschicht 206 ff.
Leitbild 215
lernende Organisation 235
Lernkultur 22, 23, 85 f.
Lessons learned 90 ff., 199, 228, 250

M

Managementteam 217 f., 240, 253 f.
Managen 118 f., 138 f., 163, 268
Meister-Lehrling-Modell 31
Messgrößen 64, 66
Mindset 121, 125, 197, 320
Mitarbeiterentwicklung 31, 153 ff., 207, 213 f.
Mitarbeitergespräch 214
Motivation 193 f., 277
Motivationspyramide 182
Muda 76 f.

Mura 76f.
Muri 76f.

N

Nordstern 31ff., 40f., 45, 80, 119, 215

O

Orientierung 20f., 30, 37, 53f., 57, 61, 107f., 120, 139, 170, 191f., 198, 201, 313

P

PDCA, PDCA-Zyklus 32f., 63ff., 72ff., 230, 276, 306ff.
Plan, Plan-Phase 33, 64f., 68ff.
Pokayoke 86
Präsenz vor Ort 23, 149, 153, 202, 283
Prioritäten setzen 25, 83, 169, 171, 273
Problemlösung 63ff., 72ff., 79, 144, 276, 306
Product Backlog 110f.
Product Owner 110
Produktivität 16, 58
Prozesse 81ff., 85, 163ff., 306ff.
Prozessoptimierung 31, 153ff.
Prozessorientierung 206, 233

R

Reifegrad des Mitarbeiters 131f.
Respekt 32f., 99f., 107, 125
Retrospektive 104ff., 228, 318
Review 64, 98, 110, 214, 320f.
Routine 29, 195, 198, 279

S

Schnittstellen 95, 158ff., 162, 216ff., 306
Scrum 42, 110ff., 249, 308, 318ff.
Scrum But 112, 308
Scrum Master 110
Selbstentwicklung 32, 140ff., 144, 146f., 152f., 158
Selbstorganisation 10, 104f., 108, 116, 132, 185, 320
Selbstwirksamkeit 303, 318
Shop Floor Management 35, 41ff., 49ff., 60, 75, 94f., 142, 244f., 251, 298, 305
Sinnstiftung 20f., 26, 119, 200, 208
Situatives Führen 132, 313
SMART 56, 252
Social Media 179, 191
Sprint 110f.
Sprint Planning 110
Sprint Retrospective 110
Sprint Review 110
Standards 79ff., 306
Statuserhebung 264
SWOT-Analyse 97, 244f.
Systematische Problemlösung 276, 306

T

Tagesgespräch 50ff., 83f., 109, 111, 219ff., 248, 257ff., 301,
Teamarbeit 18f., 22, 33, 106, 309
Teamboard 60, 62f., 247, 256, 305
Teamgespräch 16f.
Teamleiter 16f., 50ff., 57f., 90f., 247
Teilprodukt 104, 110f., 249
Termintreue 16, 58, 174
Top-down 221, 254
Toyota 31ff., 34, 86, 321
Toyota-Produktionssystem 31, 86
Traditionelle Führungskräfte 20
Training 121f., 283
Transparenz 167f., 265, 271, 310
Troubleshooting 73ff., 81f., 152, 175ff., 274f., 295, 314
True North 33

U

Umsetzungsberatung 145
Unternehmenskultur 10 f., 34
Unternehmensziele 45, 130, 174, 209, 212, 252
Unterstützungsstruktur 262, 264

V

Verantwortung 190, 194 ff.,
Verbesserungskarte 16, 51
Verschwendung 68, 75 ff., 165, 306, 310
Verschwendungsarten 76, 306
Verschwendungskarte 229 f., 301
Vertrauen 91 f., 125, 128, 190, 313
Vertrauensdreieck 133, 142, 284
Vertrauenskultur 90
Vier-Felder-Retrospektive 105 f.
Vier-Stufen-Modell 118, 139 f.
Visualisierung 42, 58 ff., 108 f., 271, 305
Vorbild 119, 143, 185 f., 200, 283 f.

W

Werte 30 f., 201 f., 236 f., 277, 309
Wertschätzung 20 f., 90, 200, 283, 313
Wertschöpfung 20 ff., 36, 164, 200, 310
Wertschöpfungskette 25, 75, 112, 298
Wertschöpfungsprozess 31, 216, 224, 271
Whiteboards 61

Z

Ziele 37 f., 44 f., , 53 ff., 172 ff, 190 ff., 212 ff., 245, 252 f., 305
Ziele harmonisieren 212, 216 f.,
Zielekaskade 35, 44, 208 f., 216 f., 219, 251
Zielkonflikte 206, 210, 215, 253
Zielprozess 54 f., 57, 61
Zuhören 23, 122, 133, 153, 284
Zusammenarbeit auf Augenhöhe 118, 121, 23
Zielerreichung 38, 83, 172 f., 212 ff.
Zielzustand 38 ff., 44, 54 f., 269 ff., 289

Raus aus der Lean-Falle

Daniela Best, Albert Hurtz
Shop-Floor-Management
Lean erfolgreich zur Gewohnheit machen
232 Seiten; 2014; 34,80 Euro
ISBN 978-3-86980-272-5; Art-Nr.: 950

Das Toyota-Prinzip begeistert seit über fünfzig Jahren das Management. Kundennähe, permanente Verbesserung mit schlanken, wirtschaftlichen, ressourcenschonenden Prozessen versprechen Flexibilität und Effizienz. Doch kaum ein Unternehmen hat damit nachhaltigen Erfolg. Regelmäßig tappen Unternehmen in die Lean-Falle. Die gut gemeinten Lean-Ansätze verlassen den produktionsnahen Bereich kaum und spätestens auf der Management-Ebene ist der Lean-Ansatz so verwässert, dass vom ursprünglichen Gedanken nur wenig übrig bleibt.

Denn die nachhaltig erfolgreiche Entwicklung des Unternehmens ist nicht alleine mit dem Einsatz von Methoden zu erreichen. Sie gelingt nur mit einem tief greifenden Einstellungs- und Verhaltenswandel. Das Neue zur Gewohnheit machen, die Verhaltensweisen konsequent umstellen – das ist der Schlüssel zum Erfolg.

Denkt und handelt endlich lean ! Denn Lean-Management kann man nicht einfach einführen. Lean-Management muss gelebt werden – vom Management bis in den letzten Winkel der Produktion und Administration.

Wie gelingt es aber, eine Kultur der kontinuierlichen Verbesserung zu verankern? Wie schaffen es Unternehmen, in allen Abteilungen das Hamsterrad des Trouble Shooting zu verlassen und Problemquellen systematisch zu identifizieren und zu eliminieren? Antworten drauf liefern der Ingenieur Dr. Albert Hurtz und die Psychologin Daniela Best in ihrem neuen Buch. Sie zeigen, wie es gelingt, die Verhaltensweisen und Einstellungen von Führungskräften und Mitarbeitern zu verändern und Lean zu wahrem Leben zu erwecken.

www.BusinessVillage.de